新装版 好きになる数学入門　5 関数をしらべる —— 微分法

新装版

好きになる数学入門

宇沢弘文 著

5

関数をしらべる
―― 微分法

岩波書店

本シリーズは『好きになる数学入門』シリーズ全6巻（初版1998〜2001年）の判型を変更し，新装版として再刊したものです．

はしがき

　『好きになる数学入門』(全6巻)は中学1年，2年から高校の高学年のみなさんを念頭に入れながら，数学の考え方をできるだけやさしく解説したものです．算数のごく初歩的な知識だけを前提として，一歩一歩ていねいに説明してありますので，社会に出た大人の人も理解できるのではないかと思っています．
　この『好きになる数学入門』は，みなさんが数学の考え方をたんに知識として理解するだけでなく，数学の考え方を使っていろいろな問題をじっさいに解いたり，また必要に応じて新しい考え方を自分でつくり出せるようになることを目的として書きました．その内容も，数学の考え方を体系的に説明するのではなく，いろいろな数学の問題をどのような考え方を使って解くかということが中心となっています．みなさんの一人一人ができるだけ数多くの問題をじっさいに自分で解くことを通じて，数学の考え方を身につけることができるように配慮してあります．

　数学を学ぶプロセスは言葉を身につけるのと同じです．母親は生まれたばかりの赤ちゃんに対して絶えず話しかけます．赤ちゃんが母親の言葉を理解できないのはわかっていますが，母親はそれでも，赤ちゃんがおもしろいと思い，興味をもてそうなテーマをえらんで，愛情をもって絶えず話しかけるわけです．赤ちゃんもそれに応えて，できるだけ母親の言葉を理解しようとし，また不完全ながら自分で話すことを練習し，努力を積み重ねて，やがて完全な言葉を身につけてゆきます．数学を学ぶプロセスもまったく同じです．この『好きになる数学入門』も，みなさんがおもしろいと思い，興味をもつことができそうな問題をできるだけ数多くえらんで，いろいろな数学の考え方を説明すると同時に，みなさんが自分でじっさいに問題を解くことを通じて，「数学」という言葉を身につけることができるようにという意図をもって書きました．

数学は言葉とならんで，人間が人間であることをもっとも鮮明にあらわすものです．しかも文学や音楽と同じように，毎日毎日の努力を積み重ねてはじめて身につけることができます．この点，数学は山登りと同じ面をもっています．山登りは自分のペースに合わせて，ゆっくり，あせらず，一歩一歩確実に登ってゆくと，気がついたときには信じられないほど高いところまで来ていて，すばらしい展望がひらけています．数学も，決してあせらず，一歩一歩確実に学んでゆくと，とてもむずかしくて，理解できないと思っていた問題もすらすら解けるようになります．この『好きになる数学入門』の最終巻の最後の章では，太陽と惑星の運動にかんするケプラーの法則からニュートンの万有引力の法則を導き出すという有名な命題を証明します．この命題から輝かしい近代科学が生まれたわけですが，その証明はたいへんむずかしく，ニュートンの天才的頭脳をもってしてはじめて可能になったものです．しかし，このシリーズをていねいに一歩一歩確実に学んでゆけば，ニュートンの命題の証明もかんたんに理解できるようになります．

　『好きになる数学入門』はつぎの6巻から構成されています．
　　1　方程式を解く——代数
　　2　図形を考える——幾何
　　3　代数で幾何を解く——解析幾何
　　4　図形を変換する——線形代数
　　5　関数をしらべる——微分法
　　6　微分法を応用する——解析

　各巻のタイトルからわかると思いますが，内容的にはかなりむずかしい，高度な数学が取り上げられています．なかには，大学ではじめて学ぶ数学も少なくありません．しかし，上に述べたように，中学1，2年のみなさんはもちろん，社会に出た人にもわかるように書いてあります．また，むずかしいと思うところは自由に飛ばしてさきに進んでも大丈夫なようになっています．とくにむずかしいと思われる箇所には☆印がつけてありますので，あとになってから好きなときに読めばよいようになっています．

問題がついている章がありますが，問題の性格はかならずしも統一されていません．比較的かんたんな問題と非常にむずかしい問題とがまざっています．なかには，本文でお話ししようと思いながら，お話しできなかった考え方を使わなければ解けない問題もあり，全体としてむずかしすぎる問題が多くなってしまって申し訳ないと思っています．すべての問題にくわしい解答がついていますので，むずかしいと思ったら遠慮せずに解答をみてください．

　なお，みなさんのなかには，大学受験のことを気にしている人もいると思いますが，この『好きになる数学入門』を理解すれば，大学の入学試験に出てくる程度の問題はらくらく解くことができます．数学はちょっとだけ高度の数学の考え方を身につけるとむずかしい問題もかんたんに解けるようになるからです．

　この『好きになる数学入門』は，さきに岩波書店から刊行していただいた『算数から数学へ』をもとにして，その内容をもっとくわしくして，さらに発展させたものです．とくに第1巻と第2巻は説明，問題ともに『算数から数学へ』と重複するところが少なくないことをあらかじめお断わりしておきたいと思います．

　『算数から数学へ』に述べたことのくり返しになって恐縮ですが，私は数学ほどおもしろいものはないと思っています．すこし見方を変えたり，これまでと違った考え方をとると，まったく新しい世界が開けてきて，不可能だとばかり思っていた問題がすらすら解けるようになったり，それまで気づかなかった大事なことに気づくようになったりします．しかも数学の世界は美しく，深山幽谷にあそんでいるような気分になります．数学の世界の幽玄さは音楽にたとえられることがよくあります．

　数学はまた，たいへん役にたつものです．数学が役にたつというと，みなさんは，計算をうまくして，もうけを大きくすることだと考えるかもしれませんが，それとはまったく違ったことを意味しています．数学の本質は，そのときどきの状況を冷静に判断し，しかも全体の大きな流れを見失うことなく，論理的に，理性的に考えを進めることにあります．数

学は，すべての科学の基礎であるだけでなく，私たち一人一人が人生をいかに生きるかについて大切な役割をはたすものだといってもよいと思います．

　この『好きになる数学入門』は，みなさんの一人一人がほんとうに数学を好きになってほしいという思いを込めて書いたものです．みなさんのなかから，このシリーズを読んで，数学を好きになり，さらにさきに進んで，数学の高い山々を目指す人が一人でも多く出ることを願って止みません．

　『好きになる数学入門』を書くにあたって，数多くの方々のご協力を得ることができました．とくに細田裕子さんには，図の作成から，問題の解答のチェックにいたるまでていねいにしていただきました．また，岩波書店の大塚信一，宮内久男，宮部信明，浅枝千種の方々には，このシリーズの企画から刊行にいたるまでのすべての段階でたいへんお世話になりました．これらの方々に心から感謝したいと思います．

　　　　1998年6月

　　　　　　　　　　　　　　　　　　　宇 沢 弘 文

『好きになる数学入門』を書くにあたって，数多くの書物，とくにつぎの書物を参照させていただきました．

　　　ジュルジュ・イフラー『数字の歴史』(1981)，松原秀一・彌永昌吉監修，彌永みち代・丸山正義・後平隆訳，平凡社，1988
　　　ヴァン・デル・ウァルデン『数学の黎明——オリエントからギリシアへ』(1950)，村田全・佐藤勝造訳，みすず書房，1984
　　　フロリアン・カジョリ『数学史』(1913)，石井省吾訳註，津軽書房，1970〜74
　　　カール・ボイヤー『数学の歴史』(1968)，加賀美鐵雄・浦野由有訳，朝倉書店，1983〜85

目　次

はしがき

第1章　微分の考え方 …………………………1
　　1　関数のグラフの勾配 …………………2
　　2　関数の微分 …………………………8
　　3　一般のベキ関数の微分 ……………19
　　4　三角関数の微分 ……………………21
　　5　関数の微分のまとめ ………………24
　　問　題 …………………………………27

第2章　円錐曲線 ……………………………29
　　1　円 ……………………………………30
　　2　楕円，双曲線，放物線 ……………41

第3章　二項定理と指数関数 ………………49
　　1　二項定理 ……………………………50
　　2　指数関数 ……………………………54
　　3　むずかしい関数の微分 ……………62
　　問　題 …………………………………67

第4章　ニュートンの一生 …………………69
　　1　ニュートンの一生 …………………69
　　2　ニュートンと「流率法」 …………79
　　3　ニュートンと万有引力の法則 ……82
　　4　暦　の　話 …………………………85
　　5　平面幾何にかんするニュートンの定理 …………88

第5章　関数をしらべる ……………………93
　　1　関数のグラフと微分 ………………94
　　問　題 …………………………………101

第6章　極限を計算する………………………103
- 1　「ロピタルの法則」……………………104
- 2　極限を計算する…………………………113
- 問題………………………………………116

第7章　曲線をしらべる………………………119
- 1　カテナリーとトラクトリックス………120
- 2　接線，法線………………………………128
- 問題………………………………………132
- 3　曲率円と縮閉線…………………………133
- 問題………………………………………141
- 4　包絡線……………………………………142
- 問題………………………………………156

第8章　曲線を極座標であらわす……………157
- 1　アルキメデスの螺線……………………158
- 2　曲線を極座標であらわす………………160
- 3　華麗な曲線………………………………165
- 問題………………………………………174

第9章　最短距離を求める……………………175
- 1　最短距離を求める………………………176
- 2　ラグランジュの未定係数法……………179
- 3　面積最大の問題…………………………189
- 問題………………………………………196

問題解答………………………………………199

装画／飯箸　薫

第 1 章
微分の考え方

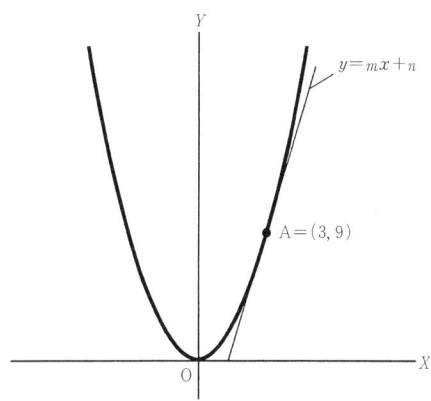

二次関数のグラフの勾配

第3巻『代数で幾何を解く―解析幾何』で，二次関数のグラフの勾配の考え方を説明しました．その説明をもう一度，くり返しておきましょう．まず，二次曲線のグラフ ϕ について，接線の考え方を説明しました．二次関数

(1) $$y = x^2$$

のグラフの上の 1 点 $A = (a, a^2)$ をとります．たとえば，$A = (3, 9)$ を考えます．この点 A を通る直線が，A 以外の点で ϕ との交点をもたないとき，A における曲線 ϕ の接線と定義したわけです．

$A = (3, 9)$ における曲線 ϕ の接線を求めるために，任意の直線

(2) $$y = mx + n$$

と ϕ との交点を求めました．そのために，この(2)式を(1)に代入して

$$x^2 = mx + n \;\; \Rightarrow \;\; x^2 - mx - n = 0$$

直線(2)が二次関数のグラフ(1)とただ 1 つの交点をもつために必要，十分な条件は，この二次方程式の判別式 D が 0 となることをこれまでしばしば使いました．

$$D = m^2+4n = 0 \;\Rightarrow\; n = -\frac{m^2}{4}$$

$$y = mx - \frac{1}{4}m^2$$

$x=3$ のとき $y=9$ だから

$$9 = 3m - \frac{1}{4}m^2 \;\Rightarrow\; m^2 - 12m + 36 = 0 \;\Rightarrow\; m = 6$$

したがって，A$=(3,9)$ における曲線 ϕ の接線の方程式は
$$y-9 = 6(x-3)$$
によって与えられることになったわけです．

1

関数のグラフの勾配

同じようにして，曲線 ϕ 上の任意の点 A$=(a,a^2)$ における接線を求めることができます．まず，直線 $y=mx+n$ を曲線 ϕ の式(1)に代入して
$$x^2 - mx - n = 0$$
この二次方程式の判別式が 0 となることを使って
$$D = m^2+4n = 0 \;\Rightarrow\; n = -\frac{m^2}{4} \;\Rightarrow\; y = mx - \frac{1}{4}m^2$$

$x=a$ のとき $y=a^2$ だから，$a^2 = ma - \frac{1}{4}m^2$．

$$m^2 - 4am + 4a^2 = 0 \;\Rightarrow\; (m-2a)^2 = 0 \;\Rightarrow\; m = 2a$$
したがって，A$=(a,a^2)$ における曲線 ϕ の接線の方程式は
$$y = 2ax - a^2 \;\Rightarrow\; y - a^2 = 2a(x-a)$$
この接線の方程式で，x の係数が $m=2a$ となることは重要です．

直線の勾配

A$=(a,a^2)$ における曲線 ϕ の接線の方程式は，つぎの形をしていることをみました．

$$y - a^2 = m(x-a), \quad m = 2a$$

第3巻『代数で幾何を解く―解析幾何』で，一次関数

(2) $\quad\quad\quad\quad y = mx + n$

の勾配は，xの係数mとして定義しました．

上の例で，A=(3, 9) における曲線ϕの接線の方程式は

$$y - 9 = 6(x-3) \quad \text{あるいは} \quad y = 6x - 9$$

したがって，その勾配は6です．

一次関数(2)について，変数xの値が1だけ大きくなって，$x+1$になったとすれば，yの値はmだけふえて，$y+m$となります．また，変数xの値がhだけ大きくなって，$x+h$になったとすれば，yの値はmhだけふえて，$y+mh$となります．つまり，変数xの値がふえたときに対する変数yの値のふえる割合がmとなるといってもよいわけです．この割合を，勾配といい，厳密にはつぎのように定義しました．

一次関数(2)について，変数xの値が$\varDelta x$だけ大きくなって，$x+\varDelta x$になったとき，yの値が$\varDelta y$だけふえて，$y+\varDelta y$となったとします．このとき，$\dfrac{\varDelta y}{\varDelta x}$を，変数$x$に対する変数$y$の変化率，あるいは勾配といいます．一次関数(2)の場合

$$\varDelta y = m \varDelta y \;\Rightarrow\; \dfrac{\varDelta y}{\varDelta x} = m$$

となって，勾配は一定の値mをとります．

ある与えられた点Aにおける曲線ϕの接線は，Aを通り，曲線ϕと等しい勾配をもつ直線を求めればよいわけです．二次関数のグラフϕの勾配は，つぎのように計算しました．

図1-1-1には，二次関数

(1) $\quad\quad\quad\quad y = x^2$

のグラフがえがかれています．変数xの値が$\varDelta x$だけ大きくなって，$x+\varDelta x$になったとき，yの値が$\varDelta y$だけふえて，$y+\varDelta y$となったとします．このとき，A=(x, y)からB=$(x+\varDelta x, y+\varDelta y)$にうつり，その変化率は$\dfrac{\varDelta y}{\varDelta x}$になります．

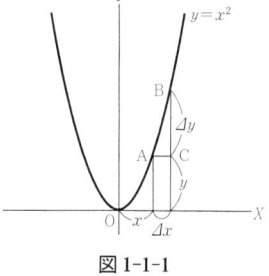

図1-1-1

二次関数(1)について，実際に計算してみると

$$y + \varDelta y = (x + \varDelta x)^2, \quad y = x^2$$

$$\varDelta y = (x + \varDelta x)^2 - x^2 = 2x \varDelta x + (\varDelta x)^2$$

$$\frac{\Delta y}{\Delta x} = 2x + \Delta x$$

この変化率 $\frac{\Delta y}{\Delta x}$ は $x, \Delta x$ に依存し，Δx が小さくなると，$\frac{\Delta y}{\Delta x}$ も小さくなります．図 1-1-1 からもわかるように，x が大きくなるにしたがって，$\frac{\Delta y}{\Delta x}$ も大きくなります．

A を通って X 軸に平行な直線と B を通って Y 軸に平行な直線の交点を C とすれば

$$\overline{AC} = \Delta x, \quad \overline{BC} = \Delta y$$

$\theta = \angle BAC$ とおけば

$$\frac{\Delta y}{\Delta x} = \frac{\overline{BC}}{\overline{AC}} = \tan \theta$$

$\tan \theta$（タン・シータ）は，三角関数の 1 つです．tan は英語の Tangent を略したもので，勾配と訳されています．

このようにして定義した変化率 $\frac{\Delta y}{\Delta x}$ は，x の増分 Δx の大きさに依存して変わってきます．ここで，Δx がかぎりなく 0 に近づいたときに，変化率 $\frac{\Delta y}{\Delta x}$ がどのような値に近づくかをみたいわけです．

二次関数(1)について，

$$\frac{\Delta y}{\Delta x} = 2x + \Delta x$$

したがって，x の増分 Δx が限りなく 0 に近づいたときに，変化率 $\frac{\Delta y}{\Delta x}$ は $2x$ に限りなく近づきます．第 3 巻『代数で幾何を解く—解析幾何』では，このことをつぎのような記号を使ってあらわしました．

$$\lim_{\Delta x \to 0} \frac{\Delta y}{\Delta x} = 2x$$

これは Δx が限りなく 0 に近づいたときに，変化率 $\frac{\Delta y}{\Delta x}$ が限りなく $2x$ に近づくことを意味します．$\lim_{\Delta x \to 0} \frac{\Delta y}{\Delta x}$ は，$\Delta x \to 0$

のときの $\frac{\Delta y}{\Delta x}$ の極限を意味します．$\lim_{\Delta x \to 0} \frac{\Delta y}{\Delta x}$ を $\frac{dy}{dx}$ と記し，関数 $y = x^2$ の微分といいます．ふつうは，微係数，あるいは微分係数という表現を使いますが，ここでは，微分ということにします．［正確にいうと，dx，あるいは dy そのものを微分とよびます．］

$$\frac{dy}{dx} = \lim_{\Delta x \to 0} \frac{\Delta y}{\Delta x} = 2x$$

関数 $y = x^2$ の微分 $2x$ は x の一次関数です．$\frac{dy}{dx}$ を x の関数と考えて，導関数とよぶこともあります．

二次関数のグラフ ϕ について，各点での勾配は $\frac{dy}{dx}$ により定義されました．二次関数のグラフ ϕ の各点での接線の勾配は，その点における曲線 ϕ の勾配に等しくなるわけです．

二次関数の場合，$\frac{\Delta y}{\Delta x} = 2x + \Delta x$ ですから，$\frac{dy}{dx}$ は，単純に $\Delta x = 0$ とおけばよいわけですが，一般の関数の場合，$\frac{dy}{dx}$ はかなり複雑な計算を必要とします．

例題 1 $y = x^2 - 3x + 2$ について，つぎの各点における勾配 $\frac{dy}{dx}$ を計算せよ．

$$(5, 12), \quad (-2, 12), \quad \left(\frac{3}{5}, \frac{14}{25}\right)$$

解答 $y + \Delta y = (x + \Delta x)^2 - 3(x + \Delta x) + 2,$
$\qquad\qquad y = x^2 - 3x + 2$
$\Delta y = \{(x + \Delta x)^2 - x^2\} - \{3(x + \Delta x) - 3x\}$
$\quad = 2x\Delta x + (\Delta x)^2 - 3\Delta x$
$\Rightarrow \frac{\Delta y}{\Delta x} = 2x - 3 + \Delta x \Rightarrow \frac{dy}{dx} = \lim_{\Delta x \to 0} \frac{\Delta y}{\Delta x} = 2x - 3$

$x = 5$ のとき，$\frac{dy}{dx} = 7$；$x = -2$ のとき，$\frac{dy}{dx} = -7$；$x = \frac{3}{5}$ のとき，$\frac{dy}{dx} = -\frac{9}{5}$．

練習問題 $y=-5x^2+2x-3$ について，つぎの各点における勾配 $\dfrac{dy}{dx}$ を計算せよ．

$$(-1,-10), \quad (2,-19), \quad \left(\dfrac{1}{2},-\dfrac{13}{4}\right)$$

例題 2 $y=ax^2+bx+c$ の微分 $\dfrac{dy}{dx}$ を求めよ．

解答
$$y+\Delta y = a(x+\Delta x)^2+b(x+\Delta x)+c,$$
$$y = ax^2+bx+c$$
$$\Delta y = a\{(x+\Delta x)^2-x^2\}+b\{(x+\Delta x)-x\}$$
$$= 2ax\Delta x + a(\Delta x)^2 + b\Delta x$$
$$\Rightarrow \quad \dfrac{\Delta y}{\Delta x} = 2ax+b+a\Delta x \quad \Rightarrow \quad \dfrac{dy}{dx} = \lim_{\Delta x \to 0}\dfrac{\Delta y}{\Delta x} = 2ax+b$$

練習問題 $y=a(x+b)^2$ の微分 $\dfrac{dy}{dx}$ を求めよ．

　微分は，数学のなかでもっとも大切な考え方です．この巻『関数をしらべる―微分法』の主題は微分，つぎの第 6 巻『微分法を応用する―解析』の主題は積分ですが，ともに『好きになる数学入門』全巻のクライマックスといってもよいと思います．

　$\dfrac{dy}{dx}, \dfrac{\Delta y}{\Delta x}$ を考えるとき，d あるいは Δ は，決して x, y と切りはなしてはなりません．私が東京大学で教えていたころのことですが，ある日，ゼミの学生が，$\dfrac{dy}{dx}$ を d で約分して，$\dfrac{y}{x}$ にして，計算がかんたんになるといって得意になっていたことがあります．いくら最近の東大の入試がやさしいからといっても，微分の初歩の知識は必要でしたから，この学生はよく受かったものだと感心し，またその勇気に敬意を表したものでした．その後，かれはたいへんな努力を重ねて，数学がよくできるようになったのです．それから何年か経って，その学生から，外国の大学に留学するので，私に推薦状を書

いてほしいという依頼の手紙がきたことがあります．その手紙の冒頭に，昔，先生のゼミで $\frac{dy}{dx}$ を d で約分した〇〇ですとありました．その学生のために最大級の推薦状を書いたのはいうまでもありません．

カール・マルクスという有名な経済学者がいます．みなさんもおそらく，マルクスの名前は聞いたことがあると思います．マルクスは，19世紀を通じてもっとも大きな影響を及ぼした思想家の一人だといっても言い過ぎではないと思います．マルクスは，「数学にかんするノート」という小さな論考をのこしていますが，そのなかで，微分は矛盾するという命題を「証明」しています．マルクスの「証明」はつぎのようなものです．

$dx=0$, $dy=0$ だから，任意の数 a に対して，

$$dy = 0, \quad adx = 0 \ \Rightarrow \ dy = adx \ \Rightarrow \ \frac{dy}{dx} = a$$

したがって，$\frac{dy}{dx}$ はどんな値をもとり得ることになってしまって，矛盾する．

マルクスは，$\frac{dy}{dx} = \lim\limits_{\Delta x \to 0} \frac{\Delta y}{\Delta x}$ を $dx = \lim\limits_{\Delta x \to 0} \Delta x = 0$, $dy = \lim\limits_{\Delta x \to 0} \Delta y = 0$ と理解してしまうというとんでもない過ちを犯してしまったのです．

エドマンド・ウィルソンという人の書いた To the Finland Station という書物があります．ロシア革命についてのお話ですが，そのなかに，ウィルソンは，マルクスの「数学にかんするノート」を全文をそのまま，引用しています．Finland Station（フィンランド駅）というのは，サンクト・ペテルブルグにある駅の名前です．1917年，当時スイスに亡命していたレーニンは，祖国ロシアで共産主義革命の成功間近しの知らせを受けて，急遽，スイス政府の仕立てた特別列車に乗って，フィンランド経由で，サンクト・ペテルブルグのフィンランド駅に向かったのです．ウィルソンの To the Finland Station は，レーニンの主導のもとに，マルクス主義の理念にもとづいた共産主義革命が成功し，世界ではじめ

て，マルクス＝レーニン主義を標榜した社会主義の国ソヴィエト連邦がつくられていった経緯をみごとに描写した名著です．ウィルソンが，なぜ，この文学的といってもよい *To the Finland Station* のなかで，マルクスの「数学にかんするノート」の全文を引用したのでしょうか．*To the Finland Station* は最近，『フィンランド駅へ』という日本語訳がみすず書房から出ましたので，興味ある人はよんでみて下さい．

2

関数の微分

関数の微分

いま，ある関数 $y=f(x)$ を考えます．関数 $y=f(x)$ というのは，変数 x がさまざまな値をとるとき，ある一定の法則にしたがって，もう1つの変数 y の値が決まってくるときをいいます．これまで考えてきた二次関数 $y=x^2$ も関数です．$y=x^2$ が関数であることを強調するために，$f(x)$ という記号を使います：$f(x)=x^2$．関数の英語は Function です．$f(x)$ の f は Function の頭文字をとったわけです．

つぎに，いくつかの関数の例をあげておきます．

（ⅰ） $f(x)=3x+2$　　（ⅱ） $f(x)=x^2-3x+2$

（ⅲ） $f(x)=x^3$　　　（ⅳ） $f(x)=\dfrac{1}{x}$

（ⅴ） $f(x)=\sqrt{x}$　　（ⅵ） $f(x)=\sin x$

［(ⅳ)の場合，$x\neq 0$，(ⅴ)の場合，$x>0$ でなければなりません．］

関数 $y=f(x)$ が与えられているとき，(x,y) を座標にもつような点 P は，ある曲線の上を動きます．これが，関数 $y=f(x)$ のグラフになるわけです．この曲線上の各点 $P=(x,y)$ における接線の勾配 $\dfrac{dy}{dx}$ が，関数 $y=f(x)$ の微係数で，

6ページの練習問題(上)の答え

$\dfrac{dy}{dx}=-10x+2 \Rightarrow x=-1$ のとき，$\dfrac{dy}{dx}=12$；$x=2$ のとき，$\dfrac{dy}{dx}=-18$；$x=\dfrac{1}{2}$ のとき，$\dfrac{dy}{dx}=-3$．

6ページの練習問題(下)の答え

$y=2ax+2ab$

$f'(x)$ という表記法であらわします．$f'(x)$ を変数 x の関数と考えて，$f(x)$ の導関数とよびます．

関数 $y=f(x)$ の微分を $f'(x)$ であらわすとき，変数 x が明示されていて便利です．他方，$\dfrac{dy}{dx}$ という表現を用いるときは，2つの変数 (x, y) が明示されているという利点があります．微分をまた，y' と記すこともあります．

$$y' = f'(x) = \frac{dy}{dx}$$

導関数の英語は Derivative です．微分法は，英語で Differential Calculus といいます．

くどいようですが，二次関数
$$y = f(x) = x^2$$
の場合の計算をくり返しておきます．
$$y + \Delta y = f(x+\Delta x) = (x+\Delta x)^2, \quad f(x) = x^2$$
$$\Delta y = (x+\Delta x)^2 - x^2 = 2x\Delta x + (\Delta x)^2$$
$$\frac{\Delta y}{\Delta x} = 2x + \Delta x$$

$$\frac{\Delta y}{\Delta x} = 2x + \Delta x \;\Rightarrow\; \frac{dy}{dx} = \lim_{\Delta x \to 0} \frac{\Delta y}{\Delta x} = 2x$$

すなわち，
$$y' = f'(x) = \frac{dy}{dx} = 2x$$

微分の計算例

上にあげたうちのいくつかの関数の例について，微分を計算してみましょう．

(ⅰ)　$f(x) = 3x + 2$　　(ⅱ)　$f(x) = x^2 - 3x + 2$

(ⅲ)　$f(x) = x^3$　　　(ⅳ)　$f(x) = \dfrac{1}{x}$

(ⅰ)　$f(x) = 3x + 2$
$$y + \Delta y = f(x+\Delta x) = 3(x+\Delta x) + 2, \quad f(x) = 3x + 2$$

$$\Delta y = f(x+\Delta x) - f(x) = 3\Delta x \Rightarrow \frac{\Delta y}{\Delta x} = 3$$

$$\frac{dy}{dx} = \lim_{\Delta x \to 0} \frac{\Delta y}{\Delta x} = 3$$

この場合は，$\frac{\Delta y}{\Delta x}$ 自体が一定で，3 に等しいわけで，とくに極限 $\lim_{\Delta x \to 0} \frac{\Delta y}{\Delta x}$ をとる必要はないわけです．

一般的な一次関数を取り上げましょう．
$$y = f(x) = ax+b \quad (a, b \text{ は定数})$$
$$y + \Delta y = f(x+\Delta x) = a(x+\Delta x)+b, \quad f(x) = ax+b$$
$$\Delta y = f(x+\Delta x) - f(x) = a\Delta x \Rightarrow \frac{\Delta y}{\Delta x} = a$$
$$\frac{dy}{dx} = \lim_{\Delta x \to 0} \frac{\Delta y}{\Delta x} = a$$

つぎの公式が求められたわけです．
$$y = ax+b \Rightarrow \frac{dy}{dx} = a$$

(ii) $f(x) = x^2 - 3x + 2$
$$y + \Delta y = f(x+\Delta x) = (x+\Delta x)^2 - 3(x+\Delta x) + 2,$$
$$f(x) = x^2 - 3x + 2$$
$$\begin{aligned}\Delta y &= f(x+\Delta x) - f(x) \\ &= \{(x+\Delta x)^2 - x^2\} - 3\{(x+\Delta x) - x\} \\ &= 2x\Delta x + (\Delta x)^2 - 3\Delta x\end{aligned}$$
$$\frac{\Delta y}{\Delta x} = 2x - 3 + \Delta x \Rightarrow \frac{dy}{dx} = \lim_{\Delta x \to 0} \frac{\Delta y}{\Delta x} = 2x - 3$$

一般に，二次関数の微分について，つぎの公式を導き出すことができます．
$$y = ax^2 + bx + c \Rightarrow \frac{dy}{dx} = 2ax + b$$

練習問題 つぎの二次関数の微分をじっさいに計算しなさい．

(1) $f(x) = -5x^2 + 7x + 8$ (2) $f(x) = -\frac{2}{5}x^2 + \frac{3}{4}x - \frac{1}{3}$

(3) $f(x) = (ax+b)^2$ (4) $f(x) = (ax+b)(cx+d)$

(iii) $f(x) = x^3$

$$y + \Delta y = f(x + \Delta x) = (x + \Delta x)^3, \quad f(x) = x^3$$
$$\Delta y = f(x + \Delta x) - f(x) = (x + \Delta x)^3 - x^3$$
$$= 3x^2 \Delta x + 3x(\Delta x)^2 + (\Delta x)^3$$
$$\frac{\Delta y}{\Delta x} = 3x^2 + 3x\Delta x + (\Delta x)^2 \Rightarrow \frac{dy}{dx} = \lim_{\Delta x \to 0} \frac{\Delta y}{\Delta x} = 3x^2$$

一般に，三次関数の微分にかんして，つぎの公式が成り立ちます．

$$y = ax^3 + bx^2 + cx + d \Rightarrow \frac{dy}{dx} = 3ax^2 + 2bx + c$$

［この公式を計算によって証明しなさい．］

練習問題 つぎの三次関数の微分をじっさいに自分で計算しなさい．

(1) $f(x) = 3x^3 - 2x^2 + 5x - 4$

(2) $f(x) = -\frac{1}{3}x^3 + \frac{1}{2}x^2 + \frac{3}{4}x - \frac{1}{2}$

(3) $f(x) = (ax + b)^3$

(4) $f(x) = (ax + b)(cx + d)(ex + f)$

上の関数の微分の計算からもよみとるように，つぎの関係が成り立ちます．

2つの関数のウエイトをつけた和の微分 2つの関数 $f(x)$, $g(x)$ に対して，新しく $h(x)$ という関数を考えます．

$$h(x) = af(x) + bg(x)$$

ここで，a, b は定数とします．このような関数 $h(x)$ を，2つの関数 $f(x), g(x)$ のウエイト a, b をつけた和といいます．

$$h(x) = af(x) + bg(x) \quad (a, b \text{ は定数})$$
$$\Rightarrow h'(x) = af'(x) + bg'(x)$$

この公式は，つぎのようにあらわされることもあります．

$u = ay + bz$

$\Rightarrow \dfrac{du}{dx} = a\dfrac{dy}{dx} + b\dfrac{dz}{dx}$ あるいは $u' = ay' + bz'$

証明 $h(x + \Delta x) = af(x + \Delta x) + bg(x + \Delta x),$
$\qquad h(x) = af(x) + bg(x)$

$h(x + \Delta x) - h(x)$

$$= a\{f(x+\Delta x)-f(x)\}+b\{g(x+\Delta x)-g(x)\}$$

$$\frac{\Delta h(x)}{\Delta x}=a\frac{\Delta f(x)}{\Delta x}+b\frac{\Delta g(x)}{\Delta x}$$

$$\lim_{\Delta x\to 0}\frac{\Delta h(x)}{\Delta x}=a\lim_{\Delta x\to 0}\frac{\Delta f(x)}{\Delta x}+b\lim_{\Delta x\to 0}\frac{\Delta g(x)}{\Delta x}$$

$$\Rightarrow\quad h'(x)=af'(x)+bg'(x)\qquad \text{Q. E. D.}$$

　また,合成関数の微分にかんする公式も便利です.合成関数というのは,つぎのようにしてつくられる関数を意味します.2つの関数 $y=f(x)$, $y=g(x)$ が与えられているとき,関数 $y=g(x)$ の x の値として, $y=f(x)$ の y の値を代入してつくられる関数 $h(x)$ です.

$$h(x)=g[f(x)]$$

たとえば, $f(x)=2x+3$, $g(x)=x^2$ のとき,

$$h(x)=g[f(x)]=(2x+3)^2=4x^2+12x+9$$

合成関数の微分にかんする公式 $y=f(x)$, $z=g(y)=g[f(x)]=h(x)$ について

$$\frac{dz}{dx}=\frac{dz}{dy}\frac{dy}{dx}\quad \text{あるいは}\quad h'(x)=g'[f(x)]f'(x)$$

証明 $\Delta z=g(y+\Delta y)-g(y)$, $\Delta y=f(x+\Delta x)-f(x)$

$$\frac{\Delta z}{\Delta x}=\frac{\Delta z}{\Delta y}\frac{\Delta y}{\Delta x}$$

$$\Rightarrow\quad \frac{dz}{dx}=\lim_{\Delta x\to 0}\frac{\Delta z}{\Delta x}=\lim_{\Delta x\to 0}\frac{\Delta z}{\Delta y}\lim_{\Delta x\to 0}\frac{\Delta y}{\Delta x}$$

$$=\lim_{\Delta y\to 0}\frac{\Delta z}{\Delta y}\lim_{\Delta x\to 0}\frac{\Delta y}{\Delta x}=\frac{dz}{dy}\frac{dy}{dx}$$

[ここで, $\Delta x\to 0$ のとき, $\Delta y\to 0$ となることに注意.]

Q. E. D.

　上の例についてみると,つぎのようになります.

$$h(x)=g[f(x)]=(2x+3)^2=4x^2+12x+9$$
$$\Rightarrow\quad h'(x)=8x+12$$

合成関数の微分の公式を使うと,

$$f(x)=2x+3,\ g(x)=x^2\ \Rightarrow\ f'(x)=2,\ g'(x)=2x$$
$$h'(x)=g'[f(x)]f'(x)=2(2x+3)\times 2=8x+12$$

---

10 ページの練習問題の答え

(1) $-10x+7$ (2) $-\dfrac{4}{5}x+\dfrac{3}{4}$

(3) $2a^2x+2ab$ (4) $2acx+ad+bc$

11 ページの練習問題の答え

(1) $9x^2-4x+5$ (2) $-x^2+x+\dfrac{3}{4}$

(3) $3a^3x^2+6a^2bx+3ab^2$

(4) $3acex^2+2acfx+2adex+2bcex+adf+bcf+bde$

練習問題 つぎの関数の微分を合成関数の微分にかんする公式を使って計算しなさい．

(1) $f(x)=(ax+b)^3$　　(2) $f(x)=(ax^2+bx+c)^3$

(3) $f(x)=(4x^3+6x^2+12x+1)^2$

(4) $f(x)=(4x^3+6x^2+12x+1)^3$

(iv) $f(x)=\dfrac{1}{x}$

$$f(x+\Delta x)=\dfrac{1}{x+\Delta x},\quad f(x)=\dfrac{1}{x}$$

$$\Delta y=f(x+\Delta x)-f(x)=\dfrac{1}{x+\Delta x}-\dfrac{1}{x}=-\dfrac{\Delta x}{(x+\Delta x)x}$$

$$\dfrac{\Delta y}{\Delta x}=-\dfrac{1}{(x+\Delta x)x}\ \Rightarrow\ \dfrac{dy}{dx}=\lim_{\Delta x\to 0}\dfrac{\Delta y}{\Delta x}=-\dfrac{1}{x^2}$$

$$y=\dfrac{1}{x}\ \Rightarrow\ \dfrac{dy}{dx}=-\dfrac{1}{x^2}$$

練習問題 つぎの関数の微分をじっさいに自分で計算しなさい．

(1) $f(x)=x-\dfrac{1}{x}$

(2) $f(x)=-9x^3+2x^2-6x+5-\dfrac{3}{x}$

(3) $f(x)=\dfrac{x-1}{x+1}$　　(4) $f(x)=\dfrac{1}{x^2-1}$

(5) $f(x)=\dfrac{1}{x^2+x+1}$　　(6) $f(x)=\dfrac{1}{(x^2+x+1)^3}$

ベキ関数の微分

上で計算した微分のなかに，つぎのような例がありました．

$$y=x\ \Rightarrow\ \dfrac{dy}{dx}=1,\qquad y=x^2\ \Rightarrow\ \dfrac{dy}{dx}=2x$$

$$y=x^3\ \Rightarrow\ \dfrac{dy}{dx}=3x^2,\qquad y=\dfrac{1}{x}\ \Rightarrow\ \dfrac{dy}{dx}=-\dfrac{1}{x^2}$$

これらはいずれも，つぎの一般的な公式の特殊なケースにな

っています．
$$y = x^n \text{ のとき，} \frac{dy}{dx} = nx^{n-1} \quad (n \text{ は任意の整数，} n \neq 0)$$

この公式を証明するために，関数の微分にかんするつぎの公式を使います．

関数の積の微分にかんする公式
$$\frac{d(uv)}{dx} = \frac{du}{dx}v + u\frac{dv}{dx} \quad \text{あるいは} \quad (uv)' = u'v + uv'$$

この公式は，つぎのようにあらわされることもあります．
$$f(x) = u(x)v(x) \Rightarrow f'(x) = u'(x)v(x) + u(x)v'(x)$$

証明 $y = uv$ とおけば
$$\Delta y = (y + \Delta y) - y = (u + \Delta u)(v + \Delta v) - uv$$
$$= v\Delta u + u\Delta v + \Delta u \Delta v$$
$$\frac{\Delta y}{\Delta x} = \frac{\Delta u}{\Delta x}v + u\frac{\Delta v}{\Delta x} + \frac{\Delta u}{\Delta x}\Delta v$$

$\Delta x \to 0$ のとき，$\Delta v \to 0$ であるから
$$\frac{dy}{dx} = \lim_{\Delta x \to 0}\frac{\Delta y}{\Delta x} = \lim_{\Delta x \to 0}\frac{\Delta u}{\Delta x}v + u\lim_{\Delta x \to 0}\frac{\Delta v}{\Delta x} + \lim_{\Delta x \to 0}\frac{\Delta u}{\Delta x}\Delta v$$
$$= \frac{du}{dx}v + u\frac{dv}{dx} \quad\quad\quad\quad \text{Q. E. D.}$$

たとえば，$u = x^2$, $v = x^3$ を例にとると，
$$uv = x^2 \times x^3 = x^5 \Rightarrow (uv)' = 5x^4$$
$$u'v + uv' = 2x \times x^3 + x^2 \times 3x^2 = 2x^4 + 3x^4 = 5x^4$$

関数の積の微分にかんする公式が成り立つことがわかります．

上の公式を使って，n が正の整数である場合について，ベキ関数の微分にかんする公式を証明できます．
$$(n) \quad \frac{d(x^n)}{dx} = nx^{n-1} \quad (n \text{ は任意の正の整数})$$

証明 この関係は，$n = 1$ のときは明らか．
$$\frac{d(x^1)}{dx} = 1 \times x^0 = 1$$

上の関係(n)が成立する，すなわち，$\frac{d(x^n)}{dx} = nx^{n-1}$ と仮定すれば

---

13 ページの練習問題（上）の答え
(1) $3a(ax+b)^2$
(2) $3(2ax+b)(ax^2+bx+c)^2$
(3) $24(x^2+x+1)(4x^3+6x^2+12x+1)$
(4) $36(x^2+x+1)(4x^3+6x^2+12x+1)^2$

13 ページの練習問題（下）の答え
(1) $1 + \frac{1}{x^2}$
(2) $-27x^2 + 4x - 6 + \frac{3}{x^2}$
(3) $\frac{2}{(x+1)^2}$ (4) $-\frac{2x}{(x^2-1)^2}$
(5) $-\frac{2x+1}{(x^2+x+1)^2}$
(6) $-\frac{3(2x+1)}{(x^2+x+1)^4}$

$$\frac{d(x^{n+1})}{dx} = \frac{d(x^n x)}{dx} = \frac{d(x^n)}{dx}x + x^n \frac{d(x)}{dx} = nx^{n-1} \times x + x^n \times 1$$
$$= (n+1)x^n$$

関係$(n+1)$が成立することが示されました．したがって，すべての正の整数nについて，関係(n)が成立します．

Q. E. D.

練習問題 関数の積の微分にかんする公式を使って，つぎの関数の微分を求めなさい．

(1) $f(x) = (x^2 + x + 1)(2x - 1)$

(2) $f(x) = (x+1)^3(x-1)^3$

(3) $f(x) = (ax+b)^2(cx+d)^2$

(4) $f(x) = \dfrac{1}{(x+1)^3(x-1)^3}$

(5) $f(x) = \dfrac{(x+1)^3}{(x-1)^3}$ 　　　(6) $f(x) = \dfrac{ax+b}{cx+d}$

n が負の整数である場合のベキ関数の微分　n が負の整数である場合についても，ベキ関数の微分はつぎの公式によって求めることができます．

$$(n) \quad \frac{d(x^n)}{dx} = nx^{n-1} \quad (n \text{ は任意の負の整数})$$

この公式を証明するためには，関数の商の微分にかんするつぎの公式を使います．

関数の商の微分にかんする公式

$$\frac{d\left(\dfrac{u}{v}\right)}{dx} = \frac{\dfrac{du}{dx}v - u\dfrac{dv}{dx}}{v^2} \quad \text{あるいは} \quad \left(\frac{u}{v}\right)' = \frac{u'v - uv'}{v^2}$$

この公式は，つぎのようにあらわされることもあります．

$$f(x) = \frac{u(x)}{v(x)} \Rightarrow f'(x) = \frac{u'(x)v(x) - u(x)v'(x)}{\{v(x)\}^2}$$

とくに，

$$\frac{d\left(\dfrac{1}{v}\right)}{dx} = -\frac{\dfrac{dv}{dx}}{v^2} \quad \text{あるいは} \quad \left(\frac{1}{v}\right)' = -\frac{v'}{v^2}$$

証明 $y = \dfrac{u}{v}$ とおけば

$$\Delta y = (y + \Delta y) - y = \frac{u + \Delta u}{v + \Delta v} - \frac{u}{v} = \frac{(u + \Delta u)v - u(v + \Delta v)}{(v + \Delta v)v}$$

$$= \frac{v \Delta u - u \Delta v}{(v + \Delta v)v}$$

$$\frac{\Delta y}{\Delta x} = \frac{\dfrac{\Delta u}{\Delta x} v - u \dfrac{\Delta v}{\Delta x}}{(v + \Delta v)v}$$

$\Delta x \to 0$ のとき，$\Delta v \to 0$ であるから

$$\frac{dy}{dx} = \lim_{\Delta x \to 0} \frac{\Delta y}{\Delta x} = \lim_{\Delta x \to 0} \frac{\dfrac{\Delta u}{\Delta x}v - u\dfrac{\Delta v}{\Delta x}}{(v + \Delta v)v} = \frac{\dfrac{du}{dx}v - u\dfrac{dv}{dx}}{v^2}$$

Q. E. D.

たとえば，$u = x^2$，$v = x^3$ を例にとると，

$$\frac{u}{v} = \frac{x^2}{x^3} = \frac{1}{x} \Rightarrow \left(\frac{u}{v}\right)' = -\frac{1}{x^2}$$

$$\left(\frac{u}{v}\right)' = \frac{u'v - uv'}{v^2} = \frac{2x \times x^3 - x^2 \times 3x^2}{(x^3)^2} = \frac{-x^4}{x^6} = -\frac{1}{x^2}$$

関数の商の微分にかんする公式が成り立つことがわかります．

関数の商の微分にかんする公式を使って，n が負の整数のときのベキ関数の微分を計算します．

$x^{-n} = \dfrac{1}{x^n}$ だから，

$$\frac{d(x^{-n})}{dx} = \frac{d\left(\dfrac{1}{x^n}\right)}{dx} = -\frac{\dfrac{d(x^n)}{dx}}{x^{2n}} = -\frac{nx^{n-1}}{x^{2n}} = -nx^{-(n+1)}$$

別証 $y = x^{-n}$ とおけば，$yx^n = 1 \Rightarrow \dfrac{dy}{dx}x^n + y\dfrac{d(x^n)}{dx} = 0$．$\dfrac{d(x^n)}{dx}$

$= nx^{n-1}$ を使えば，$\dfrac{dy}{dx}x^n + ynx^{n-1} = 0 \Rightarrow \dfrac{dy}{dx} = -\dfrac{ny}{x} = -nx^{-n-1}$.

Q. E. D.

練習問題 関数の商の微分にかんする公式を使って，つぎの関数の微分を求めなさい．

15 ページの練習問題の答え
(1) $6x^2 + 2x + 1$
(2) $6x(x+1)^2(x-1)^2$
(3) $2(2acx + ad + bc)(ax + b)(cx + d)$
(4) $f(x) = \dfrac{1}{(x+1)^3} \times \dfrac{1}{(x-1)^3}$ として考える． $-\dfrac{6x}{(x+1)^4(x-1)^4}$. (5), (6) も同様．
(5) $-\dfrac{6(x+1)^2}{(x-1)^4}$ (6) $\dfrac{ad - bc}{(cx+d)^2}$

(1)　$f(x) = \dfrac{x^2+1}{x^2-1}$　　　(2)　$f(x) = \dfrac{(x+1)^3}{(x-1)^5}$

(3)　$f(x) = \dfrac{x^2+x+1}{(x+1)(x-1)}$　　(4)　$f(x) = \dfrac{(x^2+7x+12)^2}{(3x^2-2x+1)^3}$

(5)　$f(x) = \dfrac{(ax+b)^3}{(cx+d)^5}$

(6)　$f(x) = \dfrac{1}{(ax+b)^3(cx+d)^5}$

数学的帰納法

　一般に，ある命題(n)が，$n=1$のときに正しく，また，nのときに正しいと仮定すれば，$n+1$のときに正しいことを証明できるとすると，この命題(n)はすべての正の整数nについて成立することがわかります．これはふつう，数学的帰納法という考え方です．数学的帰納法というとむずかしく聞こえますが，みなさんも日常使っている考え方で，とくに目新しいものではありません．

　もうしばらく前のことになりますが，ある高名な経済学者が教科書風の書物を出版しました．そのなかで，もっとも重要な基本定理の1つを，数学的帰納法を逆に使って証明したのです．つまり，ある命題(n)が$n+1$のときに正しいと仮定すれば，nのときに正しいことを示して，すべてのnについて，命題(n)が正しいことを「証明」できたとしたわけです．みなさんもこれから数学的帰納法を使うことが多いと思いますが，決してこのような過ちは犯さないように注意して下さい．

数学的帰納法と数列の和

例題1　つぎの等差数列の和にかんする公式を数学的帰納法によって証明しなさい．

$$S_n = 1 + 2 + \cdots + \overline{n-1} + n = \dfrac{n(n+1)}{2}$$

解答　$n=1$のとき，$S_1 = \dfrac{1 \times (1+1)}{2} = 1$．$n$のときに，上の

$n-1$の上に線が引いてあるのは，「そこを1つのまとまりとして見てください」という意味です．

16ページの練習問題の答え

(1) $-\dfrac{4x}{(x^2-1)^2}$

(2) $-\dfrac{2(x+4)(x+1)^2}{(x-1)^6}$

(3) $-\dfrac{x^2+4x+1}{(x+1)^2(x-1)^2}$

(4) $-\dfrac{2(3x^3+43x^2+99x-43)(x^2+7x+12)}{(3x^2-2x+1)^4}$

(5) $\dfrac{(-2acx+3ad-5bc)(ax+b)^2}{(cx+d)^6}$

(6) $-\dfrac{8acx+3ad+5bc}{(ax+b)^4(cx+d)^6}$

関係が正しいと仮定すれば，すなわち $S_n=\dfrac{n(n+1)}{2}$ とすれば，

$$S_{n+1}=S_n+(n+1)=\dfrac{n(n+1)}{2}+(n+1)=\dfrac{(n+1)(n+2)}{2}$$

$$\Rightarrow\quad S_{n+1}=\dfrac{(n+1)(\overline{n+1}+1)}{2}$$

$n+1$ のときに，上の関係が成り立つ．したがって，上の公式はすべての正の整数 n について成り立つ．　　Q. E. D.

例題2 つぎの等比数列の和にかんする公式を数学的帰納法によって証明しなさい．

$$S_n=1+r+\cdots+r^{n-2}+r^{n-1}=\dfrac{1-r^n}{1-r}\qquad(r\neq 1)$$

解答 $n=1$ のとき，$S_1=1$．n のときに，上の関係が正しいとすれば

$$S_{n+1}=S_n+r^n=\dfrac{1-r^n}{1-r}+r^n=\dfrac{1-r^{n+1}}{1-r}$$

$n+1$ のときに，上の関係が成り立つ．したがって，上の公式はすべての正の整数 n について成り立つ．　　Q. E. D.

練習問題 つぎの数列の和にかんする公式を数学的帰納法によって証明しなさい．

(1) $S_n=1+3+\cdots+(1+2\times\overline{n-2})+(1+2\times\overline{n-1})=n^2$

(2) $S_n=a+(a+d)+\cdots+(a+\overline{n-2}d)+(a+\overline{n-1}d)$
$\quad=\dfrac{n(2a+\overline{n-1}d)}{2}$

(3) $S_n=1^2+2^2+\cdots+(n-1)^2+n^2=\dfrac{1}{6}n(n+1)(2n+1)$

(4) $S_n=1^3+2^3+\cdots+(n-1)^3+n^3$
$\quad=(1+2+\cdots+\overline{n-1}+n)^2$

(5) $S_n=1^3+3^3+\cdots+(2n-3)^3+(2n-1)^3=n^2(2n^2-1)$

(6) $S_n=1+2r+\cdots+(n-1)r^{n-2}+nr^{n-1}$
$\quad=\dfrac{1-r^n}{(1-r)^2}-n\dfrac{r^n}{1-r}\quad(r\neq 1)$

答え　略

3 一般のベキ関数の微分

前節では，ベキ関数の微分にかんする公式
$$y = x^n \;\Rightarrow\; \frac{dy}{dx} = nx^{n-1} \quad \text{あるいは} \quad y' = nx^{n-1}$$
が，正または負の整数 n の場合に成り立つことをみました．この節では，n がかならずしも整数ではない一般的な場合を考えたいと思います．まず，n が有理数の場合を取り上げます．

n が有理数の場合のベキ関数の微分

第3巻『代数で幾何を解く—解析幾何』で，任意の有理数 $\dfrac{m}{n}$ について，正数 a のベキ乗 $a^{\frac{m}{n}}$ をつぎのようにして定義しました．
$$\left(a^{\frac{m}{n}}\right)^n = a^m \quad (m, n \text{ は整数}, \; m, n \neq 0, \; a > 0)$$
たとえば
$$\left(5^{\frac{1}{4}}\right)^4 = 5, \quad \left(5^{\frac{3}{2}}\right)^2 = 5^3,$$
$$\left(5^{-\frac{1}{4}}\right)^4 = 5^{-1}, \quad \left(5^{-\frac{3}{2}}\right)^2 = 5^{-3}$$
さて，m, n は整数で，$m, n \neq 0$ のとき，ベキ関数
$$y = f(x) = x^{\frac{m}{n}} \quad (x > 0)$$
の微分を計算したいと思います．ここで説明する考え方は，ニュートンが最初に使った方法で，微分の計算をするときにたいへん重宝です．

$z = x^{\frac{1}{n}}$ とおけば
$$y = z^m, \; x = z^n \;\Rightarrow\; \frac{dy}{dz} = mz^{m-1}, \; \frac{dx}{dz} = nz^{n-1}$$

合成関数の微分にかんする公式 $\dfrac{dy}{dz}=\dfrac{dy}{dx}\dfrac{dx}{dz}$ に代入すれば

$$mz^{m-1} = \dfrac{dy}{dx}nz^{n-1} \Rightarrow \dfrac{dy}{dx} = \dfrac{mz^{m-1}}{nz^{n-1}} = \dfrac{m}{n}z^{m-n}$$

$$z = x^{\frac{1}{n}} \Rightarrow \dfrac{dy}{dx} = \dfrac{m}{n}x^{\frac{m}{n}-1}$$

$\alpha = \dfrac{m}{n}$ とおけば，α は有理数で，つぎのベキ関数の微分の公式が得られたわけです.

$$y = x^{\alpha} \Rightarrow \dfrac{dy}{dx} = \alpha x^{\alpha-1}$$

たとえば，

$$y = \sqrt{x} = x^{\frac{1}{2}} \Rightarrow \dfrac{dy}{dx} = \dfrac{1}{2}x^{-\frac{1}{2}} = \dfrac{1}{2\sqrt{x}}$$

練習問題
(1) つぎのベキ関数の微分を自分で計算しなさい．
$$x^{\frac{1}{2}}, \quad x^{\frac{4}{5}}, \quad x^{-\frac{3}{2}}, \quad x^{-\frac{4}{5}}$$

(2) つぎのベキ関数の微分を求めなさい．
$$(3x+2)^{\frac{1}{2}}, \quad (x^2-5x+4)^{\frac{4}{5}}, \quad \left(x+\dfrac{1}{x}\right)^{-\frac{3}{2}},$$
$$\left(x-\dfrac{1}{x}\right)^{-\frac{4}{5}}, \quad \left(\dfrac{1}{x-1}+\dfrac{1}{x+1}\right)^{\frac{3}{2}}, \quad \left(1+\dfrac{1}{x}+\dfrac{1}{x^2}\right)^{-\frac{7}{5}}$$

これまでの議論を一般化して，有理数，無理数を問わず，任意の数 α について
$$y = f(x) = x^{\alpha} \quad (x > 0)$$
というベキ関数の微分を計算することができます．
$$\dfrac{dy}{dx} = f'(x) = \alpha x^{\alpha-1}$$

練習問題 つぎのベキ関数の微分を求めなさい．
$$x^{\sqrt{2}}, \quad x^{-\sqrt{3}}, \quad (x+5)^{\sqrt{3}}, \quad (2x^2+3x+1)^{-\sqrt{2}}$$

4

三角関数の微分

三角関数の微分

　さきに，微分の計算の例題を出しましたが，かんたんに微分の計算をすることができない関数があります．その1つはサイン関数です．
$$y = f(x) = \sin x$$
ここで，変数 x は，ラジアンで測った角の大きさをあらわすとします．以下，角の大きさはいつもラジアンを単位として測るものとします．

　このサイン関数の微分を計算するために，まず，つぎの関係を証明します．
$$\lim_{\theta \to 0} \frac{\sin \theta}{\theta} = 1$$

証明　(X, Y) 座標の原点 O を中心とする単位円をえがき，X 軸との交点を A とします．単位円上にあって，X 軸から測って θ の角度をもつ点を P とします．角の大きさを測るときに，正の方向は，時計の針の動きとは逆の方向です．θ はラジアンを単位として測っていますから，弧 AP の長さがちょうど θ に等しくなります．

　A で X 軸に立てた垂線と半径 OP の延長との交点を B とし，P から X 軸に下ろした垂線の足を H とします．半径 OA, OP と弧 AP で囲まれたおうぎ形の図形 OAPO は，2つの三角形 △OHP, △OAB の間にはさまれていますから，この3つの図形の面積の間には，つぎの関係が成り立ちます．
$$[\triangle \text{OHP}] < [\text{OAPO}] < [\triangle \text{OAB}]$$
ここで，$\sin \theta, \cos \theta$ の定義を思い出して下さい．
$$\sin \theta = \overline{\text{PH}}, \quad \cos \theta = \overline{\text{OH}}$$
$$[\text{単位円だから，} \overline{\text{OA}} = \overline{\text{OP}} = 1]$$
$$[\triangle \text{OHP}] = \frac{1}{2} \overline{\text{OH}} \times \overline{\text{PH}} = \frac{1}{2} \sin \theta \cos \theta,$$

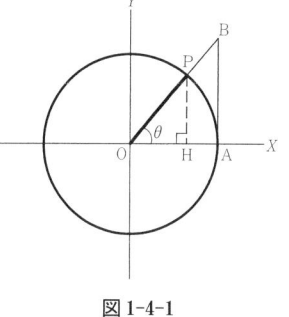

図 1-4-1

$$[\triangle \mathrm{OAB}] = \frac{1}{2}\overline{\mathrm{OA}} \times \overline{\mathrm{BA}} = \frac{1}{2}\tan\theta = \frac{1}{2}\frac{\sin\theta}{\cos\theta}$$

一方,

$$円全体の面積 = \pi \times 1^2 = \pi \;\; \Rightarrow \;\; [\mathrm{OAPO}] = \pi \times \frac{\theta}{2\pi} = \frac{\theta}{2}$$

$$\frac{1}{2}\sin\theta\cos\theta < \frac{1}{2}\theta < \frac{1}{2}\frac{\sin\theta}{\cos\theta} \;\; \Rightarrow \;\; \cos\theta < \frac{\theta}{\sin\theta} < \frac{1}{\cos\theta}$$

$$\Rightarrow \;\; \cos\theta < \frac{\sin\theta}{\theta} < \frac{1}{\cos\theta}$$

したがって,$\theta \to 0$ のときの極限をとれば

$$\lim_{\theta \to 0}\cos\theta \leq \lim_{\theta \to 0}\frac{\sin\theta}{\theta} \leq \lim_{\theta \to 0}\frac{1}{\cos\theta}$$

ところが,$\lim_{\theta \to 0}\cos\theta = \lim_{\theta \to 0}\frac{1}{\cos\theta} = 1$.

ゆえに,

$$1 \leq \lim_{\theta \to 0}\frac{\sin\theta}{\theta} \leq 1 \;\; \Rightarrow \;\; \lim_{\theta \to 0}\frac{\sin\theta}{\theta} = 1 \quad \text{Q. E. D.}$$

さて,$y = \sin x$ の微分を計算します.

$$\varDelta y = (y + \varDelta y) - y = \sin(x + \varDelta x) - \sin x$$

ここで,$x + \varDelta x = \left(x + \frac{\varDelta x}{2}\right) + \frac{\varDelta x}{2}$,$x = \left(x + \frac{\varDelta x}{2}\right) - \frac{\varDelta x}{2}$ として,三角関数の加法定理を適用すれば

$$\sin(x + \varDelta x) = \sin\left(x + \frac{\varDelta x}{2} + \frac{\varDelta x}{2}\right)$$

$$= \sin\left(x + \frac{\varDelta x}{2}\right)\cos\frac{\varDelta x}{2} + \cos\left(x + \frac{\varDelta x}{2}\right)\sin\frac{\varDelta x}{2}$$

$$\sin x = \sin\left(x + \frac{\varDelta x}{2} - \frac{\varDelta x}{2}\right)$$

$$= \sin\left(x + \frac{\varDelta x}{2}\right)\cos\frac{\varDelta x}{2} - \cos\left(x + \frac{\varDelta x}{2}\right)\sin\frac{\varDelta x}{2}$$

ゆえに,

$$\varDelta y = \sin(x + \varDelta x) - \sin x = 2\cos\left(x + \frac{\varDelta x}{2}\right)\sin\frac{\varDelta x}{2}$$

---

20 ページの練習問題(上)の答え

(1) $\frac{1}{2}x^{-\frac{1}{2}},\; \frac{4}{5}x^{-\frac{1}{5}},\; -\frac{3}{2}x^{-\frac{5}{2}},\; -\frac{4}{5}x^{-\frac{9}{5}}$

(2) $\frac{3}{2}(3x+2)^{-\frac{1}{2}}$,

$\frac{4}{5}(2x-5)(x^2-5x+4)^{-\frac{1}{5}}$,

$-\frac{3}{2}\left(1-\frac{1}{x^2}\right)\left(x+\frac{1}{x}\right)^{-\frac{5}{2}}$,

$-\frac{4}{5}\left(1+\frac{1}{x^2}\right)\left(x-\frac{1}{x}\right)^{-\frac{9}{5}}$,

$-3\dfrac{x^2+1}{(x^2-1)^2}\left(\dfrac{1}{x-1}+\dfrac{1}{x+1}\right)^{\frac{1}{2}}$,

$\frac{7}{5}\left(\frac{1}{x^2}+\frac{2}{x^3}\right)\left(1+\frac{1}{x}+\frac{1}{x^2}\right)^{-\frac{12}{5}}$

20 ページの練習問題(下)の答え

$\sqrt{2}\,x^{\sqrt{2}-1},\; -\sqrt{3}\,x^{-\sqrt{3}-1},\; \sqrt{3}\,(x+5)^{\sqrt{3}-1}$,

$-\sqrt{2}\,(4x+3)(2x^2+3x+1)^{-\sqrt{2}-1}$

$$\frac{\Delta y}{\Delta x} = \cos\left(x + \frac{\Delta x}{2}\right) \frac{\sin\frac{\Delta x}{2}}{\frac{\Delta x}{2}}$$

$\Delta x \to 0$ のとき，$\frac{\Delta x}{2} \to 0$ であるから

$$\frac{dy}{dx} = \lim_{\Delta x \to 0} \frac{\Delta y}{\Delta x} = \lim_{\Delta x \to 0} \cos\left(x + \frac{\Delta x}{2}\right) \lim_{\Delta x \to 0} \frac{\sin\frac{\Delta x}{2}}{\frac{\Delta x}{2}} = \cos x$$

このようにして，つぎの公式が証明されたわけです．

$$y = \sin x \;\Rightarrow\; \frac{dy}{dx} = \cos x$$

最初に求めた関係式は，サイン関数の微分の公式の $x=0$ の場合に他なりません．

$$\lim_{\theta \to 0} \frac{\sin \theta}{\theta} = 1$$

同じようにして，cos, tan の微分にかんするつぎの公式が得られます．

（ⅰ） $y = \cos x \Rightarrow \frac{dy}{dx} = -\sin x$

（ⅱ） $y = \tan x \Rightarrow \frac{dy}{dx} = \frac{1}{\cos^2 x}$

証明 （ⅰ） $y = \cos x = \sin\left(\frac{\pi}{2} - x\right)$, $z = \frac{\pi}{2} - x$ とおけば

$y = \sin z,\; z = \frac{\pi}{2} - x \;\Rightarrow\; \frac{dy}{dx} = \frac{dy}{dz}\frac{dz}{dx} = -\cos z = -\sin x$

（ⅱ） $y = \tan x = \frac{\sin x}{\cos x}$

$$\Rightarrow\; y' = \frac{(\sin x)' \cos x - \sin x (\cos x)'}{\cos^2 x}$$

$$= \frac{\cos^2 x + \sin^2 x}{\cos^2 x} = \frac{1}{\cos^2 x} \qquad \text{Q. E. D.}$$

練習問題 cos, tan の微分の公式を微分の定義にもどって直接計算しなさい．

(1)　　$y = \cos x \Rightarrow \dfrac{dy}{dx} = -\sin x$

(2)　　$y = \tan x \Rightarrow \dfrac{dy}{dx} = \dfrac{1}{\cos^2 x}$

ふくざつな三角関数の微分

例題　つぎの関数を微分しなさい．
$$\sin(4x+3),\quad \cos(4x+3),\quad \sin(x^2+1),\quad \cos(x^2+1),$$
$$\sin^2 x,\quad \cos^2 x,\quad \tan^2 x$$

解答　$y = \sin(4x+3) \Rightarrow y' = 4\cos(4x+3)$；$y = \cos(4x+3) \Rightarrow y' = -4\sin(4x+3)$；$y = \sin(x^2+1) \Rightarrow y' = 2x\cos(x^2+1)$；$y = \cos(x^2+1) \Rightarrow y' = -2x\sin(x^2+1)$；$y = \sin^2 x \Rightarrow y' = 2\sin x \cos x = \sin 2x$；$y = \cos^2 x \Rightarrow y' = -2\cos x \sin x = -\sin 2x$；$y = \tan^2 x \Rightarrow y' = 2\tan x \dfrac{1}{\cos^2 x} = \dfrac{2\sin x}{\cos^3 x}$．

練習問題　つぎの関数を微分しなさい．
$$\sin^3 x,\quad \cos^3 x,\quad \tan^3 x,$$
$$\sin\sqrt{1-x^2},\quad \cos\sqrt{1-x^2},\quad \tan\sqrt{1-x^2}$$

5

関数の微分のまとめ

　関数の微分の考え方については，十分理解できたと思います．ここで，微分演算の法則をまとめておきましょう．与えられた関数を一般に
$$y = f(x)$$
であらわし，その微分を
$$\dfrac{dy}{dx} = y' = f'(x)$$
などの表記法を用いてあらわします．

２つの関数のウエイトをつけた和の微分　２つの関数 $u =$

$u(x)$, $v=v(x)$, および2つの数 a,b が与えられたとき，関数 $y=f(x)$ を
$$y = au+bv, \quad i.e., \quad f(x) = au(x)+bv(x)$$
と定義すれば
$$\frac{dy}{dx} = a\frac{du}{dx}+b\frac{dv}{dx}, \quad i.e., \quad y' = au'+bv'$$
あるいは，
$$f'(x) = au'(x)+bv'(x)$$
[$i.e.$ という記号は，ラテン語の id est を略したもので，英語で that is とよみます.「すなわち」という意味です.]

合成関数の微分 2つの関数 $y=f(x)$, $z=g(y)$ の合成関数
$$z = h(x) = g(f(x))$$
の微分は
$$\frac{dz}{dx} = \frac{dz}{dy}\frac{dy}{dx}, \quad i.e., \quad z = h'(x) = g'(y)f'(x)$$

2つの関数の積の微分 2つの関数 $u=u(x)$, $v=v(x)$ の積 $y=f(x)$
$$y = uv, \quad i.e., \quad f(x) = u(x)v(x)$$
の微分は
$$\frac{dy}{dx} = \frac{du}{dx}v+u\frac{dv}{dx}, \quad i.e., \quad y' = u'v+uv'$$
あるいは，
$$f'(x) = u'(x)v(x)+u(x)v'(x)$$
この公式は，つぎのように表現することもあります.
$$\frac{d(uv)}{dx} = \frac{du}{dx}v+u\frac{dv}{dx}, \quad i.e., \quad (uv)' = u'v+uv'$$

関数の逆数の微分 $y=f(x)$ の逆数 $\frac{1}{y}=\frac{1}{f(x)}$ の微分は
$$\frac{d\left(\frac{1}{y}\right)}{dx} = -\frac{1}{y^2}\frac{dy}{dx}, \quad i.e., \quad \left(\frac{1}{y}\right)' = -\frac{y'}{y^2}$$

2つの関数の商の微分 2つの関数 $u=u(x)$, $v=v(x)$ の商 $y=f(x)$
$$y = \frac{u}{v}, \quad i.e, \quad f(x) = \frac{u(x)}{v(x)}$$
の微分は

23ページの練習問題の答え
(1)
$$\Delta y = \cos(x+\Delta x)-\cos x$$
$$= -2\sin\left(x+\frac{\Delta x}{2}\right)\sin\frac{\Delta x}{2}$$
$$\Rightarrow \frac{\Delta y}{\Delta x} = -\sin\left(x+\frac{\Delta x}{2}\right)\frac{\sin\frac{\Delta x}{2}}{\frac{\Delta x}{2}}$$
$$\Rightarrow \frac{dy}{dx} = \lim_{\Delta x \to 0}\frac{\Delta y}{\Delta x} = -\sin x$$
(2)
$$\Delta y = \frac{\sin(x+\Delta x)}{\cos(x+\Delta x)} - \frac{\sin x}{\cos x}$$
$$= \frac{\sin(x+\Delta x)\cos x - \cos(x+\Delta x)\sin x}{\cos(x+\Delta x)\cos x}$$
$$= \frac{\sin \Delta x}{\cos(x+\Delta x)\cos x}$$
$$\Rightarrow \frac{\Delta y}{\Delta x} = \frac{\frac{\sin \Delta x}{\Delta x}}{\cos(x+\Delta x)\cos x}$$
$$\Rightarrow \frac{dy}{dx} = \lim_{\Delta x \to 0}\frac{\Delta y}{\Delta x}$$
$$= \lim_{\Delta x \to 0}\frac{\frac{\sin \Delta x}{\Delta x}}{\cos(x+\Delta x)\cos x}$$
$$= \frac{1}{\cos^2 x}$$

$$\frac{dy}{dx} = \frac{\frac{du}{dx}v - u\frac{dv}{dx}}{v^2}, \quad i.\,e., \quad y' = \frac{u'v - uv'}{v^2}$$

あるいは,
$$f'(x) = \frac{u'(x)v(x) - u(x)v'(x)}{v(x)^2}$$

この公式は,つぎのように表現することもあります.
$$\left(\frac{u}{v}\right)' = \frac{u'v - uv'}{v^2}$$

練習問題 つぎの関数の微分を計算しなさい.

(1) $\dfrac{1}{x^2+1}$, $\dfrac{1}{1-x^2}$, $\dfrac{1}{x^{\frac{m}{n}}}$

(2) $\dfrac{x^2-1}{x^2+1}$, $\dfrac{x-\dfrac{1}{x}}{x+\dfrac{1}{x}}$, $\dfrac{x^m-x^n}{x^m+x^n}$

(3) $(3x^2+5x-2)^{-4}$, $(x^2+1)^3$, $\dfrac{\left(x+\dfrac{1}{x}\right)^4}{\left(x-\dfrac{1}{x}\right)^4}$

---

24 ページの練習問題の答え

$y = \sin^3 x \quad \Rightarrow \quad y' = 3\sin^2 x \cos x$

$y = \cos^3 x \quad \Rightarrow \quad y' = -3\cos^2 x \sin x$

$y = \tan^3 x$
$\quad \Rightarrow \quad y' = 3\tan^2 x \dfrac{1}{\cos^2 x} = \dfrac{3\sin^2 x}{\cos^4 x}$

$y = \sin\sqrt{1-x^2}$
$\quad \Rightarrow \quad y' = -\dfrac{x}{\sqrt{1-x^2}}\cos\sqrt{1-x^2}$

$y = \cos\sqrt{1-x^2}$
$\quad \Rightarrow \quad y' = \dfrac{x}{\sqrt{1-x^2}}\sin\sqrt{1-x^2}$

$y = \tan\sqrt{1-x^2}$
$\quad \Rightarrow \quad y' = -\dfrac{x}{\sqrt{1-x^2}\cos^2\sqrt{1-x^2}}$

第1章　微分の考え方　問題

問題1 つぎの関数の微分を計算しなさい.

(1) $\dfrac{1}{1+x+x^2}$

(2) $\dfrac{1-x^2}{1-2ax+x^2}$

(3) $(x^2+1)^6$

(4) $\left(x+\dfrac{1}{x}\right)^5$

(5) $\dfrac{3x+5}{2x+3}$

(6) $\dfrac{x^2+1}{x(x+1)}$

(7) $\sqrt{x-3}$

(8) $\sqrt{x^2-6x+5}$

(9) $\sqrt{x+\dfrac{1}{x}}$

(10) $\sqrt{x^2+\dfrac{1}{x^2}}$

(11) $\dfrac{x}{\sqrt{1-x^2}}$

(12) $\sqrt{\dfrac{1+x}{1-x}}$

(13) $\sqrt[3]{x^2-x+1}$

(14) $\dfrac{1}{\sqrt[3]{x^2-x+1}}$

(15) $\sin^n x$

(16) $\cos^n x$

(17) $\tan^n x$

(18) $\tan x - x$

(19) $\tan x + \dfrac{1}{3}\tan^3 x$

(20) $x^3 \sin x$

(21) $\sin 5x \sin^5 x$

(22) $\dfrac{\sin x}{1+\cos x}$

(23) $\sqrt{1+\sin x}$

(24) $\sqrt{1+\tan^2 x}$

---

26 ページの練習問題の答え

(1) $-\dfrac{2x}{(x^2+1)^2},\ \dfrac{2x}{(1-x^2)},\ -\dfrac{m}{n}\dfrac{1}{x^{\frac{m}{n}+1}}$

(2) $\dfrac{4x}{(x^2+1)^2},\ \dfrac{4x}{(x^2+1)^2},$
$\dfrac{2(m-n)x^{m+n-1}}{(x^m+x^n)^2}$

(3) $-4(6x+5)(3x^2+5x-2)^{-5},$
$6x(x^2+1)^2,\ -\dfrac{16x(x^2+1)^3}{(x^2-1)^5}$

第2章
円錐曲線

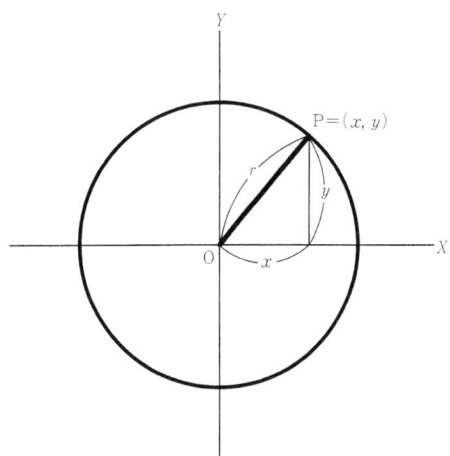

　第2巻『図形を考える―幾何』では，直線と円の性質を幾何学的な手法によってしらべました．また，第3巻『代数で幾何を解く―解析幾何』では，代数の考え方を使って，直線，円，さらには放物線などの円錐曲線の性質をしらべました．ここでは，これまでお話ししてきた微分の考え方を使って，円，さらには放物線などの円錐曲線の性質をしらべてみたいと思います．

　まず，円を代数的にあらわすことについて復習しておきましょう．円は，ある1点Oからの距離が一定rとなるような点Pの軌跡として定義されます．円の中心Oを原点とする座標軸(X, Y)を考え，Pの座標を(x, y)とおけば，円の方程式はつぎのようになります．
$$x^2 + y^2 = r^2$$
この円の方程式をyについて解くと
$$y = \pm\sqrt{r^2 - x^2}$$
X軸より上の範囲に限定すれば
$$y = \sqrt{r^2 - x^2}$$

1

円

円の接線

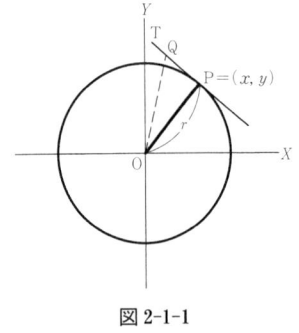

図 2-1-1

つぎに，円 O 上の 1 点 P$=(x,y)$ における円の接線を求めます．まず，幾何の考え方を使って解いてみましょう．

P において，半径 OP に垂直な直線 PT を引きます．この直線 PT が円 O の接線となることは，つぎのようにして証明できます．PT 上に P 以外の任意の点 Q をとれば，三角形 △PQO は直角三角形となるから，ピタゴラスの定理を適用して

$$\overline{OQ}^2 = \overline{OP}^2 + \overline{PQ}^2 > \overline{OP}^2 = r^2$$

逆に，P を通る直線 PT が円 O の接線であるとすれば，PT は半径 OP に垂直となります．もしかりに，PT が半径 OP に垂直でなかったとすれば，O から PT に下ろした垂線の足 Q は P と異なる点となります．PQ を Q を越えて等しい長さだけ延長した点を R とすれば，R≠P，$\overline{OR}=\overline{OP}=r$ となって，PT が円 O の接線であるという仮定に矛盾します．

つぎに，第 3 巻『代数で幾何を解く―解析幾何』の方法を使って，円の接線の方程式を求めます．円 O 上の任意の点 P を通って半径 OP に垂直な直線は円 O の接線となり，逆に P における円 O の接線は半径 OP に対して垂直となることを使います．

つぎの方程式によって与えられる円を考えます．

$$x^2 + y^2 = 25$$

円上の点 P$=(3,4)$ における円の接線の方程式がつぎのような形だとします．

$$ax + by = c$$

ここで，a, b, c は定数です（ここでは，$b \neq 0$ だとします）．この方程式は P$=(3,4)$ を通るから

$$3a + 4b = c$$

したがって，この 2 つの方程式の両辺の差をとれば，

$$a(x-3)+b(y-4)=0$$

直線 $ax+by=c$ が円 O の接線となるためには，この方程式と円の方程式 $x^2+y^2=25$ を同時にみたす解 (x, y) が 1 つしかないことを意味します．

上の直線の方程式を y について解けば
$$y=\frac{c}{b}-\frac{a}{b}x$$
円の方程式に代入すれば
$$x^2+\left(\frac{c}{b}-\frac{a}{b}x\right)^2=25$$
$$\left(1+\frac{a^2}{b^2}\right)x^2-\frac{2ac}{b^2}x+\frac{c^2}{b^2}-25=0$$
$$(a^2+b^2)x^2-2acx+c^2-25b^2=0$$
この二次方程式が 1 つの根しかもたないための必要，十分な条件は，判別式 D が 0 となることです．
$$\frac{D}{4}=a^2c^2-(a^2+b^2)(c^2-25b^2)=0$$
$$a^2c^2-(a^2+b^2)c^2+(a^2+b^2)25b^2=0$$
$$\Rightarrow\quad b^2c^2=25b^2(a^2+b^2)\quad\Rightarrow\quad c^2=25(a^2+b^2)$$
このとき，上の二次方程式はつぎのようになります．
$$c^2x^2-50acx+625a^2=0$$
したがって，上の二次方程式の唯一の根は
$$x=\frac{25a}{c}=\frac{25ac}{c^2}=\frac{ac}{a^2+b^2}$$
したがって，
$$y=\frac{bc}{a^2+b^2}$$
$P=(3,4)$ を代入すれば，
$$\frac{ac}{a^2+b^2}=3,\quad\frac{bc}{a^2+b^2}=4$$
したがって，$P=(3,4)$ における円 O の接線の方程式は
$$3(x-3)+4(y-4)=0\quad\text{あるいは}\quad 3x+4y=25$$

練習問題 つぎの方程式によって与えられる円を考えます．
$$x^2+y^2=12$$
$P=(3,\sqrt{3})$ がこの円上にあることを示し，P における円の

接線の方程式を求めなさい．

　上の計算は一般の場合にも，そのまま適用できます．つぎの方程式によって与えられる円を考えます．
$$x^2+y^2=r^2$$
円 O の点 P の座標を (x_0, y_0) とし，P における円 O の接線の方程式を考えます．
$$ax+by=c$$
ここで，a, b, c は定数とします．この方程式は $P=(x_0, y_0)$ を通るから
$$ax_0+by_0=c$$
したがって，この 2 つの方程式の両辺の差をとれば
$$a(x-x_0)+b(y-y_0)=0$$
この式は $P=(x_0, y_0)$ を通る直線の方程式の一般的な形です．

　つぎに，方程式
$$ax+by=c$$
によってあらわされる直線が円 O の接線となるための条件を求めます．それは，この方程式と円の方程式 $x^2+y^2=r^2$ を同時にみたす点 (x, y) が 1 つしかないことです．

　まず，$b \neq 0$ の場合を考えます．このとき，上の直線の方程式を y について解けば
$$y = \frac{c}{b} - \frac{a}{b}x$$
この関係式を円の方程式 $x^2+y^2=r^2$ に代入すれば
$$x^2 + \left(\frac{c}{b} - \frac{a}{b}x\right)^2 = r^2$$
$$\left(1+\frac{a^2}{b^2}\right)x^2 - \frac{2ac}{b^2}x + \frac{c^2}{b^2} - r^2 = 0$$
$$(a^2+b^2)x^2 - 2acx + (c^2 - r^2 b^2) = 0$$
この二次方程式が 1 つの根しかもたないための必要，十分条件は，判別式 D が 0 となることです．
$$\frac{D}{4} = (ac)^2 - (a^2+b^2)(c^2-r^2 b^2) = 0$$
$$a^2 c^2 - (a^2+b^2)c^2 + (a^2+b^2)r^2 b^2 \Rightarrow c^2 = (a^2+b^2)r^2$$
$$c = \pm\sqrt{a^2+b^2}\, r$$
このとき，上の二次方程式の唯一の根 x は

$$x = \frac{ac}{a^2+b^2}$$

この x に対する y の値は

$$y = \frac{bc}{a^2+b^2}$$

これが接点 P＝(x_0, y_0) になっているから

$$\frac{ac}{a^2+b^2} = x_0, \quad \frac{bc}{a^2+b^2} = y_0$$

この 2 つの関係式を上の直線の方程式

$$a(x-x_0) + b(y-y_0) = 0$$

に代入すれば,

$$\frac{a^2+b^2}{c}\{x_0(x-x_0) + y_0(y-y_0)\} = 0$$

したがって, P＝(x_0, y_0) における円 O の接線の方程式は

$$x_0(x-x_0) + y_0(y-y_0) = 0 \quad \text{あるいは} \quad x_0 x + y_0 y = r^2$$

$b=0$ のときは, P＝(x_0, y_0)＝$(\pm r, 0)$, 接線の方程式は, $x = \pm r$. $b=0$ の場合も, 上の接線の方程式の公式は, そのまま適用されます.

ベクトルの考え方を使って, 円の接線の方程式を求める

つぎに, 第 4 巻『図形を変換する―線形代数』でお話ししたベクトルの考え方を使って, 円の接線の方程式を求めてみましょう. 円の方程式はベクトル表現を使うと

$$(x, x) = r^2$$

ここで, これまでとはちがって, $x=(x_1, x_2)$ はベクトル, (x, x) は内積をあらわします.

円 O 上の点 $a=(a_1, a_2)$ を通る直線の方程式は一般的に, つぎのようにあらわすことができます.

$$(p, x-a) = 0$$

ここで, $p=(p_1, p_2)$ は定数のベクトルとします.

この直線が円の接線となるためには, 上の直線の方程式 $(p, x-a)=0$ をみたす任意のベクトル x に対して, $x-a$ が a と直交していなければなりません.

$$(a, x-a) = 0$$

したがって, 2 つのベクトル a, p はお互いに比例的となりま

す．すなわち
$$p = ta$$
となるような t が存在します．ここで，$t \neq 0$．

$a = (a_1, a_2)$ における円の接線の方程式は
$$(a, x-a) = 0 \quad \text{あるいは} \quad (a, x) = r^2$$

逆に，この方程式によってあらわされる直線が $a = (a_1, a_2)$ における円の接線となることは明らかです．

練習問題

(1) つぎの方程式によって与えられる円があります．
$$x^2 + y^2 = 25$$
ベクトルを使って，この円上の点 $\mathrm{P} = (3, 4)$ における円の接線の方程式を求めなさい．

(2) つぎの方程式によって与えられる円があります．
$$x^2 + y^2 = 12$$
ベクトルを使って，$\mathrm{P} = (3, \sqrt{3})$ における円の接線の方程式を求めなさい．

微分の考え方を使って，円の接線の方程式を求める

かんたんのため，半径 1 の円を考えます．
$$x^2 + y^2 = 1$$
この円上の 1 点 $\mathrm{P} = (x_0, y_0)$ における円の接線の方程式を，微分の考え方を使って求めます．そのために，上の円の方程式を y について解いて
$$y^2 = 1 - x^2 \quad \Rightarrow \quad y = \pm\sqrt{1 - x^2}$$
X 軸より上の半円の範囲に限定すれば
$$y = \sqrt{1 - x^2}$$
$\mathrm{P} = (x_0, y_0)$ における円の接線の方程式を求めるために，上の関数の微分を計算して，接線の勾配の大きさを求めます．合成関数の微分の公式を使えばよいわけですが，念のため，直接計算してみます．
$$\Delta y = \sqrt{1 - (x + \Delta x)^2} - \sqrt{1 - x^2}$$
$$= \frac{(\sqrt{1 - (x + \Delta x)^2} - \sqrt{1 - x^2})(\sqrt{1 - (x + \Delta x)^2} + \sqrt{1 - x^2})}{\sqrt{1 - (x + \Delta x)^2} + \sqrt{1 - x^2}}$$

31 ページの練習問題の答え
$3^2 + (\sqrt{3})^2 = 12, \quad 3x + \sqrt{3}\, y = 12$

$$= \frac{\{1-(x+\varDelta x)^2\}-(1-x^2)}{\sqrt{1-(x+\varDelta x)^2}+\sqrt{1-x^2}} = \frac{-2x\varDelta x-(\varDelta x)^2}{\sqrt{1-(x+\varDelta x)^2}+\sqrt{1-x^2}}$$

$$\frac{\varDelta y}{\varDelta x} = \frac{-2x-\varDelta x}{\sqrt{1-(x+\varDelta x)^2}+\sqrt{1-x^2}}$$

$$\frac{dy}{dx} = \lim_{\varDelta x \to 0}\frac{\varDelta y}{\varDelta x} = \lim_{\varDelta x \to 0}\frac{-2x-\varDelta x}{\sqrt{1-(x+\varDelta x)^2}+\sqrt{1-x^2}} = -\frac{x}{\sqrt{1-x^2}}$$

$$\left(\frac{dy}{dx}\right)_{x=x_0} = -\frac{x_0}{\sqrt{1-x_0^2}} = -\frac{x_0}{y_0}$$

P=(x_0, y_0) における円の接線の方程式は

$$y-y_0 = -\frac{x_0}{y_0}(x-x_0)$$

$$x_0(x-x_0)+y_0(y-y_0) = 0 \quad あるいは \quad x_0 x+y_0 y = 1$$

練習問題 つぎの各円上の点 P における接線の方程式を微分を使って計算しなさい.
(1) $(x-5)^2+(y+3)^2=25$, P=$(8, 1)$
(2) $\left(x+\frac{1}{5}\right)^2+\left(y+\frac{1}{5}\right)^2=1$, P=$\left(\frac{3}{5}, \frac{2}{5}\right)$

微分の計算を工夫する

　微分の考え方を使って円の接線の方程式を求めましたが, 円の場合, 微分の計算をうまく工夫するとずっとかんたんになります. 例の通り, 半径 1 の円を考えます.

$$x^2+y^2=1$$

この円上の 1 点 P=(x_0, y_0) における円の接線の方程式を, 微分の考え方を使って求めようというわけです.

　ここで, 上の円の方程式をそのまま直接微分してみます. この式の両辺を変数 x について微分しようというわけです. まず, 左辺の第 1 項 x^2 の微分はかんたんです.

$$\frac{d}{dx}x^2 = 2x$$

[この表記法の意味は明らかでしょう. $\frac{d}{dx}x^2$ は, x^2 という関数を変数 x について微分することを意味します. この記

号 $\dfrac{d}{dx}$ を微分オペレータといいます．]

つぎに，左辺の第2項 y^2 を変数 x について微分します．そのため，$z=y^2$ とおけば

$$\dfrac{dz}{dy}=2y \;\;\Rightarrow\;\; \dfrac{dz}{dx}=\dfrac{dz}{dy}\dfrac{dy}{dx}=2y\dfrac{dy}{dx}$$

微分オペレータ $\dfrac{d}{dx}$ を使ってあらわすと

$$\dfrac{d}{dx}y^2=2y\dfrac{dy}{dx}$$

したがって，円の方程式の両辺 $x^2+y^2=1$ に対して微分オペレータ $\dfrac{d}{dx}$ を適用すれば

$$\dfrac{d}{dx}x^2+\dfrac{d}{dx}y^2=0 \;\;\Rightarrow\;\; 2x+2y\dfrac{dy}{dx}=0 \;\;\Rightarrow\;\; \dfrac{dy}{dx}=-\dfrac{x}{y}$$

$$\left(\dfrac{dy}{dx}\right)_{x=x_0}=-\dfrac{x_0}{y_0}$$

$P=(x_0, y_0)$ における円の接線の方程式は

$$y-y_0=-\dfrac{x_0}{y_0}(x-x_0)$$

$$x_0(x-x_0)+y_0(y-y_0)=0 \quad あるいは \quad x_0 x+y_0 y=1$$

練習問題 つぎの各円上の点 P における接線の方程式を，円の方程式をそのまま微分して計算しなさい．

(1) $(x-5)^2+(y+3)^2=25$, $P=(8, 1)$

(2) $\left(x+\dfrac{1}{5}\right)^2+\left(y+\dfrac{1}{5}\right)^2=1$, $P=\left(\dfrac{3}{5}, \dfrac{2}{5}\right)$

34ページの練習問題の答え
(1) $3x+4y=25$ (2) $3x+\sqrt{3}y=12$

35ページの練習問題の答え
(1) $3x+4y=28$ (2) $20x+15y=18$

与えられた円の外の点から接線を引く

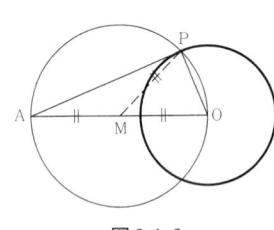

図 2-1-2

これまで，与えられた円の上の点における円の接線を求めるという問題を考えてきました．つぎに，円の外の点から円に接線を引く問題を取り上げることにします．

与えられた円 O の外の点 A から円 O に接線を引くという問題は，第2巻『図形を考える―幾何』で解きました．点 A と円の中心 O をむすんで，OA の中点 M をとります．M を

中心として，半径 $\overline{\mathrm{AM}} = \overline{\mathrm{OM}}$ の円をえがき，与えられた円 O との交点 P を求めると，直線 AP が A から円 O に引いた接線となります．証明はかんたんでした．
$$\overline{\mathrm{PM}} = \overline{\mathrm{AM}} = \overline{\mathrm{OM}}$$
したがって，△PAO は直角三角形となり，∠APO＝90°．

円の外の点から引いた接線の方程式を求める

　第 3 巻『代数で幾何を解く―解析幾何』の方法を使って，円 O の外の点 A＝(a, b) から引いた接線の方程式を求めてみましょう．半径 1 の円の方程式は
$$x^2 + y^2 = 1$$
A＝(a, b) から円 O に引いた接線の接点を P＝(p, q) とすれば，さきほど求めたように，接線の方程式は
$$px + qy = 1$$
となります．これが，点 A＝(a, b) を通るから，
$$p^2 + q^2 = 1, \quad ap + bq = 1$$
$bq = 1 - ap$ を $b^2 p^2 + b^2 q^2 = b^2$ に代入して，整理すれば
$$(a^2 + b^2) p^2 - 2ap + 1 - b^2 = 0$$
$$p = \frac{a \pm b\sqrt{a^2 + b^2 - 1}}{a^2 + b^2}, \quad q = \frac{b \mp a\sqrt{a^2 + b^2 - 1}}{a^2 + b^2}$$
接線の方程式は
$$px + qy = 1$$
　一般の円
$$x^2 + y^2 = r^2$$
の場合，A＝(a, b) から引いた接線の接点 P＝(p, q) は
$$p = \frac{ar^2 \pm br\sqrt{a^2 + b^2 - r^2}}{a^2 + b^2}, \quad q = \frac{br^2 \mp ar\sqrt{a^2 + b^2 - r^2}}{a^2 + b^2}$$
接線の方程式は
$$px + qy = r^2$$

練習問題　つぎの各点 A からそれぞれの円に引いた接線の方程式を求めなさい．
(1)　$x^2 + y^2 = 1$，A＝$(5, 5)$
(2)　$x^2 + y^2 = 9$，A＝$(4, 5)$

微分の考え方を使って，円の外の点から引いた接線の方程式を求める

つぎに，微分の考え方を使って，円 O の外の点 A から引いた接線の方程式を求めてみましょう．$A=(a,b)$ からつぎの円 O に引いた接線の接点を $P=(p,q)$ とする．
$$x^2+y^2=r^2 \quad (r>0)$$
この方程式を直接微分すれば
$$\frac{d}{dx}x^2+\frac{d}{dx}y^2=0 \;\Rightarrow\; 2x+2y\frac{dy}{dx}=0 \;\Rightarrow\; \frac{dy}{dx}=-\frac{x}{y}$$
$$\Rightarrow\; \left(\frac{dy}{dx}\right)_{x=p}=-\frac{p}{q}$$
前ページの場合とまったく同じ計算をすれば
$$p=\frac{ar^2\pm br\sqrt{a^2+b^2-r^2}}{a^2+b^2},\quad q=\frac{br^2\mp ar\sqrt{a^2+b^2-r^2}}{a^2+b^2}$$
したがって，接線の方程式は
$$y-q=-\frac{p}{q}(x-p)\;\Rightarrow\; px+qy=r^2$$

練習問題 前ページの練習問題を微分の考え方を使って計算しなさい．

36 ページの練習問題の答え

(1) $\dfrac{d}{dx}(x-5)^2+\dfrac{d}{dx}(y+3)^2=0\Rightarrow$
$\left(\dfrac{dy}{dx}\right)_{x=8}=-\left(\dfrac{x-5}{y+3}\right)_{x=8}=-\dfrac{3}{4}\Rightarrow 3x+4y=28$

(2) $\dfrac{d}{dx}\left(x+\dfrac{1}{5}\right)^2+\dfrac{d}{dx}\left(y+\dfrac{1}{5}\right)^2=0\Rightarrow$
$\left(\dfrac{dy}{dx}\right)_{x=\frac{3}{5}}=-\left(\dfrac{5x+1}{5y+1}\right)_{x=\frac{3}{5}}=-\dfrac{4}{3}\Rightarrow$
$20x+15y=18$

37 ページの練習問題の答え

(1) $4x-3y=5,\; -3x+4y=5$
(2) $(12\pm 20\sqrt{2})x+(15\mp 16\sqrt{2})y=123$

答え　略

三角関数の微分を使う

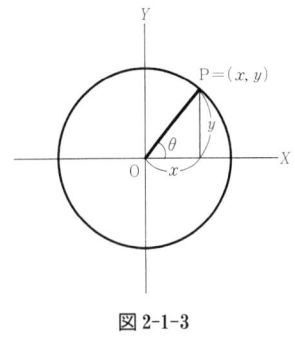

図 2-1-3

半径 1 の円を考えます．
$$x^2+y^2=1$$
この円上の任意の点 $P=(x,y)$ に対して，$\angle POX=\theta$ とおけば
$$x=\cos\theta,\quad y=\sin\theta$$
したがって，
$$\frac{dx}{d\theta}=-\sin\theta,\quad \frac{dy}{d\theta}=\cos\theta$$
$$\frac{dy}{dx}=\frac{\dfrac{dy}{d\theta}}{\dfrac{dx}{d\theta}}=\frac{\cos\theta}{-\sin\theta}=-\frac{x}{y}$$
したがって，$P=(x,y)$ における接線上の任意の点を T とす

れば
$$\overrightarrow{\mathrm{OP}} = (\cos\theta, \sin\theta), \qquad \overrightarrow{\mathrm{TP}} = t(\sin\theta, -\cos\theta)$$
$$(\overrightarrow{\mathrm{OP}}, \overrightarrow{\mathrm{TP}}) = t(\cos\theta\sin\theta - \sin\theta\cos\theta) = 0$$
すなわち，P=(x, y) における接線 PT は半径 OP と直交することが示されたわけです．

微分 dx, dy を使って計算する

ここで使った公式
$$\frac{dy}{dx} = \frac{\dfrac{dy}{d\theta}}{\dfrac{dx}{d\theta}}$$
はたいへん便利です．つぎのように証明します．$\varDelta x\to 0$ となるのは，$\varDelta\theta\to 0$ のときであるから，
$$\frac{dy}{dx} = \lim_{\varDelta x\to 0}\frac{\varDelta y}{\varDelta x} = \lim_{\varDelta\theta\to 0}\frac{\dfrac{\varDelta y}{\varDelta\theta}}{\dfrac{\varDelta x}{\varDelta\theta}} = \frac{\dfrac{dy}{d\theta}}{\dfrac{dx}{d\theta}}$$

この微分の計算は，つぎのようにあらわすこともできます．
$$\varDelta x = \frac{dx}{d\theta}\varDelta\theta + o(\varDelta\theta), \qquad \varDelta y = \frac{dy}{d\theta}\varDelta\theta + o(\varDelta\theta)$$
ここで，$o(\varDelta\theta)$ は，
$$\lim_{\varDelta\theta\to 0}\frac{o(\varDelta\theta)}{\varDelta\theta} = 0$$
となるような量を一般的にあらわす記号です．

したがって，
$$\frac{dy}{dx} = \lim_{\varDelta\theta\to 0}\frac{\varDelta y}{\varDelta x} = \lim_{\varDelta\theta\to 0}\frac{\dfrac{dy}{d\theta}\varDelta\theta + o(\varDelta\theta)}{\dfrac{dx}{d\theta}\varDelta\theta + o(\varDelta\theta)} = \frac{\dfrac{dy}{d\theta}}{\dfrac{dx}{d\theta}}$$

この操作は，さらにかんたんにあらわすことができます．x, y, θ の微分 $dx, dy, d\theta$ をあたかもそれぞれ独立した量であるかのように考え，ふつうの文字と同じようにかけ算や割り算ができるかのように扱うと，上の関係式をつぎのようにあらわします．
$$dx = \frac{dx}{d\theta}d\theta, \qquad dy = \frac{dy}{d\theta}d\theta$$

1 円

$$\frac{dy}{dx} = \frac{\frac{dy}{d\theta}d\theta}{\frac{dx}{d\theta}d\theta} = \frac{\frac{dy}{d\theta}}{\frac{dx}{d\theta}}$$

円の接線を求める計算も，つぎのようにかんたんにできます．

$$x = \cos\theta, \ y = \sin\theta$$
$$\Rightarrow \ dx = -\sin\theta\, d\theta, \ dy = \cos\theta\, d\theta$$
$$\frac{dy}{dx} = \frac{\cos\theta\, d\theta}{-\sin\theta\, d\theta} = -\frac{\cos\theta}{\sin\theta} = -\frac{x}{y}$$

幾何の問題を解く

例題1（方ベキの定理） 円 O の外の点 A から円に引いた割線の 2 つの交点を P, Q とおけば，方ベキ $\overline{\mathrm{AP}} \times \overline{\mathrm{AQ}}$ は一定となる．

解答 円 O の方程式を $x^2+y^2=1$ とし，A $=(a,b)$ とおけば，A を通る直線は
$$x = a+tu, \ y = b+tv \qquad (u^2+v^2=1)$$
とあらわせる．この直線が円 O と交わる点を
$$\mathrm{P} = (a+t_1 u, b+t_1 v), \quad \mathrm{Q} = (a+t_2 u, b+t_2 v)$$
とおけば，t_1, t_2 はつぎの二次方程式の根となる．
$$(a+tu)^2+(b+tv)^2 = 1$$
$$\Rightarrow \ t^2+2(au+bv)t+a^2+b^2-1 = 0$$
したがって，
$$t_1 t_2 = a^2+b^2-1$$
$$\overline{\mathrm{AP}}^2 = t_1^2, \ \overline{\mathrm{AQ}}^2 = t_2^2 \ \Rightarrow \ \overline{\mathrm{AP}} \times \overline{\mathrm{AQ}} = a^2+b^2-1$$

例題2 与えられた円 O に引いた 2 つの接線が直交するような点 A の軌跡を求めよ．

解答 円 O の方程式を $x^2+y^2=1$ とし，A $=(a,b)$ から円 O に引いた接線の 2 つの接点を $\mathrm{P}_1=(p_1,q_1)$，$\mathrm{P}_2=(p_2,q_2)$ とおけば
$$p_1 = \frac{a+b\sqrt{a^2+b^2-1}}{a^2+b^2}, \quad q_1 = \frac{b-a\sqrt{a^2+b^2-1}}{a^2+b^2}$$
$$p_2 = \frac{a-b\sqrt{a^2+b^2-1}}{a^2+b^2}, \quad q_2 = \frac{b+a\sqrt{a^2+b^2-1}}{a^2+b^2}$$

A から引いた 2 つの接線が直交するとすれば，

$$\left(-\frac{p_1}{q_1}\right)\left(-\frac{p_2}{q_2}\right) = -1 \Rightarrow p_1 p_2 + q_1 q_2 = 0$$

$$\frac{a+b\sqrt{a^2+b^2-1}}{a^2+b^2} \frac{a-b\sqrt{a^2+b^2-1}}{a^2+b^2}$$

$$+ \frac{b-a\sqrt{a^2+b^2-1}}{a^2+b^2} \frac{b+a\sqrt{a^2+b^2-1}}{a^2+b^2} = 0$$

$$\frac{(a^2+b^2)(2-a^2-b^2)}{(a^2+b^2)^2} = 0 \Rightarrow a^2+b^2 = 2$$

求める軌跡は，Oを中心として半径 $\sqrt{2}$ の円となる．

2

楕円，双曲線，放物線

楕円の接線

つぎの方程式であらわされる楕円を考えます．
$$\frac{x^2}{a^2} + \frac{y^2}{b^2} = 1 \quad (a, b > 0)$$
この方程式を y について解くと
$$y = \pm \frac{b}{a}\sqrt{a^2-x^2} \quad (-a \leq x \leq a)$$
X 軸より上の範囲に限定すれば
$$y = \frac{b}{a}\sqrt{a^2-x^2}$$

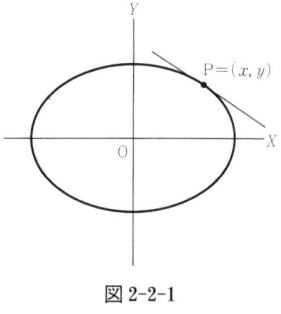

図 2-2-1

この楕円上の1点 $P=(x_0, y_0)$ における接線の勾配を計算します．
$$\frac{x_0^2}{a^2} + \frac{y_0^2}{b^2} = 1$$
上の関数の微分を計算するために，$z = a^2 - x^2$ とおけば
$$y = \frac{b}{a}\sqrt{z}, \ z = a^2 - x^2$$
$$\Rightarrow \frac{dy}{dx} = \frac{dy}{dz}\frac{dz}{dx} = \frac{b}{a}\frac{1}{2\sqrt{z}}(-2x) = -\frac{b}{a}\frac{x}{\sqrt{a^2-x^2}}$$

$$\frac{dy}{dx} = -\frac{b}{a}\frac{x}{\sqrt{a^2-x^2}} = -\frac{b^2 x}{a^2 y} \Rightarrow \left(\frac{dy}{dx}\right)_{x=x_0} = -\frac{b^2 x_0}{a^2 y_0}$$

P＝(x_0, y_0) における楕円の接線の方程式は

$$y - y_0 = -\frac{b^2 x_0}{a^2 y_0}(x - x_0)$$

$$\frac{x_0(x-x_0)}{a^2} + \frac{y_0(y-y_0)}{b^2} = 0 \quad \text{あるいは} \quad \frac{x_0 x}{a^2} + \frac{y_0 y}{b^2} = 1$$

$a=b=r$ のときには，円となります．
$$x^2 + y^2 = r^2$$
$$x_0(x-x_0) + y_0(y-y_0) = 0 \quad \text{あるいは} \quad x_0 x + y_0 y = r^2$$

練習問題 つぎの楕円上の点 A＝(x_0, y_0) における接線の方程式を求めなさい．

(1) $\dfrac{x^2}{25} + \dfrac{y^2}{9} = 1$, A＝$\left(\dfrac{5\sqrt{3}}{2}, \dfrac{3}{2}\right)$

(2) $\dfrac{x^2}{36} + \dfrac{y^2}{81} = 1$, A＝$\left(3\sqrt{2}, \dfrac{9\sqrt{2}}{2}\right)$

楕円の方程式を直接微分して，接線の方程式を求める

楕円の方程式
$$\frac{x^2}{a^2} + \frac{y^2}{b^2} = 1$$

に微分オペレータ $\dfrac{d}{dx}$ をほどこすと

$$\frac{d}{dx}\frac{x^2}{a^2} = \frac{2x}{a^2}, \quad \frac{d}{dx}\frac{y^2}{b^2} = \frac{d}{dy}\frac{y^2}{b^2}\frac{dy}{dx} = \frac{2y}{b^2}\frac{dy}{dx}$$

したがって

$$\frac{d}{dx}\frac{x^2}{a^2} + \frac{d}{dx}\frac{y^2}{b^2} = \frac{2x}{a^2} + \frac{2y}{b^2}\frac{dy}{dx} = 0 \Rightarrow \frac{dy}{dx} = -\frac{b^2 x}{a^2 y}$$

P＝(x_0, y_0) における楕円の接線の方程式は

$$y - y_0 = -\frac{b^2 x_0}{a^2 y_0}(x - x_0)$$

練習問題 楕円の方程式を直接微分して，上の練習問題の計算をしなさい．

三角関数の微分を使う

$$\frac{x^2}{a^2}+\frac{y^2}{b^2}=1$$

によってあらわされる楕円上の任意の点 P＝(x, y) に対して，P を通り Y 軸に平行な直線と楕円の中心 O を中心として半径が a である円とが交わる点を Q とする．∠QOX＝θ とおけば

$$x = a\cos\theta, \quad y = b\sin\theta$$

$$\frac{dx}{d\theta} = -a\sin\theta, \quad \frac{dy}{d\theta} = b\cos\theta$$

$$\frac{dy}{dx} = \frac{\frac{dy}{d\theta}}{\frac{dx}{d\theta}} = -\frac{b\cos\theta}{a\sin\theta} = -\frac{b^2 x}{a^2 y}$$

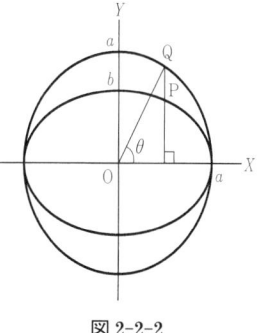

図 2-2-2

この微分の計算は，つぎのように書くことができます．

$$x = a\cos\theta,\ y = a\sin\theta$$
$$\Rightarrow\ dx = -a\sin\theta\, d\theta,\ dy = b\cos\theta\, d\theta$$

$$\frac{dy}{dx} = \frac{b\cos\theta\, d\theta}{-a\sin\theta\, d\theta} = \frac{-b\cos\theta}{a\sin\theta} = -\frac{b^2 x}{a^2 y}$$

双曲線の接線

双曲線の方程式を考えます．

$$\frac{x^2}{a^2}-\frac{y^2}{b^2}=1 \quad (a, b>0)$$

この方程式を x について解くと

$$x = \pm\frac{a}{b}\sqrt{y^2+b^2}$$

Y 軸より右の範囲に限定すれば

$$x = \frac{a}{b}\sqrt{y^2+b^2}$$

この双曲線上の 1 点 P＝(x_0, y_0) における接線の勾配を計算します．

$$\frac{x_0^2}{a^2}-\frac{y_0^2}{b^2}=1$$

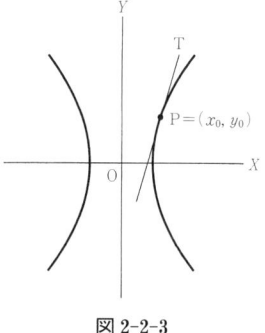

図 2-2-3

上の関数の微分を計算するために，$z=y^2+b^2$ とおけば

$$x = \frac{a}{b}\sqrt{z}, \ z = y^2+b^2$$

$$\Rightarrow \frac{dx}{dy} = \frac{dx}{dz}\frac{dz}{dy} = \frac{a}{b}\frac{1}{2\sqrt{z}}2y = \frac{a}{b}\frac{y}{\sqrt{y^2+b^2}}$$

$$\frac{dy}{dx} = \frac{b}{a}\frac{\sqrt{y^2+b^2}}{y} = \frac{b^2 x}{a^2 y} \Rightarrow \left(\frac{dy}{dx}\right)_{x=x_0} = \frac{b^2 x_0}{a^2 y_0}$$

$P=(x_0, y_0)$ における双曲線の接線の方程式は

$$y - y_0 = \frac{b^2 x_0}{a^2 y_0}(x - x_0)$$

$$\frac{x_0(x-x_0)}{a^2} - \frac{y_0(y-y_0)}{b^2} = 0 \quad \text{あるいは} \quad \frac{x_0 x}{a^2} - \frac{y_0 y}{b^2} = 1$$

逆関数を微分する

上の計算で，つぎの性質を使いました．覚えておくと，たいへん便利です．

関数 $y=f(x)$ の逆関数 $y=g(x)$ というのは，関数 $y=f(x)$ の2つの変数 x, y をお互いに交換して得られる関数を意味します．

$$x = g(y) \iff y = f(x)$$

したがって，

$$x = g[f(x)] \Rightarrow \frac{dx}{dx} = g'[f(x)]f'(x) = \frac{dx}{dy}\frac{dy}{dx}$$

$\frac{dx}{dx} = 1$ だから，

$$\frac{dx}{dy}\frac{dy}{dx} = 1 \Rightarrow \frac{dx}{dy} = \frac{1}{\frac{dy}{dx}}$$

関数 $y=f(x)$ の逆関数を $y=f^{-1}(x)$ という表現を使ってあらわすこともあります．

$$\frac{d}{dy}f^{-1}(y) = \frac{1}{f'(x)}$$

練習問題 つぎの双曲線上の点 $P=(x_0, y_0)$ における接線の方程式を計算しなさい．

42 ページの練習問題(上)の答え
(1) $3\sqrt{3}\,x + 5y = 30$
(2) $3\sqrt{2}\,x + 2\sqrt{2}\,y = 36$

(1) $\dfrac{x^2}{64} - \dfrac{y^2}{36} = 1$, $P = (8\sqrt{2}, 6)$

(2) $4x^2 - 9y^2 = 1$, $P = \left(\dfrac{\sqrt{10}}{2}, -1\right)$

(3) $x^2 - y^2 = 1$, $P = (-2, \sqrt{3})$

双曲線の方程式を直接微分して，接線の方程式を求める

双曲線の方程式
$$\frac{x^2}{a^2} - \frac{y^2}{b^2} = 1$$
に微分オペレータ $\dfrac{d}{dx}$ をほどこすと
$$\frac{d}{dx}\left(\frac{x^2}{a^2}\right) - \frac{d}{dx}\left(\frac{y^2}{b^2}\right) = \frac{2x}{a^2} - \frac{2y}{b^2}\frac{dy}{dx} = 0 \;\Rightarrow\; \frac{dy}{dx} = \frac{b^2 x}{a^2 y}$$

$P = (x_0, y_0)$ における双曲線の接線の方程式は
$$y - y_0 = \frac{b^2 x_0}{a^2 y_0}(x - x_0)$$

練習問題 双曲線の方程式を直接微分して，上の練習問題の計算をしなさい．

答え　略

三角関数の微分を使う

$$\frac{x^2}{a^2} - \frac{y^2}{b^2} = 1$$

をみたす任意の点 $P = (x, y)$ は，つぎのようにあらわすことができます．

$$x = \frac{a}{\cos\theta}, \quad y = b\tan\theta = b\frac{\sin\theta}{\cos\theta}$$

$$\frac{dx}{d\theta} = \frac{a\sin\theta}{\cos^2\theta} = \frac{a\tan\theta}{\cos\theta}, \quad \frac{dy}{d\theta} = \frac{b}{\cos^2\theta}$$

$$\frac{dy}{dx} = \frac{\dfrac{dy}{d\theta}}{\dfrac{dx}{d\theta}} = \frac{b}{a\tan\theta\cos\theta} = \frac{b^2 x}{a^2 y}$$

この微分の計算は，つぎのように考えることができます．

$$x = \frac{a}{\cos\theta}, \ y = b\tan\theta$$

$$\Rightarrow \ dx = \frac{a\tan\theta}{\cos\theta}d\theta, \ dy = \frac{b}{\cos^2\theta}d\theta$$

$$\frac{dy}{dx} = \frac{\frac{b}{\cos^2\theta}d\theta}{\frac{a\tan\theta}{\cos\theta}d\theta} = \frac{b}{a\tan\theta\cos\theta} = \frac{b^2 x}{a^2 y}$$

放物線の接線

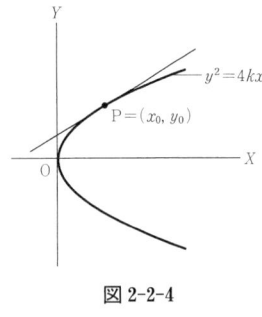

図 2-2-4

放物線の方程式を考えます.
$$y^2 = 4kx \quad (k>0)$$
この放物線上の1点 $P=(x_0, y_0)$ における接線の勾配を計算します.
$$y_0^2 = 4kx_0$$
放物線の方程式を x について解くと
$$x = \frac{1}{4k}y^2$$
$$\frac{dx}{dy} = \frac{1}{2k}y \ \Rightarrow \ \frac{dy}{dx} = \frac{2k}{y}$$
$P=(x_0, y_0)$ における放物線の接線の方程式は
$$y - y_0 = \frac{2k}{y_0}(x - x_0) \ \Rightarrow \ y = \frac{2k}{y_0}x + \frac{y_0}{2}$$

練習問題 つぎの放物線上の点 $P=(x_0, y_0)$ における接線の方程式を計算しなさい.
(1) $y^2 = x$, $P=(2, \sqrt{2})$ (2) $y = 3x^2$, $P=(2, 12)$
(3) $(y-1)^2 = 4(x-3)$, $P=(12, 7)$

放物線の方程式を直接微分して，接線の方程式を求める

放物線の方程式
$$y^2 = 4kx$$
に微分オペレータ $\dfrac{d}{dx}$ をほどこすと

44 ページの練習問題の答え
(1) $3\sqrt{2}x - 4y = 24$
(2) $2\sqrt{10}x + 9y = 1$
(3) $-2x - \sqrt{3}y = 1$

$$\frac{d}{dx}(y^2-4kx) = 2y\frac{dy}{dx}-4k = 0 \quad \Rightarrow \quad \frac{dy}{dx} = \frac{2k}{y}$$

$P=(x_0, y_0)$ における放物線の接線の方程式は

$$y-y_0 = \frac{2k}{y_0}(x-x_0) \quad \Rightarrow \quad y = \frac{2k}{y_0}x + \frac{1}{2}y_0$$

練習問題 放物線の方程式を直接微分して，上の練習問題の計算をしなさい． 答え 略

46 ページの練習問題の答え

(1) $y = \frac{\sqrt{2}}{4}x + \frac{\sqrt{2}}{2}$ (2) $y = 12x - 12$

(3) $y = \frac{1}{3}x + 3$

第 3 章
二項定理と指数関数

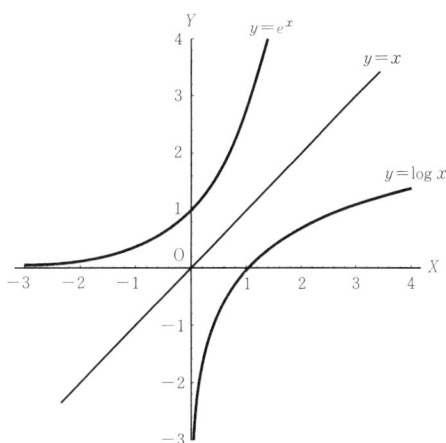

二項定理

つぎの展開式はこれまで，何回も使ってきました．
$$(a+b)^1 = a+b, \quad (a+b)^2 = a^2+2ab+b^2,$$
$$(a+b)^3 = a^3+3a^2b+3ab^2+b^3$$
この展開式を一般化したのが，つぎの二項定理とよばれる公式です．
$$(a+b)^n = \binom{n}{0}a^n + \binom{n}{1}a^{n-1}b + \cdots + \binom{n}{k}a^{n-k}b^k + \cdots$$
$$+ \binom{n}{n-1}ab^{n-1} + \binom{n}{n}b^n$$

ここで，n は正の整数，$\binom{n}{k}$ は $(a+b)^n$ を展開したときの $a^{n-k}b^k$ の係数です．$\binom{n}{k}$ が具体的にどのような数になるかというのが，これから考えようとする問題です．

このために，二項定理をつぎのように簡単化した形で考えます．

$$(x+1)^n = \binom{n}{0}x^n + \binom{n}{1}x^{n-1} + \cdots + \binom{n}{k}x^{n-k} + \cdots$$
$$+ \binom{n}{n-1}x + \binom{n}{n}$$

上の例からわかるように

$$\binom{1}{0} = 1, \quad \binom{1}{1} = 1$$
$$\binom{2}{0} = 1, \quad \binom{2}{1} = 2, \quad \binom{2}{2} = 1$$
$$\binom{3}{0} = 1, \quad \binom{3}{1} = 3, \quad \binom{3}{2} = 3, \quad \binom{3}{3} = 1$$

1

二項定理

二項定理

一般に $\binom{n}{k}$ がどのような形をしているか, 数学的帰納法を使って考えてみましょう.

$$(x+1)^n = \binom{n}{0}x^n + \binom{n}{1}x^{n-1} + \cdots + \binom{n}{k}x^{n-k} + \cdots$$
$$+ \binom{n}{n-1}x + \binom{n}{n}$$
$$(x+1)^{n+1} = \binom{n+1}{0}x^{n+1} + \binom{n+1}{1}x^n + \cdots + \binom{n+1}{k}x^{n+1-k}$$
$$+ \cdots + \binom{n+1}{n}x + \binom{n+1}{n+1}$$
$$(x+1)^n(x+1) = \left\{\binom{n}{0}x^n + \binom{n}{1}x^{n-1} + \cdots + \binom{n}{k}x^{n-k} + \cdots\right.$$
$$\left. + \binom{n}{n-1}x + \binom{n}{n}\right\}(x+1)$$

$$= \binom{n}{0}x^{n+1} + \left\{\binom{n}{0} + \binom{n}{1}\right\}x^n + \cdots$$
$$+ \left\{\binom{n}{k-1} + \binom{n}{k}\right\}x^{n+1-k} + \cdots$$
$$+ \left\{\binom{n}{n-1} + \binom{n}{n}\right\}x + \binom{n}{n}$$

この2つの式の項 x^{n+1-k} の係数を比較すると

$$\binom{n+1}{k} = \binom{n}{k-1} + \binom{n}{k} \quad (k=1, \cdots, n-1, n)$$

この関係式からつぎの公式が得られます．

$$\binom{n}{k} = \frac{n!}{k!(n-k)!} \quad (k=0, 1, \cdots, n-1, n)$$

ここで，

$$n! = 1 \times 2 \times \cdots \times (n-1) \times n, \quad 0! = 1$$

$n!$ は n の階乗といいます．階乗は，英語の Factorial の訳です．Factorial は Factor からつくられた言葉です．Factor は，因数分解の因数を指します．

$$\binom{n}{0} = \frac{n!}{0!n!} = 1, \quad \binom{n}{1} = \frac{n!}{1!(n-1)!} = n,$$
$$\binom{n}{2} = \frac{n!}{2!(n-2)!} = \frac{n(n-1)}{2}, \quad \cdots$$

証明 $n=1$ のときは明らか．上の公式が n のときに正しいと仮定して，$n+1$ のときに正しいことを示します．すなわち，

$$\binom{n}{k} = \frac{n!}{k!(n-k)!}$$

とすれば，

$$\binom{n+1}{k} = \binom{n}{k-1} + \binom{n}{k} = \frac{n!}{(k-1)!(n-k-1)!} + \frac{n!}{k!(n-k)!}$$
$$= \frac{n!}{k!(n-k-1)!}\{k + (n-\overline{k-1})\} = \frac{(n+1)!}{k!(n+1-k)!}$$

数学的帰納法によって，上の公式がすべての正の整数 n について成立することが証明されました． Q. E. D.

二項定理はつぎのようにあらわすこともあります．

$$(a+b)^n = \sum_{k=0}^{k=n} \binom{n}{n-k} a^k b^{n-k}$$

$$(x+1)^n = \sum_{k=0}^{k=n} \binom{n}{n-k} x^k$$

二項定理はニュートンが最初に使ったといわれていますが，微分法ではとくに，重要な役割をはたします．$\binom{n}{k}$ を二項係数といいます．二項係数 $\binom{n}{k}$ がなにを意味するかを考えてみるために

$$(a+b)^n = (a+b) \times \cdots \times (a+b)$$

のように，$a+b$ を n 回掛けるとして，$a^{n-k}b^k$ の係数が $\binom{n}{k}$ であることに注目します．

n 個のスロット □ からなる集合 {□, □, ⋯, □, □} を考えます．このスロット □ のなかに a あるいは b を入れます．このとき，$a^{n-k}b^k$ の係数 $\binom{n}{k}$ は，k 個の □ のなかに b が入っている場合の数と等しくなります．$\binom{n}{k}$ はまた，ちょうど $n-k$ 個の □ のなかに a が入っている場合の数と等しくなります．つまり，

$$\binom{n}{k} = \binom{n}{n-k} \quad (k=0, 1, \cdots, n-1, n)$$

$\binom{n}{k}$ は，n 個のスロット □ からなる集合 {□, □, ⋯, □, □} から k 個のスロット □ をえらぶ場合の数になるわけです．したがって，$\binom{n}{k}$ は n から k だけえらぶ組み合わせの数になります．C_r^n という記号を使うのが一般的です．

$$C_r^n = \binom{n}{k} = \frac{n!}{k!(n-k)!} \quad (k=0, 1, \cdots, n-1, n)$$

［C_r^n の C は組み合わせの英語 Combination の頭文字をとったものです．］

例題 1 つぎの二項展開における各係数を求めよ．
（ⅰ） $(3x^2+5x)^7$ の二項展開の x^{10} の係数
（ⅱ） $(4x^4-3x^2)^5$ の二項展開の x^{12} の係数

（iii）$\left(x+\dfrac{1}{x}\right)^4$ の二項展開の x^2 の係数

（iv）$\left(x^2-\dfrac{1}{2x}\right)^6$ の二項展開の x^3 の係数

解答 （i）$(3x^2+5x)^7 = \sum_{k=0}^{k=7}\binom{7}{7-k}(3x^2)^k(5x)^{7-k}$

$\qquad\qquad\qquad = \sum_{k=0}^{k=7}\binom{7}{7-k}3^k 5^{7-k} x^{7+k}$

だから，x^{10} の係数は，$k=3$, $\binom{7}{7-3}3^3 5^4 = 590625$.

以下同様．(ii) 1620, (iii) 4, (iv) $-\dfrac{5}{2}$.

例題2 つぎの等式を証明せよ．

（i）$\binom{n}{0}+\binom{n}{1}+\cdots+\binom{n}{k}+\cdots+\binom{n}{n-1}+\binom{n}{n}=2^n$

（ii）$\binom{n}{0}-\binom{n}{1}+\cdots+(-1)^k\binom{n}{k}+\cdots+(-1)^{n-1}\binom{n}{n-1}$
$\qquad +(-1)^n\binom{n}{n}=0$

証明 （i）二項定理で，$a=b=1$ とおけば

$\qquad 2^n = \binom{n}{0}+\binom{n}{1}+\cdots+\binom{n}{k}+\cdots+\binom{n}{n-1}+\binom{n}{n}$

（ii）二項定理で，$a=1$, $b=-1$ とおけば

$\qquad 0 = \binom{n}{0}-\binom{n}{1}+\cdots+(-1)^k\binom{n}{k}+\cdots+(-1)^{n-1}\binom{n}{n-1}$
$\qquad\qquad +(-1)^n\binom{n}{n}$
$\hfill$ Q. E. D.

練習問題 つぎの等式を証明しなさい．

（1）$k\times\binom{n}{k} = n\times\binom{n-1}{k-1}$ $\qquad(n\geqq 2,\ n\geqq k\geqq 1)$

（2）$\binom{n}{1}+2\binom{n}{2}+\cdots+k\binom{n}{k}+\cdots+(n-1)\binom{n}{n-1}$
$\qquad +n\binom{n}{n} = 2^{n-1}n$

二項定理を使って $y=x^n$ の微分を求める

$$y = x^n \Rightarrow \Delta y = (y+\Delta y)-y = (x+\Delta x)^n - x^n$$

二項定理を使って，展開すれば

$$\Delta y = \sum_{k=0}^{k=n} \binom{n}{n-k} x^k (\Delta x)^{n-k} - x^n = \binom{n}{1} x^{n-1} \Delta x + o(\Delta x)$$

ここで，$o(\Delta x)$ は $(\Delta x)^2$ あるいはそれより高次の Δx のベキからなる多項式となり

$$\lim_{\Delta x \to 0} \frac{o(\Delta x)}{\Delta x} = 0$$

[$o(\Delta x)$ は，$\lim_{\Delta x \to 0} \frac{o(\Delta x)}{\Delta x} = 0$ となるような数を一般的にあらわす記号です．]

$$\frac{dy}{dx} = \lim_{\Delta x \to 0} \frac{\Delta y}{\Delta x} = \lim_{\Delta x \to 0} \left\{ nx^{n-1} + \frac{o(\Delta x)}{\Delta x} \right\} = nx^{n-1}$$

$$y = x^n \Rightarrow \frac{dy}{dx} = nx^{n-1}$$

練習問題 二項定理を使って，つぎの微分を計算しなさい．
(i) $(ax+b)^n$ [n は正整数]　　(ii) $(3x^2+5)^6$

53ページの練習問題の答え

(1) $\binom{n}{k} = \dfrac{n!}{k!(n-k)!}$

$\qquad = \dfrac{n \times (n-1)!}{k \times (k-1)!(n-k)!}$

$\qquad = \dfrac{n}{k} \binom{n-1}{k-1}$

(2) $\binom{n}{1} + \cdots + k\binom{n}{k} + \cdots + n\binom{n}{n}$

$\quad = n\left\{ \binom{n-1}{0} + \cdots + \binom{n-1}{k-1} \right.$

$\qquad\qquad \left. + \cdots + \binom{n-1}{n-1} \right\}$

$\quad = 2^{n-1} n$

答え　略

2

指数関数

指数関数

　微分法の考え方についてお話をつづけるために，どうしても説明しておかなければならない関数があります．それは指数関数というたいへん複雑な関数です．なんとかうまく説明したいと思いますが，もしむずかしすぎるときには，とばしてさきにすすんで，あとで読み直してくださってもけっこうです．

1 でない任意の正の数 a $(a>0,\ a\neq 1)$ に対して，a を底とする指数関数は $y=a^x$ によって与えられます．さきにお話ししたように，x が有理数 $x=\dfrac{m}{n}$ (m, n は整数) のときには，$a^{\frac{m}{n}}$ の値は

$$\left(a^{\frac{m}{n}}\right)^n = a^m$$

をみたす数として定義されます．

　x が無理数のときには，x に限りなく近づくような有理数の数列 $\left\{\dfrac{m_\nu}{n_\nu} : \nu=1, 2, \cdots\right\}$ (m_ν, n_ν は整数)

$$x = \lim_{\nu\to\infty}\frac{m_\nu}{n_\nu}$$

をとって，

$$a^x = \lim_{\nu\to\infty} a^{\frac{m_\nu}{n_\nu}}$$

と定義します．

指数関数の微分

　a は $a>1$ である数として，a を底とする指数関数 $y=a^x$ の微分を計算します．

$$\varDelta y = (y+\varDelta y) - y = a^{x+\varDelta x} - a^x = a^x(a^{\varDelta x}-1)$$

$$\frac{\varDelta y}{\varDelta x} = \frac{a^{x+\varDelta x}-a^x}{\varDelta x} = a^x \frac{a^{\varDelta x}-1}{\varDelta x}$$

$$\frac{dy}{dx} = \lim_{\varDelta x\to 0}\frac{\varDelta y}{\varDelta x} = A a^x, \quad A = \lim_{\varDelta x\to 0}\frac{a^{\varDelta x}-1}{\varDelta x}$$

ここで，$A = \lim\limits_{\varDelta x\to 0}\dfrac{a^{\varDelta x}-1}{\varDelta x}$ を考えてみましょう．この表現は，$h=\varDelta x$ とおいて

$$A = \lim_{h\to 0}\frac{a^h-1}{h}$$

とあらわした方がわかりやすいかもしれません．すぐわかるように，$a>1$ なので，

$$h > 0 \ \Rightarrow\ a^h > 1, \quad h < 0 \ \Rightarrow\ a^h < 1$$

したがって，

$$A = \lim_{h \to 0} \frac{a^h - 1}{h} \geq 0$$

ここで，問題となるのは，$A=0$ となる可能性があるのではないかということですが，$a \neq 1$ の仮定によって，このような可能性は排除されます．このことは，つぎのようにして証明できます．

もしかりに，$A=0$ だったとします．上の式から

$$\frac{dy}{dx} = \lim_{\Delta x \to 0} \frac{\Delta y}{\Delta x} = A a^x = 0$$

この関係がすべての x について成立するから

$$\frac{dy}{dx} = 0 \quad (\forall x) \quad \Rightarrow \quad y = a^x = 定数$$

$\forall x$ は「すべての x にたいして」という意味の記号です．

となって，$a \neq 1$ と矛盾します．したがって，$A \neq 0 \Rightarrow A > 0$．

もう 1 つの 1 より大きな正の数 b $(b>1)$ について

$$B = \lim_{h \to 0} \frac{b^h - 1}{h} > 0$$

を考えます．このとき

$$b = a^z$$

となるような z をとります．

$$B = \lim_{h \to 0} \frac{b^h - 1}{h} = \lim_{h \to 0} \frac{a^{zh} - 1}{h} = \lim_{zh \to 0} z \frac{a^{zh} - 1}{zh} = zA$$

ここで，$z = \dfrac{1}{A}$, i.e., $b = a^{\frac{1}{A}}$ となるような正数 b をとれば

$$B = \lim_{h \to 0} \frac{b^h - 1}{h} = zA = 1$$

この正数 b が一意的に決まることはすぐわかります．この正数 b を数学では，e という記号を使ってあらわします．この数 e は

$$\lim_{h \to 0} \frac{e^h - 1}{h} = 1$$

という性質によって定義されると考えてもよいわけです．

この e という記号を最初に使ったのは，18 世紀の大数学者オイラーです．この数 e は自然対数の底といい

$$e = 2.718281828459045\cdots$$

とどこまでもつづく無理数であることがわかっています．自然対数の英語は，Natural Logarithm です．外国の数学の

書物では，自然対数を ln であらわし，常用対数 log と区別するのが一般的でした．しかし最近では，自然対数を log であらわし，常用対数は $\log_{10}$ と書く書物が多くなっています．ここでも，自然対数を log であらわします．常用対数を使うことはあまりないと思いますが，そのときには，$\log_{10}$ のように，底数 10 を明示的に記すことにします．

さて，この e を使って指数関数を定義します．
$$y = e^x$$
この指数関数について
$$\frac{dy}{dx} = e^x$$
つまり，自然対数の底 e を使った指数関数 $y=e^x$ の微分は
$$\frac{dy}{dx} = y$$
となります．自然対数の底 e を使った指数関数 $y=e^x$ の微分は，その関数自体になるわけです．

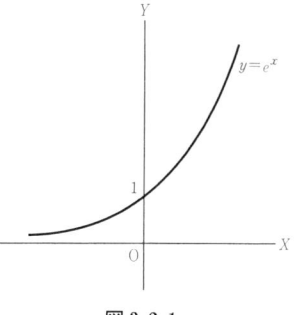

図 3-2-1

例題 つぎの関数の微分を計算しなさい．
(1) e^{3x+2}　(2) $e^{\frac{1}{x}}$　(3) $e^{\sqrt{x}}$　(4) $x^2 e^x$

解答 (1) $y=e^z,\ z=3x+2 \Rightarrow \dfrac{dy}{dx}=\dfrac{dy}{dz}\dfrac{dz}{dx}=3e^z=3e^{3x+2}$.

(2) $y=e^z,\ z=\dfrac{1}{x} \Rightarrow \dfrac{dy}{dx}=\dfrac{dy}{dz}\dfrac{dz}{dx}=e^z\left(-\dfrac{1}{x^2}\right)=-\dfrac{1}{x^2}e^{\frac{1}{x}}$.

(3) $y=e^z,\ z=\sqrt{x} \Rightarrow \dfrac{dy}{dx}=\dfrac{dy}{dz}\dfrac{dz}{dx}=e^z\left(\dfrac{1}{2\sqrt{x}}\right)=\dfrac{1}{2\sqrt{x}}e^{\sqrt{x}}$.

(4) $y=x^2 e^x \Rightarrow \dfrac{dy}{dx}=\dfrac{d(x^2)}{dx}e^x+x^2\dfrac{de^x}{dx}=2xe^x+x^2e^x=(2x+x^2)e^x$.

練習問題 つぎの関数の微分を計算しなさい．
$$e^{5x},\quad e^{-5x},\quad e^{x^2-2x+1},\quad e^{-\frac{1}{2}x^2}$$

第 3 巻『代数で幾何を解く—解析幾何』で，対数の考え方を説明しました．任意の正数 $x\,(x>0)$ にたいして，その常用対数 $y=\log_{10} x$ を，つぎのように定義しました．
$$y = \log_{10} x \iff x = 10^y$$

いくつかの例をあげておきましょう．
$$\log_{10}1 = 0 \Leftrightarrow 1 = 10^0, \quad \log_{10}10 = 1 \Leftrightarrow 10 = 10^1,$$
$$\log_{10}100 = 2 \Leftrightarrow 100 = 10^2,$$
$$\log_{10}1000 = 3 \Leftrightarrow 1000 = 10^3,$$
$$\log_{10}\frac{1}{10} = -1 \Leftrightarrow \frac{1}{10} = 10^{-1},$$
$$\log_{10}\frac{1}{100} = -2 \Leftrightarrow \frac{1}{100} = 10^{-2},$$
$$\log_{10}2 = 0.3010\cdots \Leftrightarrow 2 = 10^{0.3010\cdots},$$
$$\log_{10}3 = 0.4771\cdots \Leftrightarrow 3 = 10^{0.4771\cdots}, \quad \text{etc.}$$

[etc. は，ラテン語の et cetera の略でエト・セトラと読みます．「など」，「云々(うんぬん)」という意味です．]

1でない任意の正の数 a ($a>0$, $a\neq 1$) に対して，a を底とする対数を $\log_a x$ であらわします．
$$y = \log_a x \Leftrightarrow x = a^y$$
たとえば，$a=2$ のとき
$$y = \log_2 x \Leftrightarrow x = 2^y$$
$$\log_2 4 = 2, \quad \log_2 8 = 3, \quad \log_2 \frac{1}{2} = -1, \quad \log_2 \frac{1}{4} = -2$$

練習問題 つぎの対数の値を求めなさい．
$$\log_5 125, \quad \log_5 \frac{1}{25}, \quad \log_7 49, \quad \log_7 \frac{1}{343}, \quad \log_{32} 4, \quad \log_{32} \frac{1}{16}$$

対数の性質

対数にかんするつぎの性質は，かんたんにわかると思います．
$$\log_a 1 = 0, \quad \log_a a = 1$$
$$\log_a xy = \log_a x + \log_a y, \quad \log_a x^p = p \log_a x$$
$$\log_a \frac{x}{y} = \log_a x - \log_a y$$

1でない2つの正の数 a, b ($a, b > 0$, $a, b \neq 1$) に対して，
$$\log_a x = \log_a b \times \log_b x$$
証明 $y = \log_a x$, $z = \log_b x$, $c = \log_a b$ とおけば

57ページの練習問題の答え
$5e^{5x}$, $-5e^{-5x}$, $(2x-2)e^{x^2-2x+1}$, $-xe^{-\frac{1}{2}x^2}$

$$x = a^y, \ x = b^z, \ b = a^c \ \Rightarrow \ a^y = b^z = (a^c)^z = a^{cz}$$
$$y = cz \qquad \text{Q. E. D.}$$

したがって，1 でない任意の正の数 $a\,(a>0,\ a\neq 1)$ に対して，a を底とする対数 $\log_a x$ は，10 を底とする対数 $\log_{10} x$ であらわすことができます．

$$\log_a x = \frac{\log_{10} x}{\log_{10} a}$$

練習問題　常用対数表（第 3 巻『代数で幾何を解く――解析幾何』193 ページ）を使って，つぎの対数の値を求めなさい．
$\log_3 5, \quad \log_{25} 7, \quad \log_{\frac{1}{2}} 7, \quad \log_6 \sqrt{15}, \quad \log_{\sqrt{3}} 12$

対数関数

対数関数 $y=\log x$ は，e を底とする対数 $\log x$ を x の関数と考えたものです．したがって，対数関数 $y=\log x$ は，指数関数 $y=e^x$ の逆関数となるわけです．

$$y = \log x \ \Leftrightarrow \ x = e^y$$

したがって，

$$\frac{dx}{dy} = e^y = x \ \Rightarrow \ \frac{dy}{dx} = \frac{1}{\frac{dx}{dy}} = \frac{1}{x}$$

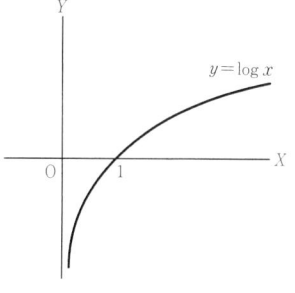

図 3-2-2

対数関数 $y=\log x$ の微分にかんするつぎの公式が得られたわけです．

$$y = \log x \ \Rightarrow \ \frac{dy}{dx} = \frac{1}{x}$$

対数関数 $y=\log x$ の微分を直接計算することもできます．

$$\varDelta y = \log(x+\varDelta x) - \log x = \log \frac{x+\varDelta x}{x} = \log\left(1+\frac{\varDelta x}{x}\right)$$

$$\frac{\varDelta y}{\varDelta x} = \frac{\log\left(1+\dfrac{\varDelta x}{x}\right)}{\varDelta x} = \frac{1}{x}\frac{\log\left(1+\dfrac{\varDelta x}{x}\right)}{\dfrac{\varDelta x}{x}}$$

$h=\dfrac{\varDelta x}{x}$ とおけば

$$\frac{dy}{dx} = \lim_{\varDelta x\to 0}\frac{\varDelta y}{\varDelta x} = \frac{1}{x}\lim_{h\to 0}\frac{\log(1+h)}{h}$$

$t = \log(1+h)$ とおけば, $1+h = e^t$.

$$\frac{\log(1+h)}{h} = \frac{t}{e^t - 1}$$

$h \to 0$ のとき, $t \to 0$ であるから

$$\lim_{h \to 0} \frac{\log(1+h)}{h} = \lim_{t \to 0} \frac{t}{e^t - 1} = 1$$

ゆえに,

$$y = \log x \Rightarrow \frac{dy}{dx} = \frac{1}{x}$$

例題 つぎの関数の微分を計算しなさい.

(1) $\log(1 + x + x^2)$ (2) $\log \dfrac{1+x}{1-x}$ (3) $\log \sqrt{x}$

(4) $\log \sin x$

解答 (1) $y = \log z,\ z = 1 + x + x^2 \Rightarrow \dfrac{dy}{dx} = \dfrac{dy}{dz}\dfrac{dz}{dx} = \dfrac{1}{z}(1+2x)$

$= \dfrac{1+2x}{1+x+x^2}.$

(2) $y = \log \dfrac{1+x}{1-x} = \log(1+x) - \log(1-x) \Rightarrow \dfrac{dy}{dx} = \dfrac{1}{1+x} + \dfrac{1}{1-x}$

$= \dfrac{2}{1-x^2}.$

(3) $y = \log z,\ z = \sqrt{x} \Rightarrow \dfrac{dy}{dx} = \dfrac{dy}{dz}\dfrac{dz}{dx} = \dfrac{1}{z}\dfrac{1}{2\sqrt{x}} = \dfrac{1}{2x}.$

(4) $y = \log z,\ z = \sin x \Rightarrow \dfrac{dy}{dx} = \dfrac{dy}{dz}\dfrac{dz}{dx} = \dfrac{1}{z}\cos x = \dfrac{\cos x}{\sin x}.$

58 ページの練習問題の答え
3, -2, 2, -3, $\dfrac{2}{5}$, $-\dfrac{4}{5}$

練習問題 つぎの関数の微分を計算しなさい.

$$\log(3x^3 + 2x^2 + x + 1),\quad \log \frac{1+x^2}{1-x^2},$$
$$\log \sqrt{x^2+x+1},\quad \log \tan x$$

59 ページの練習問題の答え
1.4650, 0.60453, -2.8074, 0.75570, 4.5237

微分が変数 x の逆数 $\dfrac{1}{x}$ となるような関数は対数関数 $y = \log x$ にかぎる

関数 $y = f(x)$ の微分 $\dfrac{dy}{dx}$ が $\dfrac{1}{x}$ に等しいとき, 関数 $y = f(x)$ は対数関数となります.

$$\frac{dy}{dx} = \frac{1}{x} \quad \Rightarrow \quad y = \log x + c \quad (c \text{ は定数})$$

証明 つぎの関数 $z=g(x)$ を導入します．
$$z = y - \log x$$
$$\frac{dz}{dx} = \frac{dy}{dx} - \frac{d}{dx}(\log x) = \frac{1}{x} - \frac{1}{x} = 0 \quad \Rightarrow \quad z = c \quad (c \text{ は定数})$$
したがって，
$$y = \log x + c \qquad \text{Q. E. D.}$$

練習問題

(1) 関数 $y=f(x)$ について
$$\frac{dy}{dx} = \frac{a}{x} \quad (a \text{ は定数})$$
とすると，
$$y = a \log x + c \quad (c \text{ は定数})$$

(2) 関数 $y=f(x)$ について
$$\frac{dy}{dx} = \frac{1}{x+b} \quad (b \text{ は定数})$$
とすると，
$$y = \log(x+b) + c \quad (c \text{ は定数})$$

ヒント
(1) $z = y - a\log x \Rightarrow \frac{dz}{dx} = 0$
(2) $z = y - \log(x+b) \Rightarrow \frac{dz}{dx} = 0$

微分が関数自体に等しいような関数は指数関数になる

微分 $\dfrac{dy}{dx}$ が関数自体 $y=f(x)$ に等しいとすると，関数 $y=f(x)$ は指数関数になります．
$$\frac{dy}{dx} = y \quad \Rightarrow \quad y = ce^x$$
このことを証明するために，$y=f(x)$ の逆関数 $y=g(x)$ を考えます．
$$y = g(x) \quad \Leftrightarrow \quad x = f(y)$$
新しく関数 $z = ye^{-x}$ を考えます．
$$\frac{dz}{dx} = \frac{dy}{dx}e^{-x} - ye^{-x} = ye^{-x} - ye^{-x} = 0$$
$$\Rightarrow \quad z = c \quad (c \text{ は定数})$$
$$y = f(x) = ce^x$$

練習問題

(1) 関数 $y=f(x)$ について
$$\frac{dy}{dx} = ay \quad (a \text{ は定数})$$
とすると,
$$y = ce^{ax} \quad (c \text{ は定数})$$

(2) 関数 $y=f(x)$ について
$$\frac{dy}{dx} = y+b \quad (b \text{ は定数})$$
とすると,
$$y = ce^x - b \quad (c \text{ は定数})$$

ヒント
(1) $z = ye^{-ax} \Rightarrow \frac{dz}{dx} = 0$
(2) $z = (y+b)e^{-x} \Rightarrow \frac{dz}{dx} = 0$

3

むずかしい関数の微分

対数微分

2つの関数 y, z の積 $w=yz$ の微分を求めるとき,その対数をとって,微分すると便利なことがあります.
$$w = yz \Rightarrow \log w = \log y + \log z$$
$$\Rightarrow \frac{1}{w}\frac{dw}{dx} = \frac{1}{y}\frac{dy}{dx} + \frac{1}{z}\frac{dz}{dx}$$

例題1 つぎの関数の微分を求めよ.

(1) $\dfrac{x(1+2x)}{(1+x)(1-2x)}$ 　　(2) $\dfrac{x\sqrt{1+2x}}{(1+x)\sqrt{1-2x}}$

解答 (1) $y = \dfrac{x(1+2x)}{(1+x)(1-2x)}$

$\Rightarrow \log y = \log x + \log(1+2x) - \log(1+x) - \log(1-2x)$

$\dfrac{1}{y}\dfrac{dy}{dx} = \dfrac{1}{x} + \dfrac{2}{1+2x} - \dfrac{1}{1+x} + \dfrac{2}{1-2x}$

$= \dfrac{1}{x(1+x)} + \dfrac{4}{(1+2x)(1-2x)}$

60ページの練習問題の答え
$\dfrac{9x^2+4x+1}{3x^3+2x^2+x+1}$, $\dfrac{4x}{1-x^4}$, $\dfrac{2x+1}{2(x^2+x+1)}$,
$\dfrac{1}{\sin x \cos x} = \dfrac{2}{\sin 2x}$

$$= \frac{1+4x}{x(1+x)(1+2x)(1-2x)}$$

$$\frac{dy}{dx} = \frac{1+4x}{(1+x)^2(1-2x)^2}$$

(2) $\quad y = \dfrac{x\sqrt{1+2x}}{(x+1)\sqrt{1-2x}}$

$\Rightarrow \quad \log y = \log x + \dfrac{1}{2}\log(1+2x)$

$$-\log(1+x) - \frac{1}{2}\log(1-2x)$$

$$\frac{1}{y}\frac{dy}{dx} = \frac{1}{x} + \frac{1}{1+2x} - \frac{1}{1+x} + \frac{1}{1-2x}$$

$$= \frac{1}{x(1+x)} + \frac{2}{(1+2x)(1-2x)}$$

$$= \frac{1+2x-2x^2}{x(1+x)(1+2x)(1-2x)}$$

$$\frac{dy}{dx} = \frac{1+2x-2x^2}{(1+x)^2(1+2x)^{\frac{1}{2}}(1-2x)^{\frac{3}{2}}}$$

例題 2 つぎの関数の微分を求めよ．

(1) $a^x \quad (a>0)$ (2) x^x

解答 (1) $y = a^x \Rightarrow \log y = \log a^x = x\log a$

$$\frac{1}{y}\frac{dy}{dx} = \log a \Rightarrow \frac{dy}{dx} = y\log a = a^x \log a$$

(2) $\quad y = x^x \Rightarrow \log y = x\log x$

$$\frac{1}{y}\frac{dy}{dx} = \log x + x\frac{1}{x} = \log x + 1$$

$$\Rightarrow \frac{dy}{dx} = y(\log x + 1) = x^x(\log x + 1)$$

例題 3 つぎの関数の微分を求めよ．

(1) $\log(\log x)$ (2) $e^{a\log x + b}$

解答 (1) $y = \log z, \ z = \log x \Rightarrow \dfrac{dy}{dx} = \dfrac{dy}{dz}\dfrac{dz}{dx} = \dfrac{1}{z}\dfrac{1}{x} = \dfrac{1}{x\log x}$.

(2) $y = e^z, \ z = a\log x + b \Rightarrow \dfrac{dy}{dx} = \dfrac{dy}{dz}\dfrac{dz}{dx} = e^z \dfrac{a}{x} = \dfrac{ae^{a\log x + b}}{x}$.

練習問題 つぎの関数の微分を求めよ．

(1) $\dfrac{(x+1)^2(2x-1)}{(x+3)^3}$ (2) $\dfrac{x-\sqrt{x^2-1}}{x+\sqrt{x^2-1}}$

(3) $(ax+b)^x$ (4) x^{x^x}

(5) $\log(1+\log^2 x)$ (6) e^{ae^x+b}

逆関数を微分する

$y=f(x)$ の逆関数 $y=f^{-1}(x)=g(x)$ の微分は

$$g'(x) = \dfrac{1}{f'(y)}$$

$y=5x \Rightarrow \dfrac{dy}{dx}=5$ 　　逆関数　$y=\dfrac{1}{5}x \Rightarrow \dfrac{dy}{dx}=\dfrac{1}{5}$

$y=x^2 \Rightarrow \dfrac{dy}{dx}=2x$ 　　逆関数　$y=\pm\sqrt{x} \Rightarrow \dfrac{dy}{dx}=\pm\dfrac{1}{2\sqrt{x}}=\dfrac{1}{2y}$

$y=\dfrac{1}{x} \Rightarrow \dfrac{dy}{dx}=-\dfrac{1}{x^2}$ 　　逆関数　$y=\dfrac{1}{x} \Rightarrow \dfrac{dy}{dx}=-\dfrac{1}{x^2}=-y^2$

$y=e^x \Rightarrow \dfrac{dy}{dx}=e^x$ 　　逆関数　$y=\log x \Rightarrow \dfrac{dy}{dx}=\dfrac{1}{x}=\dfrac{1}{e^y}$

　三角関数 $y=\sin x$ の場合，逆関数は一意的には決まりません．そこで，変数 x の範囲を $-\dfrac{\pi}{2} \leqq x \leqq \dfrac{\pi}{2}$ に限定して，$y=\sin x$ の逆関数 $y=\sin^{-1}x$ をつぎのように定義します．

$$y = \sin^{-1}x \;\Rightarrow\; x = \sin y \quad \left(-\dfrac{\pi}{2} \leqq x \leqq \dfrac{\pi}{2}\right)$$

このとき，$y=\sin^{-1}x$ が定義される範囲，すなわち定義域は，$-1 \leqq x \leqq 1$ です．

$$y = \sin^{-1}x \;\Rightarrow\; x = \sin y$$

$-\dfrac{\pi}{2} \leqq y \leqq \dfrac{\pi}{2}$ より $\cos y \geqq 0$ であるから

$$\dfrac{dx}{dy} = \cos y = \sqrt{1-\sin^2 y} = \sqrt{1-x^2} \;\Rightarrow\; \dfrac{dy}{dx} = \dfrac{1}{\sqrt{1-x^2}}$$

$y=\cos^{-1}x$ $(0 \leqq \cos^{-1}x \leqq \pi)$ の定義域も，$-1 \leqq x \leqq 1$ です．

$y = \cos^{-1}x \;\Rightarrow\; x = \cos y$

$$\Rightarrow\; \dfrac{dx}{dy} = -\sin y = -\sqrt{1-\cos^2 y} = -\sqrt{1-x^2}$$

$$\Rightarrow \frac{dy}{dx} = -\frac{1}{\sqrt{1-x^2}}$$

$y = \tan^{-1} x \left(-\frac{\pi}{2} < \tan^{-1} x < \frac{\pi}{2}\right)$ の定義域は，$-\infty < x < +\infty$ です．

$$y = \tan^{-1} x \Rightarrow x = \tan y \Rightarrow \frac{dx}{dy} = \frac{1}{\cos^2 y} = 1 + x^2$$

$$\Rightarrow \frac{dy}{dx} = \frac{1}{1+x^2}$$

例題 4 つぎの関数の微分を求めよ．

(1) $\sin^{-1}\dfrac{x}{a}$ (2) $\cos^{-1}\dfrac{\sqrt{x-1}}{\sqrt{x}}$

解答 (1) $y = \sin^{-1}\dfrac{x}{a} \Rightarrow x = a\sin y \Rightarrow \dfrac{dx}{dy} = a\cos y = a\sqrt{1-\sin^2 y} = a\sqrt{1-\left(\dfrac{x}{a}\right)^2} = \sqrt{a^2-x^2} \Rightarrow \dfrac{dy}{dx} = \dfrac{1}{\sqrt{a^2-x^2}}$.

(2) $y = \cos^{-1}\dfrac{\sqrt{x-1}}{\sqrt{x}} \Rightarrow \dfrac{\sqrt{x-1}}{\sqrt{x}} = \cos y \Rightarrow \dfrac{1}{\sqrt{x-1}} = \tan y \Rightarrow -\dfrac{1}{2\sqrt{(x-1)^3}}\dfrac{dx}{dy} = \dfrac{1}{\cos^2 y} = \dfrac{x}{x-1} \Rightarrow \dfrac{dx}{dy} = -2x\sqrt{x-1} \Rightarrow \dfrac{dy}{dx} = -\dfrac{1}{2x\sqrt{x-1}}$.

練習問題 つぎの関数の微分を求めよ．

(1) $\cos^{-1}\dfrac{x}{a}$ (2) $\tan^{-1}\dfrac{x}{\sqrt{1-x^2}}$

陰関数を微分する

円の方程式
$$x^2 + y^2 = r^2$$
のように，従属変数 y が明示的にあらわされていないときに，陰関数といいます．このような場合は，つぎのようにして微分を求めます．

$$x^2 + y^2 = r^2 \Rightarrow 2x + 2y\frac{dy}{dx} = 0 \Rightarrow \frac{dy}{dx} = -\frac{x}{y}$$

$$\frac{x^2}{a^2}+\frac{y^2}{b^2}=1 \Rightarrow \frac{2x}{a^2}+\frac{2y}{b^2}\frac{dy}{dx}=0 \Rightarrow \frac{dy}{dx}=-\frac{b^2x}{a^2y}$$

$$\frac{x^2}{a^2}-\frac{y^2}{b^2}=1 \Rightarrow \frac{2x}{a^2}-\frac{2y}{b^2}\frac{dy}{dx}=0 \Rightarrow \frac{dy}{dx}=\frac{b^2x}{a^2y}$$

$$y^2=4kx \Rightarrow 2y\frac{dy}{dx}=4k \Rightarrow \frac{dy}{dx}=\frac{2k}{y}$$

例題 5 つぎの陰関数の微分 $\dfrac{dy}{dx}$ を求めよ．

(1)　$ax^2+2bxy+cy^2+2mx+2ny+l=0$

(2)　$x^3+y^3=3axy$

解答　(1)　$2(ax+by+m)+2(bx+cy+n)\dfrac{dy}{dx}=0 \Rightarrow \dfrac{dy}{dx}=-\dfrac{ax+by+m}{bx+cy+n}.$

(2)　$x^3+y^3=3axy \Rightarrow 3x^2-3ay+(3y^2-3ax)\dfrac{dy}{dx}=0 \Rightarrow \dfrac{dy}{dx}=\dfrac{x^2-ay}{ax-y^2}.$

練習問題　つぎの関数の微分を求めよ．

(1)　$(x^2+y^2)^2=2a^2(x^2-y^2)$

(2)　$(x^2+y^2)^2=2a^2x^2y^2$

---

63 ページの練習問題の答え

(1)　$\dfrac{3(x+1)(5x+1)}{(x+3)^4}$

(2)　$-\dfrac{2(x-\sqrt{x^2-1})}{\sqrt{x^2-1}(x+\sqrt{x^2-1})}$

(3)　$(ax+b)^x\left\{\log(ax+b)+\dfrac{ax}{ax+b}\right\}$

(4)　$x^{x^x}x^x\left(\log^2 x+\log x+\dfrac{1}{x}\right)$

(5)　$\dfrac{2\log x}{x(1+\log^2 x)}$　　(6)　ae^{x+ax^2+b}

65 ページの練習問題の答え

(1)　$-\dfrac{1}{\sqrt{a^2-x^2}}$　　(2)　$\dfrac{1}{\sqrt{1-x^2}}$

第3章 二項定理と指数関数　問題

問題1 つぎの関数の微分 $\dfrac{dy}{dx}$ を計算しなさい.

(1) $x^3 e^x$

(2) $\dfrac{1}{x} e^x$

(3) $\left(x+\dfrac{1}{x}\right) e^x$

(4) $\dfrac{x}{\sqrt{1-x^2}} e^x$

(5) $\sqrt{\dfrac{1+x}{1-x}} e^x$

(6) $e^{\frac{1}{\sqrt{x}}}$

(7) $e^{x+\frac{1}{x}}$

(8) $e^x \sin x$

(9) $e^x \sin^2 x$

(10) $e^{\frac{1}{x}} \sin x$

(11) $e^x \sin \dfrac{1}{x}$

(12) $e^x \tan x$

(13) $e^x \dfrac{\sin x}{1+\cos x}$

(14) $e^{\frac{1}{x}} \dfrac{\sin x}{1+\cos x}$

(15) $\log\left(x+\dfrac{1}{x}\right)$

(16) $\log \dfrac{1+\sqrt{x}}{1-\sqrt{x}}$

(17) $e^{\log(\cos x)}$

(18) $x = y + \dfrac{1}{y}$

(19) $x = \sqrt{y+1} + \sqrt{y-1}$

(20) $\tan^{-1} \dfrac{2x}{1-x^2}$

(21) $\cos^{-1} \dfrac{1+2\cos x}{2+\cos x}$ $(0 \leqq x \leqq \pi)$

(22) $x\sqrt{1+y^2} + y\sqrt{1+x^2} = c$

(23) $\dfrac{x}{y} = \log(xy)$

(24) $x = e^{\frac{x-y}{y}}$

66ページの練習問題の答え

(1) $(x^2+y^2)^2 = 2a^2(x^2-y^2) \Rightarrow 2\left(2x + 2y\dfrac{dy}{dx}\right)(x^2+y^2) = 2a^2\left(2x - 2y\dfrac{dy}{dx}\right) \Rightarrow \dfrac{dy}{dx} = -\dfrac{(x^2+y^2-a^2)x}{(x^2+y^2+a^2)y}$

(2) $(x^2+y^2)^2 = 2a^2 x^2 y^2 \Rightarrow 2\left(2x + 2y\dfrac{dy}{dx}\right)(x^2+y^2) = 2a^2\left(2xy^2 + 2x^2 y\dfrac{dy}{dx}\right) \Rightarrow \dfrac{dy}{dx} = \dfrac{\{x^2+(1-a^2)y^2\}x}{\{(1-a^2)x^2+y^2\}y}$

第4章
ニュートンの一生

アイザック・ニュートン

自然とその法則は闇の奥深く隠されていた．そのとき，神のお告げがあった．「ニュートンよ，出でよ」と．そして，世界は光を得た．
——アレキサンダー・ポープ——

1

ニュートンの一生

幼少時代のニュートン

近代科学の基礎をつくった偉大な数学者アイザック・ニュートンが生まれたのは1642年でした．ガリレオ・ガリレイが亡くなった年です．

ニュートンは，この年のちょうどクリスマスの日に，イギリスのリンカーンシャーの一寒村ウールズソープで生まれました．ニュートンは未熟児として生まれ，幼少の頃から病気勝ちでした．父はニュートンの生まれる前に亡くなっていて，

母はニュートンが3歳のときに再婚しました．ニュートンは母方の祖母にあずけられ，村の小学校に通っていましたが，11歳のときに「イレブン・プラス」に合格して，グランタムのパブリック・スクールに入ることになります．

「イレブン・プラス」(The Eleven Plus)というのは，イングランドとウェールズでとられていた一風変わった制度です．11歳の子どもたちに一斉に課せられた試験で，「イレブン・プラス」に合格した子どもたちだけが，パブリック・スクールに入ることができ，さらにケンブリッジやオクスフォードという大学に進学できるという制度です．「イレブン・プラス」に落ちた子どもたちは，高等教育を受ける機会をもつことができなくなります．「イレブン・プラス」の試験科目は数学と英語が中心ですが，とくに英語の話し方，アクセント，抑揚に重点がおかれていました．イギリスでは，上流階級と一般大衆とに画然と分かれていて，きびしい差別がおこなわれていました．この，上流階級と一般大衆の間の差別を象徴するのは，言葉の違いでした．「イレブン・プラス」に合格するためには，小さいときから上流階級の話し方，アクセント，抑揚を身につけなければならなかったのです．ちなみに，この「イレブン・プラス」の制度はイギリスの時代遅れの階級制度をまもるためにあったわけですが，1965年以降少しずつ廃止されています．

ニュートンが「イレブン・プラス」に合格できるように，小さいときから上流階級の話し方，アクセント，抑揚を身につけることができたのは，母方の叔父の力によるものでした．この叔父はケンブリッジ大学を出ていたのですが，ニュートンのすぐれた才能をいちはやく認めて，ニュートンの母を説得して，ニュートンがケンブリッジ大学に進学できるコースを選べるようにしたといわれています．

グランタムのパブリック・スクールに入ったニュートンは最初，なかなかうまくいきませんでした．パブリック・スクールというのも，イギリス特有の一風かわった学校制度です．パブリック・スクールは，英語のPublic Schoolで，文字通りよめば公立学校ですが，じつは，私立の全寮制の中等学校です．ふつう13歳から18歳までで，日本でいえば，中・高一貫の6年制の学校に相当します．長い歴史とすぐれた伝

統をもったパブリック・スクールが多く，イギリス社会の人間的根幹を形づくるものとなっています．イートン，ラグビー，ハローという名前はみなさんも聞いたことがあると思います．いまでもケンブリッジやオクスフォードというイギリスの名門大学では，一番成績のいい学生の夢は卒業してパブリック・スクールの先生になることです．イギリスでの人生の最高の生き方は，イートン，ラグビー，ハローなどというパブリック・スクールの名門校の校長先生になることです．伊能忠敬のご子孫が先生をされていた私立の中・高一貫の6年制の学校について，第3巻『代数で幾何を解く―解析幾何』でお話ししましたが，その学校は大正時代にイギリスのパブリック・スクールを模範としてつくられた学校です．

　しかし，イギリスのパブリック・スクールは，13歳から18歳までの子どもたちの全寮制の学校ですので，いろいろ問題があります．とくに低学年の子どもたちにとって，生まれてはじめての親元をはなれての寮生活は，精神的に大へんな重荷になることは想像にかたくありません．じじつ，イギリスのパブリック・スクールの寄宿舎では，寝小便をする子どもが多いことがいつも問題になっています．また，上級生による下級生に対する「いじめ」の問題もあります．もっともパブリック・スクールでの「いじめ」は日本の学校での「いじめ」とはかなり性格のことなったものです．イギリスのパブリック・スクールでの「いじめ」は，下級生が上級生の洗濯，靴磨き，買い物などから，宿題までやらせられるといったたぐいです．

　ニュートンは小さいときから病弱で，内気な性格で，いつも一人で，数学の問題を考えたり，新しい装置や器械の「発明」に夢中になるタイプでした．ニュートンはグランタムのパブリック・スクールにいたときにも，水時計や風車をつくったり，座ったままで動かせるおもちゃの馬車を設計して，じっさいにつくってみせたりしていました．ニュートンはこのように学校の勉強にはあまり精出さず，成績もあまりよくなかったといわれています．

　グランタムのパブリック・スクールの同級生の一人に成績のいい少年がいて，成績の悪いニュートンをいつも馬鹿にしていました．あるとき，ニュートンはその少年に胃をつよく

蹴られて怪我をするという事件が起きました．ニュートンはそこで発憤して，学校の勉強，とくに数学を一生懸命やるようになり，その少年よりいい成績をとるようになっただけでなく，クラス全体でトップの成績を占めるようになったといわれています．

　しかし，ニュートンは 15 歳のとき，母のところに連れもどされ，農場の手伝いをさせられることになってしまいました．ところが，農作業の苦手なニュートンは，仕事をしないで数学の問題ばかり考えていました．母はあきらめて，ニュートンがグランタムにもどることを許したわけです．ニュートンは 18 歳でグランタムを卒業して，ケンブリッジ大学のトリニティ・カレッジに入学することになります．

　ニュートンがケンブリッジ大学のトリニティ・カレッジに入学したのは，1661 年のことです．1642 年に生まれたニュートンが 1661 年，18 歳のとき，ケンブリッジ大学に入学したというのは，おかしいと思う人もいるかも知れません．じつは，ニュートンの生まれた 1642 年というのはユリウス暦で，現在使われているグレゴリオ暦ですと 1643 年になるわけです．ニュートンの伝記ではなぜか，ニュートンの生まれた年だけユリウス暦であらわしています．

ニュートン，ケンブリッジに行く

　ニュートンは 1661 年，ケンブリッジ大学のトリニティ・カレッジに入学することになります．ケンブリッジ大学には，数多くのカレッジがあります．私がいた 1960 年代の半ば頃には 26 のカレッジがありました．トリニティ・カレッジが一番有名ですが，そのほかにもキングズ・カレッジ，クイーンズ・カレッジ，クライスト・カレッジなど有名なカレッジがたくさんあります．これらのカレッジの多くは歴史が古く，なかには 11 世紀創立というカレッジもあります．プラトンのアカデミアと同じぐらいの長さの歴史をもつことになるわけです．ケンブリッジ大学のカレッジはいずれも全寮制で，教授たちも原則としてカレッジに住んでいます．学生たちはカレッジに寝泊まりして，ケンブリッジ大学に講義を受けにいくわけです．

各カレッジが入学者の選抜をおこない，カレッジに入学を許されると，自動的にケンブリッジ大学の学生になります．各カレッジがそれぞれ独自の手続き，選抜方法，基準によって入学者の選抜をおこなっています．ケンブリッジ大学が，画一的な基準で入学者を決めるのではなく，各カレッジがそれぞれ独自に入学者の選抜をおこなうということは大へん重要な意味をもっています．日本の国公立大学のセンター試験のような入学者選抜の制度ですと，どうしても独創性のない，想像力の貧しい受験者でないとうまく合格できなくなってしまいます．ニュートンのように，学校の勉強はあまりしないで，数学や化学に夢中になって，玩具の発明に凝っている生徒には，合格の見込みがなくなってしまいます．

　ニュートンは，ケンブリッジ大学に入学した頃，数学にはあまり興味がなく，むしろ化学に熱中していたといわれています．しかし，ケンブリッジ大学に入学してすぐ，ニュートンは猛烈な勢いで数学の勉強をはじめます．その頃，ニュートンが読んだ数学の書物のリストがのこっています．

　そのなかには，ユークリッドの『原本』をはじめとして，スホーテンの『デカルトの幾何学』，ケプラーの『光学』，ウォリスの『無限算法』，オートレッドの『数学の鍵』，バローの『数学講義』の他に，ガリレオ，フェルマー，ホイヘンスなどの著作が入っています．ニュートンはなかでも，ウォリスの『無限算法』，バローの『数学講義』に興味をもっていました．

　ニュートンはケンブリッジで，ウォリス，バローから直接教えを受けることになります．バローは，1663年，トリニティ・カレッジに新しくできたヘンリー・ルーカス教授になりますが，ニュートンの天才的能力にいちはやく気づいて，感嘆していました．バローは1669年，チャールズ2世付きの牧師になり，ロンドンに招聘されましたが，そのとき，弟子のニュートンをヘンリー・ルーカス教授のポストに推薦したのです．一説によると，バローは，ニュートンをヘンリー・ルーカス教授にするために，自分がチャールズ2世付きの牧師になって，ケンブリッジを去ったといわれています．

　トリニティ・カレッジのヘンリー・ルーカス教授は，ヘンリー・ルーカスという人の寄付を基金としてつくられた講座

の教授で，初代がバロー，2代目がニュートンという名誉あるポストです．私がケンブリッジにいた頃は，量子力学の創始者として有名なポール・ディラックがヘンリー・ルーカス教授のポストについていました．

　ニュートンはトリニティ・カレッジですでに，与えられた関数を無限級数としてあらわす問題や，時間とともに変化する量の変化率の問題についてすぐれた研究をすすめていました．1665年，ニュートンはケンブリッジ大学を卒業します．しかし，その前年に流行しはじめたペストがイギリスで猛威を振るい，ロンドンだけで3万人以上の死者が出るという大事件になりました．有名な中世の黒死病です．ケンブリッジ大学も1665年から1年半にわたって閉鎖され，ニュートンは故郷のウールズソープに帰って，静養することになります．ニュートンは静かなウールズソープで思索にふけり，数学の研究に没頭することができました．そして，この1年半ほどの間に，ニュートンは，微積分法を考えだし，万有引力の法則を発見し，光学の基本原理を見つけたのです．1665年から1667年にかけての，この1年半ほどの期間は，ニュートンの生涯でもっとも創造的なときであっただけでなく，長い数学の歴史を通じてもっとも生産的な時間だといってもよいでしょう．

　微積分法の考え方をニュートン自身は「流率法」といったのですが，ウールズソープにいるときに書かれた「無限小の解析」というわずか5ページ足らずの小論文に，その基本的な考え方が記されています．ニュートンが万有引力の法則を発見したのもこの頃ですが，このことについて，いくつものエピソードが伝わっていることはみなさんもよく知っていると思います．ニュートンはまた同じ時期に，反射望遠鏡の改良を試みていますが，その過程で光学の基本原理に気づいたといわれています．

　ところがニュートンは，これらのすばらしい発見を公表することに対して非常に消極的でした．ニュートン自身が「流率法」という形で微積分法を発見したということが世に知られるようなったのは，30年も後になってからです．それも，ライプニッツとの間で，微積分法を発見したのはどちらがさきだったかという先取権争いに巻き込まれてしまったからで

す．事実は，ニュートンとライプニッツとはそれぞれ独立に微積分法の考え方に到達したことに間違いありませんが，このような先取権争いが起こってしまったこと自体たいへん不幸なことです．

ニュートンと二項定理

ニュートンはまた同じ時期に二項定理を見つけたと，数学史の書物には書かれています．二項定理については，第3章でくわしくお話ししました．かんたんにくり返しておきましょう．

二項定理はつぎの公式です(第3章の表現と少しちがいます)．

$$(x+1)^n = \binom{n}{n}x^n + \binom{n}{n-1}x^{n-1} + \cdots + \binom{n}{k}x^k + \cdots + \binom{n}{1}x + \binom{n}{0}$$

ここで，$\binom{n}{k}$ は $(x+1)^n$ を展開したときの x^k の係数です．

$$\binom{n}{k} = \frac{n!}{k!(n-k)!} \qquad (k=0, 1, \cdots, n-1, n)$$

ここで $n!$ は n の階乗です．$n! = 1 \times 2 \times \cdots \times (n-1) \times n$，$0! = 1$．

この公式が n が正の整数の場合についてはすでに，500年以上も前から知られていました．問題は n が分数の場合です．ウォリスは，いくつかの関数の積分を計算するために，n が分数，さらには負数の場合について，上の二項定理を一般化する必要があったのですが，なかなかうまくいきませんでした．ニュートンは，ウォリスの方法をうまく修正して，二項定理の一般化に成功したわけです．この問題については，残念ですが，むずかしすぎてお話しすることができません．代わりに，ウォリスの問題に関連してニュートンが考えだした近似法を紹介しておきましょう．

ニュートンの近似法

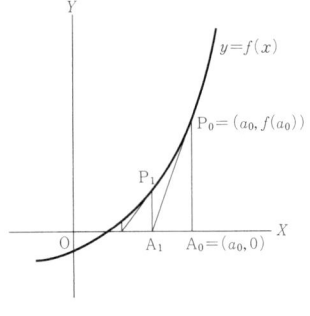

図 4-1-1

ニュートンの近似法は方程式
$$f(x) = 0$$
の近似解を求めるために使います．ここで，$f(x)$ は任意に与えられた関数です．

図 4-1-1 には，関数 $y=f(x)$ のグラフがえがかれています．まず最初に，x の値を適当にえらびます．
$$A_0 = (a_0, 0)$$
この a_0 に対する $f(x)$ のグラフ上の点 $P_0 = (a_0, f(a_0))$ において $f(x)$ の接線を引いて，X 軸と交わる点を $A_1 = (a_1, 0)$ とすれば
$$a_1 = a_0 - \frac{f(a_0)}{f'(a_0)}$$
つぎに，この a_1 から出発して，同じような計算をして a_2 を求めます．
$$a_2 = a_1 - \frac{f(a_1)}{f'(a_1)}$$
このようにして，$a_1, a_2, \cdots, a_k, \cdots$ を計算します．このとき，与えられた関数 $f(x)$ が適当な条件をみたしていれば，$\lim_{k \to \infty} a_k = a^*$ は与えられた方程式の解となります．
$$f(a^*) = 0$$
じつは，第 1 巻『方程式を解く—代数』でお話しした $\sqrt{2}$ にかんするバビロニア人の計算法はニュートンの近似法の特別な場合になります．ニュートンの近似法は，$\sqrt{2}$ の計算をするために，つぎの方程式を解きます．
$$f(x) = x^2 - 2 = 0$$
ニュートンの近似法を適用すれば
$$f'(x) = 2x, \quad \frac{f(x)}{f'(x)} = \frac{x^2-2}{2x} = \frac{x}{2} - \frac{1}{x}$$
$$a_1 = a_0 - \frac{f(a_0)}{f'(a_0)} = a_0 - \left(\frac{a_0}{2} - \frac{1}{a_0}\right) = \frac{a_0}{2} + \frac{1}{a_0}$$
この計算をくり返しするわけです．

一方，$\sqrt{2}$ にかんするバビロニア人の計算法は，まず任意の正数 a_0 をとり

$$b_0 = \frac{2}{a_0}$$

を計算し，つぎに

$$a_1 = \frac{a_0 + b_0}{2}, \quad b_1 = \frac{2}{a_1}$$

とします．したがって

$$a_1 = \frac{a_0 + b_0}{2} = \frac{a_0 + \frac{2}{a_0}}{2} = \frac{a_0}{2} + \frac{1}{a_0}$$

$\sqrt{2}$ にかんするバビロニア人の計算法がニュートンの近似法と一致することがわかります．

練習問題　ニュートンの近似法を使って，$\sqrt{3}, \sqrt{5}$ の近似公式を導き出しなさい．

ニュートンの「流率法」

　ニュートンは故郷のウールズソープに帰っていたとき，微分法にきわめて近い考え方を使って，曲線

$$f(x, y) = 0$$

の傾きを計算しています．ニュートンが取り上げたのはつぎの曲線でした．

$$y^n = x^m \quad \Leftrightarrow \quad f(x, y) = y^n - x^m = 0$$

この曲線が

$$y = x^{\frac{m}{n}}$$

と同じことにみなさんすぐ気づいたと思います．この巻の第1章で説明した $y = x^{\frac{m}{n}}$ の微分の計算法はニュートンの考え方を使いましたが，つぎの計算法も，ニュートンが微分についてはっきりした考え方を思いつく前に使ったものです．

　さて，x, y をそれぞれ $\varDelta x, \varDelta y$ だけふやして，$x + \varDelta x, y + \varDelta y$ にしたとすれば

$$y^n = x^m, \quad (y + \varDelta y)^n = (x + \varDelta x)^m$$

ニュートンは二項定理を使って，この式の両辺を展開します．

$$(y + \varDelta y)^n$$
$$= y^n + \binom{n}{n-1} y^{n-1} \varDelta y + \cdots + \binom{n}{1} y (\varDelta y)^{n-1} + (\varDelta y)^n$$

$$(x+\varDelta x)^m$$
$$= x^m + \binom{m}{m-1}x^{m-1}\varDelta x + \cdots + \binom{m}{1}x(\varDelta x)^{m-1}+(\varDelta x)^m$$

ここで，ニュートンは $o(\varDelta y), o(\varDelta x)$ という記号を導入します．［正確にいうと，ニュートンの使った記号と多少違いますが，考え方は同じです．］$o(\varDelta y), o(\varDelta x)$ はそれぞれ

$$\lim_{\varDelta y \to 0}\frac{o(\varDelta y)}{\varDelta y}=0, \quad \lim_{\varDelta x \to 0}\frac{o(\varDelta x)}{\varDelta x}=0$$

をみたすような量を一般的にあらわします．この記号 $o(\varDelta y), o(\varDelta x)$ を使えば

$$(y+\varDelta y)^n = y^n + ny^{n-1}\varDelta y + o(\varDelta y)$$
$$(x+\varDelta x)^m = x^m + mx^{m-1}\varDelta x + o(\varDelta x)$$

$o(\varDelta y), o(\varDelta x)$ は具体的にあらわすと，つぎのようになります．

$$o(\varDelta y) = \binom{n}{n-2}y^{n-2}(\varDelta y)^2 + \cdots + \binom{n}{1}y(\varDelta y)^{n-1} + (\varDelta y)^n$$

$$o(\varDelta x)$$
$$= \binom{m}{m-2}x^{m-2}(\varDelta x)^2 + \cdots + \binom{m}{1}x(\varDelta x)^{m-1} + (\varDelta x)^m$$

$$\lim_{\varDelta y \to 0}\frac{o(\varDelta y)}{\varDelta y}=0, \quad \lim_{\varDelta x \to 0}\frac{o(\varDelta x)}{\varDelta x}=0$$

したがって
$$y^n = x^m, \quad (y+\varDelta y)^n = (x+\varDelta x)^m$$
$$y^n + ny^{n-1}\varDelta y + o(\varDelta y) = x^m + mx^{m-1}\varDelta x + o(\varDelta x)$$
$$ny^{n-1}\varDelta y - mx^{m-1}\varDelta x = o(\varDelta x) - o(\varDelta y)$$
$$ny^{n-1}\frac{\varDelta y}{\varDelta x} - mx^{m-1} = \frac{o(\varDelta x) - o(\varDelta y)}{\varDelta x}$$

ここで，$\varDelta x \to 0$ のとき $\varDelta y \to 0$ であるから

$$\lim_{\varDelta x \to 0}\frac{o(\varDelta y)}{\varDelta x} = \lim_{\varDelta x \to 0}\left\{\frac{o(\varDelta y)}{\varDelta y}\times\frac{\varDelta y}{\varDelta x}\right\} = \lim_{\varDelta y \to 0}\frac{o(\varDelta y)}{\varDelta y}\times\lim_{\varDelta x \to 0}\frac{\varDelta y}{\varDelta x}$$
$$= \lim_{\varDelta y \to 0}\frac{o(\varDelta y)}{\varDelta y}\times\frac{dy}{dx} = 0$$

したがって，上の関係式はつぎのように書けます．

$$\lim_{\varDelta x \to 0}\left(ny^{n-1}\frac{\varDelta y}{\varDelta x} - mx^{m-1}\right) = \lim_{\varDelta x \to 0}\frac{o(\varDelta x) - o(\varDelta y)}{\varDelta x} = 0$$

77 ページの練習問題の答え

$\sqrt{3}$ は，$a_1 = \dfrac{a_0}{2} + \dfrac{3}{2a_0}$.

$\sqrt{5}$ は，$a_1 = \dfrac{a_0}{2} + \dfrac{5}{2a_0}$.

$$\frac{dy}{dx} = \frac{mx^{m-1}}{ny^{n-1}}$$

ニュートンは，右辺の大きさ $\frac{mx^{m-1}}{ny^{n-1}}$ を曲線 $y^n = x^m$ の傾きだと考えたのです．現在の用語法では，微分係数 $\frac{dy}{dx}$ にほかなりません．

$$\frac{dy}{dx} = \frac{mx^{m-1}}{ny^{n-1}}$$

じじつ，

$$y^n = x^m \ \Rightarrow\ ny^{n-1}dy = mx^{m-1}dx$$
$$\Rightarrow\ \frac{dy}{dx} = \frac{mx^{m-1}}{ny^{n-1}} = \frac{m}{n}x^{\frac{m}{n}-1}$$

この関係式は，第1章で計算した公式とまったく同じです．

練習問題 つぎの曲線の傾き $\frac{dy}{dx}$ をニュートンの方法によって計算しなさい．

(1) $y^2 = x^3$ (2) $y^3 = x^7$ (3) $y^{-2} = x^{-3}$
(4) $y^{\frac{1}{5}} = x^{-\frac{1}{5}}$

2

ニュートンと「流率法」

ニュートンの「流率法」

ニュートンは，変数 x, y を「流量」，つまり時間とともに変化する量と考えて
$$y^n = x^m, \quad i.e., \quad y = x^{\frac{m}{n}}$$
という関係が2つの「流量」 x, y の間に存在するとき，これらの2つの「流量」 x, y の変化率の間にどのような関係が存在するかを知りたかったわけです．ニュートンは，2つの「流量」 x, y をどちらも時間 t の関数と考えて，時間変数 t に

かんする変化率 $\frac{\Delta x}{\Delta t}, \frac{\Delta y}{\Delta t}$ の間にどのような関係が存在するかを計算しようとしたのです．

$$\frac{\frac{\Delta y}{\Delta t}}{\frac{\Delta x}{\Delta t}} = \frac{\Delta y}{\Delta x} = \frac{mx^{m-1}}{ny^{n-1}} + \frac{o(\Delta x)}{\Delta x}$$

$$\Rightarrow \quad \frac{\frac{dy}{dt}}{\frac{dx}{dt}} = \frac{dy}{dx} = \lim_{\Delta x \to 0} \frac{\Delta y}{\Delta x} = \frac{mx^{m-1}}{ny^{n-1}}$$

ニュートンは，「流率」(単位時間に流れ込む水の量) $\frac{dx}{dt}, \frac{dy}{dt}$ をあらわすのにつぎのような記号を使いました．

$$\dot{x} = \frac{dx}{dt}, \quad \dot{y} = \frac{dy}{dt}$$

練習問題 ふくざつな形をした水槽があります．この水槽に流れ込む水の「流量」x と流れ出る水の「流量」y の間にはつぎの関数関係が成立するとします．

$$y^3 = x^2$$

［つまり，ニュートンの例で，$n=3$，$m=2$ の場合を考えているわけです．］また，水槽に流れ込む水の「流量」x がつぎのような時間 t の関数となっているとします．

$$x = 5 \sin \frac{\pi}{6} t$$

このとき，2つの「流量」x, y の変化率 $\dot{x} = \frac{dx}{dt}$，$\dot{y} = \frac{dy}{dt}$ を計算して，2つの「流量」x, y の変化率の比 $\frac{dy}{dx} = \frac{\dot{y}}{\dot{x}}$ を求めなさい．

「流率法」を使って図形の面積を計算する

79ページの練習問題の答え
(1) $\frac{dy}{dx} = \frac{3}{2} \frac{x^2}{y}$ (2) $\frac{dy}{dx} = \frac{7}{3} \frac{x^6}{y^2}$
(3) $\frac{dy}{dx} = \frac{3}{2} \frac{y^3}{x^4}$ (4) $\frac{dy}{dx} = -\frac{y}{x}$

ニュートンはまた「流率法」を使って，曲線によってかこまれた図形の面積を計算しています．上の練習問題の曲線を例にとって，ニュートンの計算法を説明することにします．

$$y^3 = x^2 \quad \Leftrightarrow \quad y = x^{\frac{2}{3}}$$

ニュートンは，つぎの一般的な場合を考えました．
$$y^n = x^m \Leftrightarrow y = x^{\frac{m}{n}}$$
ここでは，$n=3$，$m=2$ の場合を考えようというわけです．

関数 $y=x^{\frac{2}{3}}$ のグラフをえがいて，このグラフの曲線と X 軸にかこまれた図形のなかで，X 軸と X 軸上の 1 点 $P=(x, 0)$ で X 軸に立てた垂線 PQ によってかこまれる部分の面積を z とします．[Q は，この垂線がグラフの曲線と交わる点です．] 面積 z は，P の X 座標 x によって決まりますから
$$z = S(x)$$
のように関数記号を使ってあらわすことができます．

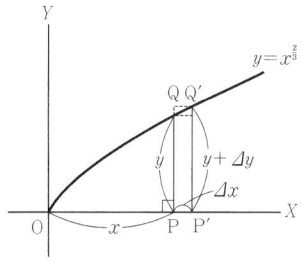

図 4-2-1

いま，x が「無限小の量」$\varDelta x$ だけふえて，$x+\varDelta x$ になったとします．図 4-2-1 で，$P=(x, 0)$ は $P'=(x+\varDelta x, 0)$ にうつり，垂線 PQ は垂線 P'Q' にうつります．このとき，面積 $z=S(x)$ が $z+\varDelta z=S(x+\varDelta x)$ にふえたとします．ここで
$$\varDelta z = S(x+\varDelta x) - S(x)$$
は，図 4-2-1 の □PP'Q'Q の面積に対応します．図 4-2-1 からすぐわかるように
$$y\varDelta x < \varDelta z < (y+\varDelta y)\varDelta x$$
$\varDelta x \to 0$ のとき $\varDelta y \to 0$ なので，まず $\varDelta x > 0$ の場合を考えると
$$y < \frac{\varDelta z}{\varDelta x} < y+\varDelta y \Rightarrow y \leqq \lim_{\varDelta x \to 0} \frac{\varDelta z}{\varDelta x} \leqq \lim_{\varDelta x \to 0} (y+\varDelta y) = y$$
つぎに $\varDelta x < 0$ の場合を考えると
$$y > \frac{\varDelta z}{\varDelta x} > y+\varDelta y \Rightarrow y \geqq \lim_{\varDelta x \to 0} \frac{\varDelta z}{\varDelta x} \geqq \lim_{\varDelta x \to 0} (y+\varDelta y) = y$$
ゆえに，
$$\frac{dz}{dx} = \lim_{\varDelta x \to 0} \frac{\varDelta z}{\varDelta x} = y$$
したがって，$z=S(x)$ を x について微分すると，もとの関数 $y=x^{\frac{2}{3}}$ が得られることになります．
$$S'(x) = x^{\frac{2}{3}}$$
上の式をみたす $S(x)$ はつぎのような形をしています．
$$S(x) = \frac{3}{5}x^{\frac{5}{3}} + c \quad (c は定数)$$
このことは $\frac{d}{dx}S(x)$ を計算することにより，たしかめられます．

ニュートンのこの考え方は，第6巻『微分法を応用する――解析』でお話しする積分の考え方そのものです．ニュートン以前にも，ニュートンの先生だったバローをはじめとして，何人かの数学者も気がついていたのですが，ニュートンは「無限小の量」をうまく使って，もっと一般の関数について，面積を微分すると，もとの関数にもどることを証明したわけです．このような点からも，ニュートンは微積分法の実質的創始者といわれています．

練習問題 ニュートンの「流率法」を使って，つぎの曲線とX軸によってかこまれた図形の面積を計算しなさい．
$$y^n = x^m, \quad i.e., \quad y = x^{\frac{m}{n}}$$

3

ニュートンと万有引力の法則

ニュートンと林檎

ニュートンが林檎(りんご)が木から落ちるのを見て，万有引力の法則を発見したというのはあまりにも有名で，作り話だと思う人が多いかもしれませんが，歴史的事実です．ウィリアム・ステュークリーの『アイザック・ニュートン回顧録』という書物のなかにつぎのような箇所があります．

　　昼食のあと，私たちは，数本の林檎の木の下でお茶を飲んでいた．そのとき，ニュートンが私たちにつぎのような話をしたのである．「私が万有引力の法則を思いついたのもまったく同じようなときだった．ケンブリッジ郊外の別荘の庭でやはり林檎の木の下で考えごとにふけっていたとき，林檎が木から落ちるのを見て，林檎は何故垂直に落ちるのだろうか，何故わきに逸(そ)れないで地球の中心に向かって落ちるのだろうか．物質のなかには引力があって，地球の場合，その中心に集中しているのに違いない．もし1つの物質が他の物質を引きつけるとすれ

80ページの練習問題の答え
$\dot{x} = \frac{5}{6}\pi \cos\frac{\pi}{6}t,$
$\dot{y} = \frac{5^{\frac{2}{3}}}{9}\pi\left(\sin\frac{\pi}{6}t\right)^{-\frac{1}{3}}\cos\frac{\pi}{6}t,$
$\frac{dy}{dx} = \frac{\dot{y}}{\dot{x}} = \frac{2}{3\sqrt[3]{5}}\left(\sin\frac{\pi}{6}t\right)^{-\frac{1}{3}} = \frac{2}{3}x^{-\frac{1}{3}}$

ば，その大きさの間にはきっと比例関係が成り立っているはずだ．地球が林檎を引きつけるように，林檎も地球を引きつけているに違いない．重さというのは，この力に他ならない．この力が全宇宙に拡がっているのではないだろうか．」

　この話は，フランスの哲学者ヴォルテールが，その『哲学書簡』のなかで引用してすっかり有名になったわけです．

　ニュートンが微積分，万有引力の法則，光学の基本原理を発見したのは，1665年から1667年にかけて，故郷のウールズソープに帰っていたときでした．しかし，ニュートンがこれらの歴史的発見を公表したのはずっと後になってからでした．万有引力の法則がはじめて発表されたのは，1687年に刊行された『プリンキピア』のなかでした．

　『プリンキピア』は，ニュートンの主著です．力学を中心として，ニュートンの長年にわたる研究の成果が体系的に書かれています．『プリンキピア』のなかで展開されたニュートンの考え方はニュートン力学として現在にいたるまで，物理学のパラダイムとしての役割をはたしてきました．パラダイムというのは，1つの学問分野で，学問的研究をすすめるさいに，研究者の間にある共通の考え方を意味します．あるいは共通の言葉といった方が適切かもしれませんが，このパラダイムの枠組みのなかで研究がすすめられるわけです．

　『プリンキピア』は，ユークリッドの『原本』と同じように，公理，定義，定理，証明という論理的に完成された体裁をとり，数多くの興味深い結果，考え方が述べられています．

ニュートンの晩年

　ニュートンは1667年，トリニティ・カレッジのフェローにえらばれ，一生トリニティ・カレッジですごしました．ケンブリッジのカレッジのフェローというのは，カレッジの正式の構成員で，カレッジに寝泊まりして，学生の指導に当たったり，自分の研究に従事する終身のポストです．フェローの集団が，ケンブリッジの各カレッジの実質的な経営者でもあり，カレッジの日常的な仕事から，財産の運用まで責任をもちます．カレッジがフェローに支払う給料は「配当」

(Dividends)とよばれています．

　ニュートンはトリニティ・カレッジのいわば象徴として一生をすごしたわけです．トリニティ・カレッジの入り口には，ニュートンが設計したといわれている木の橋が架かっています．なかなか優雅なデザインで，楽しい橋です．釘は1本も使っていないというのですが，よく見るとかなり釘を使った箇所があったように記憶しています．

　ニュートンは家庭的には必ずしも幸福ではありませんでした．ニュートンは青年時代愛していた女性がいました．故郷のウールズソープの人で，薬屋の娘さんでした．ニュートンは帰省するたびに彼女の家に行っていたのです．しかし，ニュートンは経済的な理由から，彼女と結婚することができなかったといわれています．彼女はヴィンセント侯と結婚しましたが，夫は若くして亡くなってしまいました．ニュートンはよく彼女の家を訪れました．彼女が晩年書いた回想記によると，ニュートンは，いつも一人瞑想にふけっていて，人と話をするということはあまりなく，彼女の幼い娘の相手になって，小さい机や本棚，玩具をつくって，一緒に遊んでいたそうです．ニュートンが結婚しなかったのは，経済的な理由からというよりは，当時のケンブリッジのカレッジの制度とも関係があるのではないでしょうか．当時のケンブリッジのカレッジのフェローは結婚すると，フェローを辞めなければなりませんでした．フェローを辞めるということは，職を失い，住む家を失うことを意味していたのです．

　1727年，ニュートンは84歳で，その輝かしく，偉大な一生を終えました．ニュートンは，ロンドンのウェストミンスター寺院に葬られました．ウェストミンスター寺院は1065年，エドワード懺悔王が建てたベネディクト会の僧院にはじまりますが，ウィリアム征服王以来，歴代の王の戴冠式が執り行われるのでよく知られています．チョーサー，シェークスピアをはじめ，イギリスの歴史をかざる人々が眠っています．

82ページの練習問題の答え
$S(x) = \dfrac{n}{m+n} x^{\frac{m+n}{n}}$

4 暦 の 話

暦の歴史

　ユリウス暦とグレゴリオ暦という2つの暦(こよみ)があるのは，みなさんもよく知っていると思います．ユリウス暦は紀元前46年，ときのローマ皇帝ユリウス・カエサルが制定した暦で，1582年までひろく使われていました．それまでのローマの暦は太陰太陽暦でしたが，エジプトに遠征したカエサルが，エジプトの太陽暦を知って，改暦を思いたったといわれています．

　ユリウス暦では，西暦年数が4で割り切れる年は閏年として，2月23日と24日の間に1日入れます．当時ローマでは，1年は3月からはじまっていました．2月23日はTerminaria(終日)とよばれ，24日以降はつぎの年に入ってしまう習慣でしたので，閏日をこのように決めたのです．ちなみに，7月は英語でJulyというのはみなさんもよく知っていると思いますが，これはラテン語のJuliusからきた言葉で，紀元前44年，ユリウス・カエサルを記念してつけられたものです．ついでですが，8月のAugustは紀元前8年，もう1人のローマ皇帝アウグストゥス(Augustus)を記念してつけられたものです．

　現在使われている暦はグレゴリオ暦ですが，この暦は1582年，ときのローマ法皇グレゴリウス13世によって制定された太陽暦です．ユリウス暦では，4年に1日，閏日がもうけられていますが，この暦ですと，1年が365.25日ですので，じっさいの太陽年よりながくなります．当時すでに，暦の日付と自然の日付とでは10日もずれてしまっていました．そこで，1582年10月5日を10月15日にして，閏日の置き方も変えたのです．グレゴリオ暦では，西暦年数が4で割り切れる年を閏年としますが，西暦年数が100で割り切れ，400で割り切れない年は平年とします．1900年，2100年は

平年で，2000年は閏年になるわけです．グレゴリオ暦の1年は365.2425日になり，太陽年の平均日数365.24219878日に近くなります．しかしグレゴリオ暦が世界的に使われるようになったのは19世紀に入ってからでした．ニュートンの生年もユリウス暦で1642年となっているわけです．日本でも太陰太陽暦を使っていましたが，1872年，グレゴリオ暦に改暦されました．

　暦の歴史は，天体の運動を研究する天文学の発達と密接な関係があります．暦の日，月，年は，地球，月，太陽の3つの天体の運動を観測することからつくられたものです．日は太陽に対する地球の自転，月は太陰（天体の月）の盈ち欠けの周期，年は太陽に対する地球の公転にもとづいて決められています．これらの天体の運動は規則正しく，また太陽と太陰は，地球上どこでも長期間にわたって観測でき，暦の決め方はかんたんだと思うかもしれません．しかし，これらの天体の運動はきわめて複雑で，しかもながい時間を経過するとわずかずつですがずれていますので，暦の決め方は案外むずかしく，昔から数学者の頭を悩ますような難問が天文学者によって出されてきました．といっても，タレスにはじまって数学者と天文学者とはほとんど区別がつきませんでした．

　古代の世界では，天然の暦をそのまま使って暦としていました．たとえば，自然の1カ月は，太陽の方向を原点として太陰が地球を1回公転する時間（周期）ですが，満月から満月または新月から新月までの日数で計ります．天文学では，この1カ月を朔望月といいます．朔は新月を意味し，望は満月を意味します．朔望月の平均日数は，1900年には29.5305886日でした．実際には，この平均日数から半日ぐらいもずれることがあります．暦の英語はCalendar（カレンダー）ですが，Calendarという言葉はもともと「叫ぶ」を意味していました．日没直後，西の地平線に細い新月をはじめて見つけた人が大声で叫んで，朔望月の第1日を知らせた故事から，Calendarが暦を意味するようになったわけです．現在でもイスラム世界の一部には，この慣習がのこっているところもあるそうです．

　古代メソポタミア，エジプトでは，高い柱を垂直に立てて，正午に地上に映る影の長さをはかって季節を知ったといわれ

ています．この柱がグノモン(Gnomon)とよばれたのです．第3巻『代数で幾何を解く―解析幾何』でお話ししたように，ユークリッドの『原本』には，グノモンを例にした幾何の問題が数多く出ています．このグノモンの影がもっとも長くなる日からもっとも短くなる日の間の日数(これを二至といいます)を数えて，太陽年の周期をはかったりしました．また星座の観測もしていて，いまから4000年以上も昔のことですが，かなり精度の高い観測がおこなわれていました．中国のグノモンは圭表とか，あるいは周髀とよばれ，同じような方法で太陽の観測をしていました．古代中国では，天文学は帝王学とよばれ，政治，軍事，農事の面で重要な役割をはたしていたので，太陽，太陰，さらには星座のくわしい観測がおこなわれていました．

　太陽暦が最初につくられたのは古代エジプトです．暦月(暦の上の1月)を30日とし，暦年(暦の上の1年)を12カ月と5日に決められていました．暦年は，洪水，種蒔き，収穫の3つの季に分けられ，各季は4カ月でした．したがって，古代エジプトの暦年は365日となり，太陽年の平均日数とは誤差があって，長い年月を経ると，暦の上の季節は実際の季節とずれてきます．古代エジプトの人々は恒星シリウスを使って洪水の予測をしていました．恒星シリウスがはじめて日の出前に現われたときを使って洪水予報を出していたのですが，その経験を通じて，季節の循環は365日ではなくて，365.25日だということを知っていました．そして，1461暦年で季節が一巡すると計算していました．これをシリウス周期といいます．シリウス周期の正確な値は1506暦年ですので，古代エジプトの人々がもっていた天文学の知識は驚異的だったといえます．このことは，第1巻『方程式を解く―代数』でお話ししたとおりです．紀元前238年すでに，プトレマイオス3世が4年ごとに1閏日をおく法律を出しています．しかし，この暦法が実際に使われるようになったのは，紀元前46年，ユリウス暦が制定されたときです．

5

平面幾何にかんするニュートンの定理

平面幾何にかんするニュートンの定理

ニュートンは，ユークリッドの幾何学に魅了され，平面幾何にかんする数多くの定理を証明しています．ここでは，平面幾何にかんするニュートンの定理とよばれている興味深い命題を紹介しておきましょう．

この『好きになる数学入門』シリーズでは，第 2 巻『図形を考える―幾何』で，ユークリッドの幾何学について，そのアウトラインを説明し，第 3 巻『代数で幾何を解く―解析幾何』で，デカルトの解析的アプローチにふれ，また第 4 巻『図形を変換する―線形代数』では，複素数の考え方を使って幾何の問題を解き，さらに，デザルグの定理，パスカルの定理を証明しました．これからお話しする平面幾何にかんするニュートンの定理を加えると，平面幾何については，ほぼすべての範囲をカバーしたことになります．

平面幾何にかんするニュートンの定理は 2 つありますが，どちらも証明がむずかしいことで有名です．

ニュートンの定理 I　任意の四辺形 □ABCD について，2 つの対角線 AC, BD の中点を P, Q とし，2 組の対辺 AD, BC と BA, CD の延長の交点 H, K をむすぶ線分 HK の中点を R とすれば，3 つの点 P, Q, R は一直線上にある．

ニュートンの定理 I を証明するために，つぎのレンマを使います．

レンマ　任意の四辺形 □ABCD の 2 つの対角線 AC, BD の中点を P, Q とし，1 組の対辺 AD, BC の延長の交点を H とすれば，三角形 △PHQ の面積は四辺形 □ABCD の面積の $\frac{1}{4}$ に等しい．

$$\triangle PHQ = \frac{1}{4} \square ABCD$$

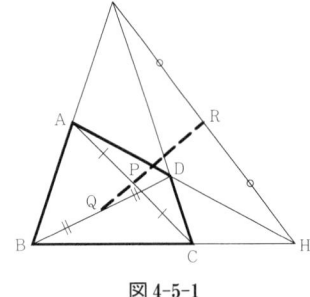

図 4-5-1

『好きになる数学入門』新装版の刊行によせて⑤

算数・数学教育の改革

武藤 徹

　宇沢弘文さんは現在の競争原理に基づく教育，とくに算数教育に警鐘を鳴らしていました．この『好きになる数学入門』シリーズは，「すべての人に数学好きになってもらいたい」という宇沢さんの願いをこめて書かれたものです．

　それでは，いまの算数・数学教育にはどのような問題があるのでしょうか？　宇沢さんとはまた異なった視点になるとは思いますが，長年にわたって高校教育に携わってきた私なりの視点でまとめてみました．

　まず，初等教育の大きな目的は，発達段階にある日本語をより正確に習得させることにあります．最近の算数の教科書を見る機会がありました．驚いたことに，この教科書の最初の項目は「10までのかず」となっていて，算用数字0を学ばないうちから，いきなり位取り記数法が登場するのです．また数字とその読みが示されていますが，「1̇，2̇，…」というようになっていて，日常生活でよく使われる「ひとつ，ふたつ，…」といった日本語が登場しないのです．同様に一年生の国語で習う漢数字のうち，「一，十，百」は「一の位」などとして位取り記数法のところで教科書に登場しますが，「二～九」は出てこないので，算用数字との関連がはっきりしません．せっかく国語で漢数字を教えているのですから，算数と結びつけて教えるべきでしょう．これでは子どもたちにとって，これまでの日常生活で経験・獲得してきた数の概念と，これから学ぶ算数との関連が見えにくいのではないでしょうか．また，算数を，母語教育と結びつけるという姿勢もありません．

　理科教育とも関わる別の例を挙げましょう．三年生では，「重さ」を教えることになっていますが，単位はグラムです．したがって，これは，重さでなく本当は目方(質量)のことを言っていることになります．

天秤を月面にもっていけば，物体の重さも6分の1になりますが，比較する錘の重さも6分の1になります．天秤では，重さは測れません．天秤は目方をはかる道具です．重さは，重力の大きさです．バネばかりではかります．バネを利用した台ばかりなら，重さが測れます．同じ台ばかりでも，錘を利用する台ばかりでは，重さは測れません．このように，重さと目方の意味するところは異なっているのです．

　同様に半径と半径の長さ，面積と面積の測定値，角と角の大きさ，円と円周など，きちんと区別して教えたほうがよいでしょう．

　小学校で学んだ，日常生活に結びつき，正確な日本語と組み合わさった算数が基礎となり，中学校では，抽象的，論理的思考を習得することが可能になります．そして高等学校では，綜合的な観点，自然観，社会観，世界観の確立を目指します．ニュートン力学は，17世紀当時の神学的世界観に衝撃を与えた，近代精神の開花というべき大発見であり，この題材としてはうってつけのものです．しかし，高校で学ぶ数学の微分・積分で，このニュートン力学との結びつきをはっきりと教えていないのは，数学をつまらなくする原因になっています．一方，物理でも微分・積分がまったく登場せず，実にもったいない話です．

　残念ながら現状の授業は，どうしてそうなるのかというプロセスを考えさせるのではなく，公式を丸暗記して問題に適用する技術の習得に重きが置かれていることも少なくないようです．入学試験への対応としての進学指導重点校など，教育の矮小化です．

　宇沢さんの本シリーズは，おおよそ小学校の高学年から高校で学べる算数・数学の教科書を意図して書かれたようです．エジプトの測量や，バビロニアの$\sqrt{2}$の計算法をはじめ，数学史の発展にも沿う形で述べられています．また第5巻では1章を割いてニュートンの生涯についても書かれるなど，発刊当時，きわめて先進的な取り組みであったと思います．

　こうした人類史の視点にたって，今後さらに算数・数学教育を，根本的に見直す必要があります．

（むとう　とおる，元都立戸山高等学校教諭）

レンマの証明　□ABCD について，Q は対角線 BD の中点だから

図 4-5-2

$$□ABCQ = \frac{1}{2}□ABCD$$

したがって，

(1) $\quad △ABH = □ABCQ + □AQCH$

$\qquad\qquad = \frac{1}{2}□ABCD + □AQCH$

(2) $\quad □AQPH = △AQH - △PHQ$

□AQCH について，P は対角線 AC の中点だから，

$$□AQPH = \frac{1}{2}□AQCH$$

△ABH について，Q は BD の中点だから，

$$△AQH = \frac{1}{2}△ABH$$

これらを(2)式に代入すると，

$$\frac{1}{2}□AQCH = \frac{1}{2}△ABH - △PHQ$$

上の(1)式に代入すれば，

$$△ABH = \frac{1}{2}□ABCD + (△ABH - 2△PHQ)$$

$$△PHQ = \frac{1}{4}□ABCD \qquad \text{Q. E. D.}$$

ニュートンの定理 I の証明　2 つの対角線 AC, BD の中点 P, Q をむすぶ線分 PQ の延長と，2 組の対辺 AD, BC と BA, CD の延長の交点 H, K をむすぶ線分 HK とが交わる点 R が，HK の中点となっていることを示せばよい．

上のレンマを，2 つの三角形 △PHQ, △PKQ に適用すれば，

$$△PHQ = \frac{1}{4}□ABCD, \quad △PKQ = \frac{1}{4}□ABCD$$

$\qquad \Rightarrow \quad △PHQ = △PKQ$

2 つの三角形 △PHQ, △PKQ は 1 辺 PQ を共有するから，その高さは等しくなります．したがって，H, K から直線 PQ に下ろした垂線の足をそれぞれ H′, K′ とすれば，

$$\overline{HH'} = \overline{KK'}, \quad \angle HH'R = \angle KK'R = \frac{\pi}{2},$$
$$\angle HRH' = \angle KRK'$$
したがって，
$$\triangle HRH' \equiv \triangle KRK' \Rightarrow \overline{HR} = \overline{KR}$$
Q. E. D.

ニュートンの定理 II 円に外接する四辺形 □ABCD について，2つの対角線 AC, BD の中点 P, Q，内接円の中心 O の3つの点は一直線上にある．

ニュートンの定理 II の証明 □ABCD の1つの対角線 BD の中点 Q と内接円の中心 O とをむすぶ直線 QO がもう1つの対角線 AC と交わる点を新しく P として，P が AC の中点となることを示せばよい．

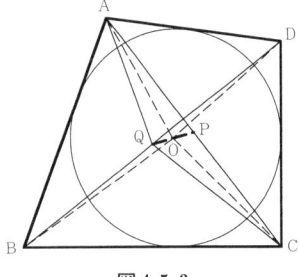

図 4-5-3

□ABCD は円に外接するから，第2巻『図形を考える―幾何』37 ページでのべた定理によって，
$$\overline{AB} + \overline{CD} = \overline{AD} + \overline{BC}$$
4つの三角形 △OAB, △OCD, △OAD, △OBC はいずれも同じ高さをもつから，
$$\triangle OAB + \triangle OCD = \triangle OAD + \triangle OBC$$
したがって，
$$\triangle OAB - \triangle OAD = \triangle OBC - \triangle OCD$$
Q は対角線 BD の中点だから，
$$\triangle OBQ = \triangle ODQ, \quad \triangle ABQ = \triangle ADQ,$$
$$\triangle CBQ = \triangle CDQ$$
$$\triangle OAB - \triangle OAD$$
$$= (\triangle OBQ + \triangle ABQ + \triangle AQO)$$
$$- (\triangle ODQ + \triangle ADQ - \triangle AQO)$$
$$= 2\triangle AQO$$
同じようにして，
$$\triangle OBC - \triangle OCD$$
$$= (\triangle CBQ + \triangle CQO - \triangle OBQ)$$
$$- (\triangle CDQ - \triangle CQO - \triangle ODQ)$$
$$= 2\triangle CQO$$
したがって，
$$\triangle AQO = \triangle CQO$$
2つの三角形 △AQO, △CQO は1辺 QO を共有するから，

その高さは等しくなります．したがって，QO の延長が AC
と交わる点を P とすれば，$\overline{AP}=\overline{CP}$.　　　　　Q. E. D.

第 5 章
関数をしらべる

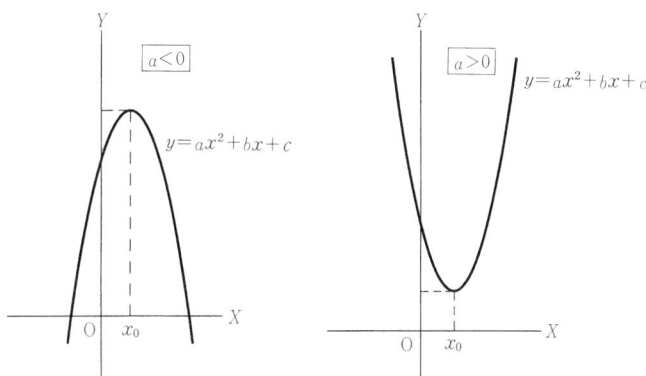

　一般の形の二次関数を取り上げます．
$$y = f(x) = ax^2 + bx + c$$
この関数の微分
$$\frac{dy}{dx} = f'(x) = 2ax + b$$
は，二次関数のグラフの接線の勾配をあらわします．
　ここで，接線の勾配が 0 となるような点 x_0 を考えます．
$$f'(x_0) = 2ax_0 + b = 0 \quad \Rightarrow \quad x_0 = -\frac{b}{2a}$$
$a > 0$ のとき，x_0 は二次関数のグラフの谷となり，$a < 0$ のときには，x_0 は二次関数のグラフの山となります．
$\dfrac{dy}{dx} = f'(x)$ をもう一度 x について微分すると
$$\frac{d}{dx}\frac{dy}{dx} = \frac{d}{dx}f'(x) = 2a$$
$\dfrac{d^2y}{dx^2} = \dfrac{d}{dx}\dfrac{dy}{dx}$, $f''(x) = \dfrac{d}{dx}f'(x)$ という表記法を使うことにすれば
$$y = f(x) = ax^2 + bx + c \quad \Rightarrow \quad \frac{d^2y}{dx^2} = f''(x) = 2a$$

上の性質は，つぎのようにあらわすことができます．

$$\frac{d^2y}{dx^2} = f''(x) = 2a > 0 \quad \Rightarrow \quad x_0 \text{ は } y=f(x) \text{ のグラフの谷}$$

$$\frac{d^2y}{dx^2} = f''(x) = 2a < 0 \quad \Rightarrow \quad x_0 \text{ は } y=f(x) \text{ のグラフの山}$$

第1巻『方程式を解く―代数』，第3巻『代数で幾何を解く―解析幾何』でお話ししましたが，$f''(x)=a>0$ のとき，二次関数 $y=f(x)$ は凸関数であるといい，$f''(x)=a<0$ のとき，二次関数 $y=f(x)$ は凹関数であるといいます．

上の例からすぐわかるように，$f'(x_0)=0$ となるような点 x_0 で，$f''(x_0)>0$ のときには，x_0 は $y=f(x)$ のグラフの谷となり，$f''(x_0)<0$ のときには，x_0 は $y=f(x)$ のグラフの山となります．

1

関数のグラフと微分

二次関数のグラフ

二次関数の微分とグラフの関係についてはすでに上でくわしく説明したので，さっそく練習問題をやってみましょう．

練習問題 つぎの二次関数の微分を計算し，最大あるいは最小となるような点を求めなさい．

(1) $3x^2-4x+5$ (2) $-6x^2+7x-2$

(3) $\dfrac{1}{5}x^2-\dfrac{3}{7}x+\dfrac{4}{9}$ (4) $-\dfrac{2}{3}x^2-\dfrac{1}{6}x+\dfrac{3}{2}$

三次関数のグラフ

つぎの三次関数を考えます．
$$y = f(x) = 2x^3-3x^2-12x+13$$
この関数の微分を計算すると，

$$\frac{dy}{dx} = f'(x) = 6x^2 - 6x - 12$$
$$= 6(x^2 - x - 2) = 6(x+1)(x-2)$$

したがって，関数のグラフの接線の勾配 $f'(x)$ をしらべると，

$$x = -1, 2 \text{ のとき} \quad f'(x) = 0$$

となり，

$$x < -1 \text{ あるいは } x > 2 \text{ のとき} \quad f'(x) > 0$$
$$-1 < x < 2 \text{ のとき} \quad f'(x) < 0$$

となります．また，

$$x = -1 \text{ のとき} \quad \frac{d^2 y}{dx^2} = f''(x) = 12x - 6 = -18 < 0$$

$$x = 2 \text{ のとき} \quad \frac{d^2 y}{dx^2} = f''(x) = 12x - 6 = 18 > 0$$

以上の結果をまとめると，次の表のようになります．

x	⋯	-1	⋯	2	⋯
$f'(x)$	$+$	0	$-$	0	$+$
$f''(x)$		$-$		$+$	
$f(x)$	↗	20	↘	-7	↗

矢印 ↗ は関数の増加を，矢印 ↘ は関数の減少をあらわしています．これから $y = f(x)$ のグラフを右の図のようにえがくことができます．関数のグラフをしらべるときには，このような表をつくると便利です．この本では今後いちいちこのような表はつくりませんが，みなさんは必要に応じてこのような表を工夫してみてください．

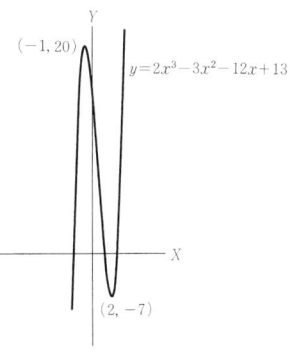

図 5-1-1

この三次関数のグラフからわかるように，$x = -1$ はグラフの山となり，$x = 2$ はグラフの谷となります．しかし，$x = -1$ は三次関数のグラフの最大ではなく，その近傍で最大となるにすぎません．このようなとき，$x = -1$ は三次関数のグラフの極大となるといいます．同じように，$x = 2$ は三次関数のグラフの最小ではなく，その近傍で最小となります．$x = 2$ は三次関数のグラフの極小となるわけです．

三次関数 $y = 2x^3 - 3x^2 - 12x + 13$ は全体としては，凸関数でもなく，凹関数でもありません．$x = -1$ の近傍では凹関数で，$x = 2$ の近傍では凸関数になっているわけです．

練習問題 つぎの三次関数の微分を計算し，極大あるいは極小となるような点を求めよ．

(1) x^3+5x^2+3x+2 　　　(2) $-x^3+4x^2-4x+3$

(3) $\dfrac{1}{15}x^3+\dfrac{2}{5}x^2-\dfrac{12}{5}x+\dfrac{8}{15}$ 　　　(4) $-\dfrac{1}{3}x^3+\dfrac{1}{2}x^2+12x-5$

一般の関数の極大，極小を求める

一般の関数 $y=f(x)$ について，
$$\frac{dy}{dx}=f'(x_0)=0$$
となるような $x=x_0$ をとれば，
$$\frac{d^2y}{dx^2}=f''(x_0)<0 \text{ のとき，極大}$$
$$\frac{d^2y}{dx^2}=f''(x_0)>0 \text{ のとき，極小}$$

与えられた関数 $y=f(x)$ の極大，極小を計算するのは，まず，$\dfrac{dy}{dx}=f'(x_0)=0$ となるような x の値 x_0 を求め，つぎに，$x=x_0$ における $\dfrac{d^2y}{dx^2}=f''(x_0)$ の符号を見て，極大，極小かをたしかめます．しかし，関数によっては，$\dfrac{d^2y}{dx^2}=f''(x_0)$ を計算しなくても，グラフをえがいてみると，すぐわかる場合があります．

なお，一般の関数 $y=f(x)$ について，すべての x について
$$f''(x) \geq 0 \quad [f''(x) \leq 0]$$
のとき，$f(x)$ は凸関数[凹関数]であるといいます．また，すべての x について
$$f''(x) > 0 \quad [f''(x) < 0]$$
のとき，$f(x)$ は厳密な意味で凸関数[厳密な意味で凹関数]であるといいます．

これからいろいろな関数のグラフをえがいて，極大，極小をしらべていきますが，そのまえに極大，極小について少し

94 ページの練習問題の答え
(1) 最小 $\left(\dfrac{2}{3}, \dfrac{11}{3}\right)$
(2) 最大 $\left(\dfrac{7}{12}, \dfrac{1}{24}\right)$
(3) 最小 $\left(\dfrac{15}{14}, \dfrac{379}{1764}\right)$
(4) 最大 $\left(-\dfrac{1}{8}, \dfrac{145}{96}\right)$

補足をしておきます．

　図 5-1-2 を見てください．このグラフは $a \leq x \leq b$ で定義された関数 $y=f(x)$ をあらわしているとします．このグラフで，R が極大点，Q と S が極小点であることは明らかですが，P はどうでしょうか．P ではただ 1 つの接線を引くことができないことからわかるように，この点では $y=f(x)$ を微分することができません．しかし，P はこの近傍で最大になっていますので，たしかに極大点になっているのです．それでは，端の点（端点といいます）A, B はどうでしょうか．このような端点は，$x=a$ や $x=b$ を内部の点として含む近傍がないので，極大でも極小でもありません．

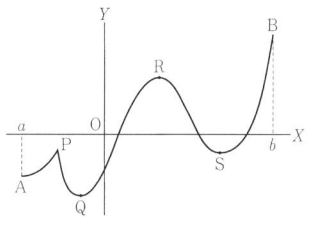

図 5-1-2

例題 1　つぎの関数のグラフをえがき，極大，極小となるような点があれば，それを求めよ．

（ⅰ）　$y = x + \dfrac{1}{x}$　（$x > 0$）　　　　（ⅱ）　$y = \dfrac{x^2+3}{x+1}$

（ⅲ）　$y = \dfrac{x}{\sqrt{1-x^2}}$　（$-1 < x < 1$）

解答　（ⅰ）　$y = x + \dfrac{1}{x} \Rightarrow \dfrac{dy}{dx} = 1 - \dfrac{1}{x^2} \Rightarrow \dfrac{dy}{dx} < 0$ ($0 < x < 1$)，$\dfrac{dy}{dx} > 0$ ($x > 1$)．$x=1$ のとき，$y=2$，$\dfrac{dy}{dx} = 1 - \dfrac{1}{x^2} = 0$，しかも，$\dfrac{d^2y}{dx^2} = \dfrac{2}{x^3} > 0$ ($\forall x > 0$)．したがって，$(1, 2)$ は極小点となる．

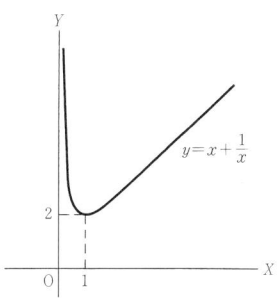

図 5-1-3

（ⅱ）　$y = \dfrac{x^2+3}{x+1} \Rightarrow \dfrac{dy}{dx} = \dfrac{(x+3)(x-1)}{(x+1)^2}$，$\dfrac{d^2y}{dx^2} = \dfrac{8}{(x+1)^3}$．

$x=-3$ のとき，$\dfrac{dy}{dx} = 0$，$\dfrac{d^2y}{dx^2} < 0$　$\Rightarrow$　$(-3, -6)$ は極大点

　　$x=1$ のとき，$\dfrac{dy}{dx} = 0$，$\dfrac{d^2y}{dx^2} > 0$　$\Rightarrow$　$(1, 2)$ は極小点

$x=-1$ は不連続点：

$$x < -1, \ x \to -1 \ \Rightarrow \ \frac{x^2+3}{x+1} \to -\infty$$

また，

$$x > -1, \ x \to -1 \ \Rightarrow \ \frac{x^2+3}{x+1} \to \infty$$

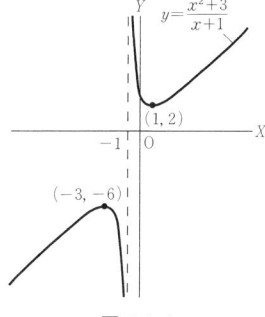

図 5-1-4

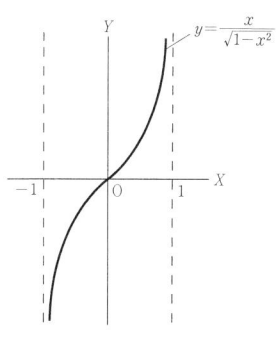

図 5-1-5

96 ページの練習問題の答え

(1) 極大 $(-3, 11)$, 極小 $\left(-\dfrac{1}{3}, \dfrac{41}{27}\right)$

(2) 極大 $(2, 3)$, 極小 $\left(\dfrac{2}{3}, \dfrac{49}{27}\right)$

(3) 極大 $\left(-6, \dfrac{224}{15}\right)$, 極小 $\left(2, -\dfrac{32}{15}\right)$

(4) 極大 $\left(4, \dfrac{89}{3}\right)$, 極小 $\left(-3, -\dfrac{55}{2}\right)$

(iii) $y = \dfrac{x}{\sqrt{1-x^2}} \Rightarrow \dfrac{dy}{dx} = (1-x^2)^{-\frac{3}{2}} > 0 \quad (-1 < x < 1)$.

$x \to -1$ のとき，$y \to -\infty$，$x \to 1$ のとき，$y \to +\infty$．したがって，極大，極小は存在しない．

練習問題 つぎの関数のグラフをえがき，極大，極小となるような点を求めよ．

(1) $y = \dfrac{x-3}{(x+1)(x-2)}$ (2) $y = \dfrac{x^3}{x^2-1}$

(3) $y = \sqrt{\dfrac{x^2+3}{x^2+1}}$

　三角関数 $y = \sin x, \cos x$ については，極大，極小となるような x の値は，グラフをえがいてみるとすぐわかります．

$y = \sin x$: $x = \left(2n + \dfrac{1}{2}\right)\pi$ のとき極大，$x = \left(2n + \dfrac{3}{2}\right)\pi$ のとき極小 [n は整数]．

$y = \cos x$: $x = 2n\pi$ のとき極大，$x = (2n+1)\pi$ のとき極小 [n は整数]．

　$y = \tan x$ については，x の値が大きくなるとき y の値は一様に増大し，極大，極小は存在しません．このような関数は単調増大であるといいます．

例題2 つぎの関数のグラフをえがき，極大，極小となるような x の値があれば，それを求めよ．

(ⅰ) $y = \dfrac{1+x^2}{\tan x}$ $(x > 0)$ (ⅱ) $y = \sqrt{1 + \sin 2x}$

解答 (ⅰ) $\dfrac{dy}{dx} = \dfrac{2x \tan x - \dfrac{1+x^2}{\cos^2 x}}{\tan^2 x} = \dfrac{2x \sin x \cos x - (1+x^2)}{\sin^2 x}$

$= \dfrac{x\left\{\sin 2x - \left(\dfrac{1}{x} + x\right)\right\}}{\sin^2 x} < 0$. したがって，$x$ の値が大きくなるとき y の値は一様に減少し，極大，極小は存在しません．このような関数は単調減少であるといいます．

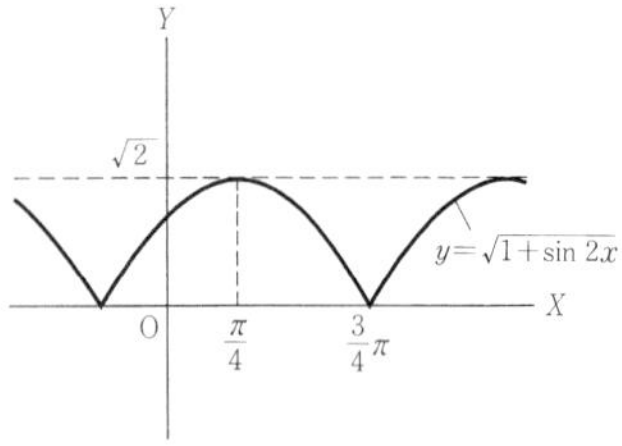

(ⅱ) $y^2 = 1 + \sin 2x$ の極大，極小を求めればよい．$x = \left(n + \right.$

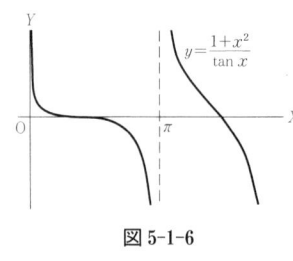

図 5-1-6

図 5-1-7

$\frac{1}{4})\pi$ のとき極大, $x=\left(n+\frac{3}{4}\right)\pi$ のとき極小 [n は整数].

練習問題 つぎの関数のグラフをえがき, 極大, 極小となるような x の値を求めよ.
(1) $y=(1-x)\tan x$ (2) $y=\sqrt{1+\cos 2x}$
(3) $y=a\sin x+b\cos x$

例題 3 つぎの関数のグラフをえがき, 極大, 極小点を求めよ.
(ⅰ) $y=\frac{1}{2}(e^x+e^{-x})$ (ⅱ) $y=x^x$ $(x>0)$
(ⅲ) $y=e^{ax}\sin bx$ $(b>0)$

解答 (ⅰ) $y=\frac{1}{2}(e^x+e^{-x}) \Rightarrow \frac{dy}{dx}=\frac{1}{2}(e^x-e^{-x})$. $(0, 1)$ は極小点.

(ⅱ) $\log y=x\log x \Rightarrow \frac{1}{y}\frac{dy}{dx}=1+\log x \Rightarrow \frac{dy}{dx}=x^x(1+\log x)$.
$\left(\frac{1}{e}, \frac{1}{e^{\frac{1}{e}}}\right)$ は極小点.

(ⅲ) $\frac{dy}{dx}=e^{ax}(a\sin bx+b\cos bx)$

$\cos\alpha=\frac{a}{\sqrt{a^2+b^2}}$, $\sin\alpha=\frac{b}{\sqrt{a^2+b^2}}$ となるような α をとれば,
$a\sin bx+b\cos bx = \sqrt{a^2+b^2}(\cos\alpha\sin bx+\sin\alpha\cos bx)$
$= \sqrt{a^2+b^2}\sin(bx+\alpha)$

$\frac{dy}{dx}=e^{ax}(a\sin bx+b\cos bx)=e^{ax}\sqrt{a^2+b^2}\sin(bx+\alpha)$

$x=\frac{1}{b}(2n\pi-\alpha)$ のとき極小, $x=\frac{1}{b}\{(2n+1)\pi-\alpha\}$ のとき極大 [n は整数].

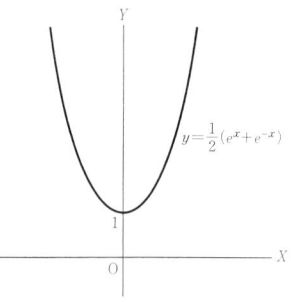
図 5-1-8

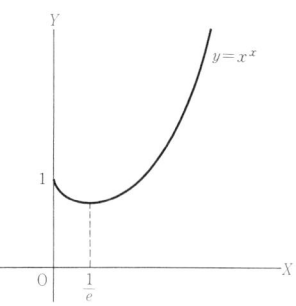
図 5-1-9

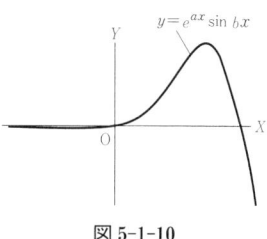
図 5-1-10

練習問題 つぎの関数のグラフをえがき, 極大, 極小点があれば, それを求めよ.
(1) $y=\frac{1}{2}(e^x-e^{-x})$ (2) $y=e^{ax}\cos bx$ $(b>0)$

ふくざつな関数のグラフをえがく

例題 4 つぎの関数のグラフをえがき，y の値が極大，極小となるような点があれば，それを求めよ．[$a>0$ は定数とする．]

(i) $ay^2=x^3$ （半三次放物線）

(ii) $x^{\frac{2}{3}}+y^{\frac{2}{3}}=a^{\frac{2}{3}}$ （アステロイド）[アステロイドのグラフは 130 ページ参照]

解答 (i) $ay^2\geqq 0$ だから，$x\geqq 0$ の範囲だけで定義される．

$$ay^2=x^3 \Rightarrow y=\pm\sqrt{\frac{x^3}{a}} \Rightarrow \frac{dy}{dx}=\pm\frac{3}{2}\sqrt{\frac{x}{a}}$$

$y\geqq 0$ の分枝と $y\leqq 0$ の分枝に分けて考える．$y=\sqrt{\frac{x^3}{a}}$ の分枝では，$\frac{dy}{dx}\geqq 0$．したがって，単調増大．$y=-\sqrt{\frac{x^3}{a}}$ の分枝では，$\frac{dy}{dx}\leqq 0$．したがって，単調減少．グラフは図 5-1-11 のようになり，極大，極小は存在しない．

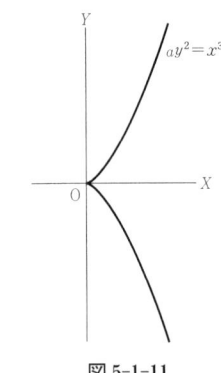

図 5-1-11

$(0,0)$ では，曲線の 2 つの分枝が，鳥のくちばしのように接しています．このような点を尖点（せんてん）といいます．

(ii) $x^{\frac{2}{3}}+y^{\frac{2}{3}}=a^{\frac{2}{3}} \Rightarrow \frac{2}{3}x^{-\frac{1}{3}}+\frac{2}{3}y^{-\frac{1}{3}}\frac{dy}{dx}=0$

$$\Rightarrow \frac{dy}{dx}=-x^{-\frac{1}{3}}y^{\frac{1}{3}}$$

y の値は，$(0,a)$ で極大，$(0,-a)$ で極小となる．

練習問題 つぎの関数のグラフをえがき，y の値が極大，極小となるような点があれば，それを求めよ．[$a>0$ は定数とする．]

(1) $y^2(a-x)=x^3$ （シッソイド，疾走線）

(2) $y=\dfrac{2a^3}{a^2+x^2}$ （ウィッチ，迂池線）

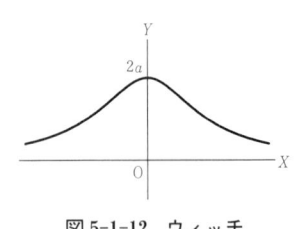

図 5-1-12 ウィッチ

第5章 関数をしらべる 問題

問題1 つぎの各関数 $f(x)$ について，凸関数，厳密な意味で凸関数であるか，あるいは凹関数，厳密な意味で凹関数であるかどうか，たしかめなさい．

(1) $f(x) = \dfrac{1}{1+x+x^2} \quad (x \geq 0)$

(2) $f(x) = \left(x + \dfrac{1}{x}\right)^5 \quad (x \geq 1)$

(3) $f(x) = \dfrac{3x+5}{2x+3} \quad (x \geq 0)$

(4) $f(x) = \sqrt{x-3} \quad (x \geq 3)$

(5) $f(x) = \sqrt{\dfrac{1+x}{1-x}} \quad (0 \leq x < 1)$

(6) $f(x) = \tan x - x \quad \left(0 < x < \dfrac{\pi}{2}\right)$

(7) $f(x) = \tan x + \dfrac{1}{3}\tan^3 x \quad \left(0 < x < \dfrac{\pi}{2}\right)$

(8) $f(x) = \dfrac{\sin x}{1+\cos x} \quad \left(0 < x < \dfrac{\pi}{2}\right)$

問題2 つぎの関数のグラフをえがき，y の値が極大，極小となる場合は，そのときの x の値を求めよ．[$a > 0$ は定数とする．]

(1) $x^3 + y^3 = 3axy$ （デカルトの正葉線）

(2) $(x^2+y^2)^2 = a^2(x^2-y^2)$
     （ベルヌーイのレムニスケート，連珠線）

(3) $a^2 y^2 = x^2(a^2 - x^2)$
     （ジェロノのレムニスケート，連珠線）

(4) $(x^2+y^2)(x-a)^2 = b^2 x^2 \quad (0 < a < b)$ （コンコイド）

(5) $y = \dfrac{a}{2}(e^{\frac{x}{a}} + e^{-\frac{x}{a}})$ （カテナリー，懸垂線）

---

98 ページの練習問題の答え

(1) $\dfrac{dy}{dx} = -\dfrac{(x-1)(x-5)}{(x+1)^2(x-2)^2}$．$(1, 1)$ は極小点，$\left(5, \dfrac{1}{9}\right)$ は極大点，$x = -1, 2$ は不連続点．

(2) $\dfrac{dy}{dx} = \dfrac{x^2(x+\sqrt{3})(x-\sqrt{3})}{(x^2-1)^2}$．
$\left(-\sqrt{3}, -\dfrac{3\sqrt{3}}{2}\right)$ は極大点，$\left(\sqrt{3}, \dfrac{3\sqrt{3}}{2}\right)$ は極小点，$x=0$ は極大点，極小点でない，$x = -1, 1$ は不連続点．

(3) $\dfrac{dy}{dx} = \dfrac{-2x}{\sqrt{(x^2+1)^3}\sqrt{x^2+3}}$．$(0, \sqrt{3})$ は極大点．

99 ページの練習問題（上）の答え

(1) $\dfrac{dy}{dx} = \dfrac{1 - x - \dfrac{1}{2}\sin 2x}{\cos^2 x}$．

$x_0 + \dfrac{1}{2}\sin 2x_0 = 1$ とすれば，$x = x_0$ のとき，$\dfrac{dy}{dx} = 0$，$\dfrac{d^2y}{dx^2} = -\dfrac{1+\cos 2x}{\cos^2 x} + \dfrac{2\left(1 - x - \dfrac{1}{2}\sin 2x\right)\sin x}{\cos^3 x} < 0$．$x = x_0$ のとき極大．

(2) $y^2 = 1 + \cos 2x$ の極大，極小を求めればよい．$x = n\pi$ のとき極大，$x = \left(n + \dfrac{1}{2}\right)\pi$ のとき極小 [n は整数]．

(3) $\cos \alpha = \dfrac{a}{\sqrt{a^2+b^2}}$ とすれば，$x = \left(2n + \dfrac{1}{2}\right)\pi - \alpha$ のとき極大，$x = \left(2n + \dfrac{3}{2}\right)\pi - \alpha$ のとき極小 [n は整数]．

(6)　$x = a \log \dfrac{a+\sqrt{a^2-y^2}}{y} - \sqrt{a^2-y^2}$

（トラクトリックス，追跡線）

99 ページの練習問題(下)の答え

(1)　$\dfrac{dy}{dx} = \dfrac{1}{2}(e^x + e^{-x}) > 0$. したがって，この関数は単調増大となり，極大，極小は存在しない．

(2)　$\cos\alpha = \dfrac{a}{\sqrt{a^2+b^2}}$, $\sin\alpha = b$ をみたす α をとれば，$x = \dfrac{1}{b}\left\{\left(2n+\dfrac{1}{2}\right)\pi - \alpha\right\}$ のとき極大，$x = \dfrac{1}{b}\left\{\left(2n+\dfrac{3}{2}\right)\pi - \alpha\right\}$ のとき極小 [n は整数].

100 ページの練習問題の答え

(1)　［疾走線のグラフは 165 ページ参照］
$y^2(a-x) = x^3$
$\Rightarrow\ 2y(a-x)\dfrac{dy}{dx} - y^2 = 3x^2$
$\Rightarrow\ \dfrac{dy}{dx} = \dfrac{(3x^2+y^2)y}{2x^3}$

極大，極小は存在しない．

(2)　$y = \dfrac{2a^3}{a^2+x^2} \Rightarrow \dfrac{dy}{dx} = -\dfrac{4a^3 x}{(a^2+x^2)^2}$. $x = 0$ のとき，極大．

第 5 章　関数をしらべる

第 6 章
極限を計算する

ジャン・ベルヌーイ

ジャン・ベルヌーイと「ロピタルの法則」

　数多くの大数学者を生み出した有名なベルヌーイ家を代表するジャン・ベルヌーイは微積分についても数多くの研究を残しています．なかでも有名なのが「ロピタルの法則」です．
　ジャン・ベルヌーイの「ロピタルの法則」は，ニュートン，ライプニッツの発見した新しい数学「微分法」のすばらしさを象徴的にあらわす法則で，ラグランジュの未定係数法とならんでもっともよく使われる法則です．この，ジャン・ベルヌーイの発見した法則が「ロピタルの法則」とよばれるようになったのには，あまり愉快でない経緯があります．1692年，25歳になったばかりのジャン・ベルヌーイはパリに滞在していましたが，フランスの貴族ロピタルに新しい数学「微分法」を家庭教師として，教えていました．ジャン・ベルヌーイは，受け取った謝礼に対する感謝の意を込めて，ちょうどみつけたばかりの法則をロピタルに送って，自由に使ってもよいという手紙を差し添えたのです．ジャン・ベルヌーイの「自由に使ってもよい」という意味は，ロピタルが数学の計算をするときに自由に使って下さいという意味だった

のです．ところが，ロピタルは 1696 年，『無限小解析』という教科書のなかで，「ロピタルの法則」をあたかも自分が発見したかのように書いてしまったのです．じつは，このロピタルの『無限小解析』は，新しい数学「微分法」について，最初に出版された教科書で，「微分法」の普及に大いに貢献しました．そのため，天才的数学者ジャン・ベルヌーイの発見した，このすばらしい法則が，平凡な著述家ロピタルの名前でよばれることになってしまったのです．

じつは，「ロピタルの法則」にはもう 1 つ芳しくない話があります．それは，ロシアがソヴィエト連邦といって，共産党政権の支配下にあったときのことです．ソ連政府は，「ロピタルの法則」がロシアの数学者が発見したことにしようと企んで，何とかというややこしい名前のロシア人をもちだしてきて，「ロピタルの法則」を発見したのはそのロシア人で，フランス人ロピタルではないといいだしたのです．そのときはさすがに，まともに取り上げる数学者は一人もいませんでした．

このようなあまり芳しくないエピソードにもかかわらず，というよりは，このようなエピソードの存在が示すように，ジャン・ベルヌーイの「ロピタルの法則」はじつに華麗な，そしてじっさいに大いに役立つ法則です．みなさんもどうか，この「ロピタルの法則」を自由に使って，数学の問題をたくさん解いて下さい．

1

「ロピタルの法則」

「ロピタルの法則」

与えられた 2 つの関数 $f(x), g(x)$ がともに，$x=a$ のとき 0 の値をとるとします．
$$f(a) = g(a) = 0$$

このとき，$\lim_{x \to a} \dfrac{f(x)}{g(x)}$ の値を計算したいわけです．$x=a$ のとき，

$$\frac{f(a)}{g(a)} = \frac{0}{0}$$

となって，不確定となります．このような極限を計算するときに便利なのが，ベルヌーイの「ロピタルの法則」です．最初に，かんたんな例を使って，ベルヌーイの「ロピタルの法則」を説明しましょう．

つぎの極限の計算を取り上げます．

$$\lim_{x \to 2} \frac{x^2-3x+2}{x^2+5x-14}$$

ここで，$x=2$ のとき，

$$\frac{x^2-3x+2}{x^2+5x-14} = \frac{0}{0}$$

となり，値が不確定となってしまいます．しかし，この場合はかんたんに因数分解することができて，

$$\frac{x^2-3x+2}{x^2+5x-14} = \frac{(x-2)(x-1)}{(x-2)(x+7)} = \frac{x-1}{x+7}$$

したがって，

$$\lim_{x \to 2} \frac{x^2-3x+2}{x^2+5x-14} = \lim_{x \to 2} \frac{x-1}{x+7} = \frac{1}{9}$$

このような極限の値を計算するために，ジャン・ベルヌーイの考え出した方法は，つぎのようなものでした．

$$\frac{x^2-3x+2}{x^2+5x-14}$$

の分子，分母をともに微分した関数をつくります．

$$\frac{2x-3}{2x+5}$$

このとき，

$$\lim_{x \to 2} \frac{x^2-3x+2}{x^2+5x-14} = \lim_{x \to 2} \frac{2x-3}{2x+5} = \frac{1}{9}$$

もう1つの例について，ベルヌーイの「ロピタルの法則」を説明しましょう．

$$\lim_{x\to 0}\frac{(1+x)^3-1}{x}$$

ここで，$x=0$ とおけば，

$$\frac{(1+x)^3-1}{x} = \frac{1^3-1}{0} = \frac{0}{0}$$

となり，値が不確定となってしまいます．しかし，

$$(1+x)^3 = x^3+3x^2+3x+1$$

$$\frac{(1+x)^3-1}{x} = \frac{x^3+3x^2+3x}{x} = x^2+3x+3$$

$$\lim_{x\to 0}\frac{(1+x)^3-1}{x} = \lim_{x\to 0}(x^2+3x+3) = 3$$

ベルヌーイは，つぎのようなエレガントな方法を使って計算します．

$$\frac{(1+x)^3-1}{x}$$

の分子，分母をともに微分した関数をつくります．

$$\frac{d}{dx}\{(1+x)^3-1\} = 3(1+x)^2, \quad \frac{dx}{dx} = 1$$

$$\lim_{x\to 0}\frac{(1+x)^3-1}{x} = \lim_{x\to 0}\frac{3(1+x)^2}{1} = 3$$

この極限の計算例は，つぎのように一般化できます．つぎの極限を計算します．

$$\lim_{x\to 0}\frac{(1+x)^n-1}{x}$$

$x=0$ のとき，

$$\frac{(1+x)^n-1}{x} = \frac{0}{0}$$

となり，値が不確定となります．しかし，二項定理

$$(1+x)^n = x^n+\binom{n}{1}x^{n-1}+\cdots+\binom{n}{k}x^{n-k}+\cdots+\binom{n}{n-1}x+1$$

$$\binom{n}{k} = \frac{n!}{k!(n-k)!} \quad (k=1, 2, \cdots, n-1)$$

を使って，

$$\frac{(1+x)^n-1}{x}$$

$$= x^{n-1}+\binom{n}{1}x^{n-2}+\cdots+\binom{n}{k}x^{n-k-1}+\cdots+\binom{n}{n-1}$$

$$\lim_{x\to 0}\frac{(1+x)^n-1}{x}=\binom{n}{n-1}=n$$

ベルヌーイの「ロピタルの法則」を使えば，つぎのように計算できます．

$$\frac{(1+x)^n-1}{x}$$

の分子，分母をともに微分した関数をつくります．

$$\frac{d}{dx}\{(1+x)^n-1\}=n(1+x)^{n-1}, \quad \frac{dx}{dx}=1$$

$$\lim_{x\to 0}\frac{(1+x)^n-1}{x}=\lim_{x\to 0}\frac{n(1+x)^{n-1}}{1}=n$$

「ロピタルの法則」は，つぎのように一般的な形であらわせます．

「ロピタルの法則」 2つの関数 $f(x), g(x)$ がともに，$x=a$ のとき 0 の値をとる．

$$f(a)=g(a)=0$$

このとき，

$$\lim_{x\to a}\frac{f(x)}{g(x)}=\lim_{x\to a}\frac{f'(x)}{g'(x)}=\frac{f'(a)}{g'(a)}$$

かりに，$f'(a)=g'(a)=0$ となれば，「ロピタルの法則」をもう一度使えばよいわけです．

$$\lim_{x\to a}\frac{f(x)}{g(x)}=\lim_{x\to a}\frac{f'(x)}{g'(x)}=\lim_{x\to a}\frac{f''(x)}{g''(x)}=\frac{f''(a)}{g''(a)}$$

例題1 つぎの極限を最初に因数分解して計算し，つぎに「ロピタルの法則」を使って計算しなさい．

(1) $\displaystyle\lim_{x\to 3}\frac{x^3-2x^2-2x-3}{x^2-7x+12}$

(2) $\displaystyle\lim_{x\to 3}\frac{x^4-6x^3+10x^2-6x+9}{x^3-5x^2+3x+9}$

解答 (1) $\displaystyle\lim_{x\to 3}\frac{x^3-2x^2-2x-3}{x^2-7x+12}=\lim_{x\to 3}\frac{(x-3)(x^2+x+1)}{(x-3)(x-4)}$

$$=\lim_{x\to 3}\frac{x^2+x+1}{x-4}=-13$$

「ロピタルの法則」を使って，
$$\lim_{x\to 3}\frac{x^3-2x^2-2x-3}{x^2-7x+12}=\lim_{x\to 3}\frac{3x^2-4x-2}{2x-7}=-13$$

(2) $\displaystyle\lim_{x\to 3}\frac{x^4-6x^3+10x^2-6x+9}{x^3-5x^2+3x+9}=\lim_{x\to 3}\frac{(x-3)^2(x^2+1)}{(x-3)^2(x+1)}$
$$=\lim_{x\to 3}\frac{x^2+1}{x+1}=\frac{5}{2}$$

「ロピタルの法則」を二度使って，
$$\lim_{x\to 3}\frac{x^4-6x^3+10x^2-6x+9}{x^3-5x^2+3x+9}=\lim_{x\to 3}\frac{4x^3-18x^2+20x-6}{3x^2-10x+3}$$
$$=\lim_{x\to 3}\frac{12x^2-36x+20}{6x-10}=\frac{5}{2}$$

練習問題 つぎの極限を最初は因数分解して計算し，つぎに「ロピタルの法則」を使って計算しなさい．

(1) $\displaystyle\lim_{x\to -\frac{1}{3}}\frac{3x^3-5x^2+x+1}{15x^3+11x^2+5x+1}$

(2) $\displaystyle\lim_{x\to 5}\frac{x^4-7x^3-6x^2+85x-25}{2x^3-23x^2+80x-75}$

例題 2 つぎの極限を最初は代数的に計算し，つぎに「ロピタルの法則」を使って計算しなさい．

(1) $\displaystyle\lim_{x\to 1}\frac{\sqrt{x}-1}{x^2-1}$ (2) $\displaystyle\lim_{x\to 0}\frac{x}{\sqrt{1+x^2}-1}$ $(x>0)$

解答 (1) $\sqrt{x}=t$ とおけば，$x\to 1$ のとき $t\to 1$ であるから
$$\lim_{x\to 1}\frac{\sqrt{x}-1}{x^2-1}=\lim_{t\to 1}\frac{t-1}{t^4-1}=\lim_{t\to 1}\frac{1}{t^3+t^2+t+1}=\frac{1}{4}$$

「ロピタルの法則」を使うと，
$$\lim_{x\to 1}\frac{\sqrt{x}-1}{x^2-1}=\lim_{x\to 1}\frac{\frac{1}{2\sqrt{x}}}{2x}=\frac{1}{4}$$

(2) $\displaystyle\lim_{x\to 0}\frac{x}{\sqrt{1+x^2}-1}=\lim_{x\to 0}\frac{x(\sqrt{1+x^2}+1)}{(\sqrt{1+x^2}-1)(\sqrt{1+x^2}+1)}$
$$=\lim_{x\to 0}\frac{\sqrt{1+x^2}+1}{x}=\infty$$

「ロピタルの法則」を使うと，

$$\lim_{x\to 0}\frac{x}{\sqrt{1+x^2}-1}=\lim_{x\to 0}\frac{1}{\dfrac{x}{\sqrt{1+x^2}}}=\lim_{x\to 0}\frac{\sqrt{1+x^2}}{x}=\infty$$

練習問題 つぎの極限を最初は代数的に計算し，つぎに「ロピタルの法則」を使って計算しなさい．

(1) $\displaystyle\lim_{x\to 1}\frac{\sqrt{3x+1}-2}{x-1}$　　(2) $\displaystyle\lim_{x\to 0}\frac{x}{\sqrt{1+x}-\sqrt{1-x}}$

例題 3 つぎの極限を「ロピタルの法則」を使って計算しなさい．

(1) $\displaystyle\lim_{x\to 0}\frac{\sin x}{x}$　　(2) $\displaystyle\lim_{x\to 0}\frac{\tan x}{\sin x}$

解答　(1)　$\displaystyle\lim_{x\to 0}\frac{\sin x}{x}=\lim_{x\to 0}\frac{\cos x}{1}=1$

(2)　$\displaystyle\lim_{x\to 0}\frac{\tan x}{\sin x}=\lim_{x\to 0}\frac{\dfrac{1}{\cos^2 x}}{\cos x}=1$

ノート　(1)の解答は，厳密にいうと正しくありません．$\dfrac{d}{dx}\sin x=\cos x$ を導くのに，$\displaystyle\lim_{x\to 0}\frac{\sin x}{x}=1$ を使っていたからです．このような論法をトートロジー(Tautology)といいます．

練習問題 つぎの極限を「ロピタルの法則」を使って計算しなさい．

(1) $\displaystyle\lim_{x\to 0}\frac{\tan 3x}{x}$　　(2) $\displaystyle\lim_{x\to 0}\frac{\tan 3x}{\sin 2x}$

例題 4 つぎの極限を「ロピタルの法則」を使って計算しなさい．

(1) $\displaystyle\lim_{x\to 0}\frac{e^x-1}{x}$　　(2) $\displaystyle\lim_{x\to 0}\frac{\log(1+x)}{x}$

解答　(1)　$\displaystyle\lim_{x\to 0}\frac{e^x-1}{x}=\lim_{x\to 0}\frac{e^x}{1}=1$

(2) $$\lim_{x \to 0} \frac{\log(1+x)}{x} = \lim_{x \to 0} \frac{\frac{1}{1+x}}{1} = 1$$

練習問題 つぎの極限を「ロピタルの法則」を使って計算しなさい．

(1) $\displaystyle\lim_{x \to 0} \frac{e^{ax}-1}{x}$ 　　(2) $\displaystyle\lim_{x \to 0} \frac{\log(1+x^2)}{x}$

例題 5 つぎの極限を計算しなさい．

$$\lim_{x \to 0} \frac{x^2 \sin \frac{1}{x}}{x+x^2}$$

解答 「ロピタルの法則」を適用して，

$$\lim_{x \to 0} \frac{x^2 \sin \frac{1}{x}}{x+x^2} = \lim_{x \to 0} \frac{2x \sin \frac{1}{x} - \cos \frac{1}{x}}{1+2x} = -\lim_{x \to 0} \cos \frac{1}{x}$$
$$= -\lim_{z \to \infty} \cos z$$

$\displaystyle\lim_{z \to \infty} \cos z$ の値は不確定となって，存在しません．このようなときには，「ロピタルの法則」を使うことはできないわけです．

「ロピタルの法則」を証明する

　2つの関数 $f(x), g(x)$ がともに，$x=a$ のとき 0 の値をとる．

$$f(a) = g(a) = 0$$

このとき，

$$\lim_{x \to a} \frac{f(x)}{g(x)} = \lim_{x \to a} \frac{f'(x)}{g'(x)} = \frac{f'(a)}{g'(a)}$$

これが「ロピタルの法則」でした．この公式は，$\displaystyle\lim_{x \to a} \frac{f'(x)}{g'(x)}$ が存在する場合にしか適用できないことは，前にふれたとおりです．

　これから「ロピタルの法則」を証明したいのですが，それにはコーシーの平均値の定理を使うのが便利です．

108 ページの練習問題の答え
(1) 2 　(2) $\dfrac{39}{7}$

109 ページの練習問題（上）の答え
(1) $\dfrac{3}{4}$ 　(2) 1

109 ページの練習問題（下）の答え
(1) 3 　(2) $\dfrac{3}{2}$

コーシーの平均値の定理　2つの関数 $f(x)$ と $g(x)$ があって $a \leqq x \leqq b$ で $g'(x) \neq 0$ だとする．このとき

$$\frac{f(b)-f(a)}{g(b)-g(a)} = \frac{f'(c)}{g'(c)} \quad (a<c<b)$$

となるような c が必ず存在する．

この定理の証明は「好きになる数学入門」第6巻『微分法を応用する—解析』でやることにして，ここではこの結果を使うことにしたいと思います．

「ロピタルの法則」の証明　コーシーの平均値の定理によれば，$f(a)=g(a)=0$ のとき，a より大きな x にたいして

$$\frac{f(x)}{g(x)} = \frac{f(x)-f(a)}{g(x)-g(a)} = \frac{f'(c)}{g'(c)} \quad (a<c<x)$$

となるような c が存在します．ここで $x \to a$ とすれば，$c \to a$ となります．x が a より小さいときも同様です．したがって

$$\lim_{x \to a} \frac{f(x)}{g(x)} = \frac{f'(a)}{g'(a)} \qquad \text{Q. E. D.}$$

「ロピタルの法則」で，もしかりに，

$$f'(a) = g'(a) = 0$$

となれば，もう1回，微分して極限をとればよいわけです．

$$\lim_{x \to a} \frac{f(x)}{g(x)} = \lim_{x \to a} \frac{f'(x)}{g'(x)} = \frac{f''(a)}{g''(a)}$$

この操作は何回でもくり返すことができます．

「ロピタルの法則」を拡張する

「ロピタルの法則」は，

$$\lim_{x \to a} f(x) = \lim_{x \to a} g(x) = \infty$$

のときにも使うことができます．

「ロピタルの法則(∞)」　2つの関数 $f(x), g(x)$ について，

$$\lim_{x \to a} f(x) = \lim_{x \to a} g(x) = \infty$$

のとき，

$$\lim_{x \to a} \frac{f(x)}{g(x)} = \lim_{x \to a} \frac{f'(x)}{g'(x)} = \frac{f'(a)}{g'(a)}$$

もし $\lim_{x \to a} f'(x) = \lim_{x \to a} g'(x) = \infty$ となれば，「ロピタルの法則」

と同様に，もう1回微分して極限をとればよいことになります．

証明 まず，
$$K = \lim_{x \to a} \frac{f(x)}{g(x)} \neq 0$$
の場合を考えます．このとき，

$$\frac{f(x)}{g(x)} = \frac{\dfrac{1}{g(x)}}{\dfrac{1}{f(x)}}, \quad \lim_{x \to a} \frac{1}{f(x)} = \lim_{x \to a} \frac{1}{g(x)} = 0$$

$\displaystyle\lim_{x \to a} \frac{\dfrac{1}{g(x)}}{\dfrac{1}{f(x)}}$ に対して，「ロピタルの法則」を適用すれば，

$$K = \lim_{x \to a} \frac{\dfrac{1}{g(x)}}{\dfrac{1}{f(x)}} = \lim_{x \to a} \frac{\dfrac{d}{dx}\dfrac{1}{g(x)}}{\dfrac{d}{dx}\dfrac{1}{f(x)}} = \lim_{x \to a} \frac{-\dfrac{g'(x)}{g(x)^2}}{-\dfrac{f'(x)}{f(x)^2}}$$

$$= \lim_{x \to a} \left[\left\{\frac{f(x)}{g(x)}\right\}^2 \frac{g'(x)}{f'(x)} \right] = K^2 \lim_{x \to a} \frac{g'(x)}{f'(x)}$$

$$\frac{1}{K} = \lim_{x \to a} \frac{g'(x)}{f'(x)} \;\Rightarrow\; K = \lim_{x \to a} \frac{f'(x)}{g'(x)}$$

つぎに，
$$K = \lim_{x \to a} \frac{f(x)}{g(x)} = 0$$
の場合を考えます．このとき，$\dfrac{f(x)+g(x)}{g(x)}$ を考えると，

$$\lim_{x \to a} \{f(x)+g(x)\} = \lim_{x \to a} g(x) = \infty$$

$$\lim_{x \to a} \frac{f(x)+g(x)}{g(x)} = 1$$

したがって，上の結論を使って，
$$\lim_{x \to a} \left\{\frac{f(x)}{g(x)}+1\right\} = \lim_{x \to a} \frac{f(x)+g(x)}{g(x)} = \lim_{x \to a} \frac{f'(x)+g'(x)}{g'(x)}$$
$$= \lim_{x \to a} \left\{\frac{f'(x)}{g'(x)}+1\right\}$$

110ページの練習問題の答え
(1) a　(2) 0

$$\Rightarrow \lim_{x \to a} \frac{f(x)}{g(x)} = \lim_{x \to a} \frac{f'(x)}{g'(x)} = \frac{f'(a)}{g'(a)} \qquad \text{Q. E. D.}$$

練習問題 「ロピタルの法則(∞)」を使って，つぎの極限を計算しなさい．

(1) $\displaystyle\lim_{x \to \infty} \frac{x^3 - 2x^2 - 2x - 3}{x^2 - 7x + 12}$

(2) $\displaystyle\lim_{x \to \infty} \frac{x^4 - 6x^3 + 10x^2 - 6x + 9}{x^3 - 5x^2 + 3x + 9}$

(3) $\displaystyle\lim_{x \to \infty} \frac{\sqrt{x} - 1}{x^2 - 1}$ (4) $\displaystyle\lim_{x \to \infty} \frac{x}{\sqrt{1 + x^2} - 1}$

(5) $\displaystyle\lim_{x \to \infty} \frac{(1+x)^{\frac{2}{3}}}{x}$

(6) $\displaystyle\lim_{x \to \infty} \frac{e^x}{x^n}$ （n は正の定数）

(7) $\displaystyle\lim_{x \to \infty} \frac{\log x}{x^n}$ （n は正の定数） (8) $\displaystyle\lim_{x \to \infty} \frac{\log(1 + x^2)}{x}$

2

極限を計算する

例題 1 つぎの極限を計算しなさい．

(1) $\displaystyle\lim_{x \to 0} \frac{(1+x)^2 - 1 - 2x}{x^2}$

(2) $\displaystyle\lim_{x \to 0} \frac{(1+x)^3 - 1 - 3x - 3x^2}{x^3}$

解答 (1) $\displaystyle\lim_{x \to 0} \frac{(1+x)^2 - 1 - 2x}{x^2} = \lim_{x \to 0} \frac{2(1+x) - 2}{2x} = 1$

(2) $\displaystyle\lim_{x \to 0} \frac{(1+x)^3 - 1 - 3x - 3x^2}{x^3} = \lim_{x \to 0} \frac{3(1+x)^2 - 3 - 6x}{3x^2}$

$\displaystyle\qquad\qquad = \lim_{x \to 0} \frac{6(1+x) - 6}{6x} = 1$

練習問題 つぎの極限を計算しなさい．

(1) $\displaystyle\lim_{x \to 0} \frac{(1+x)^n - 1 - nx}{x^2}$

(2) $\displaystyle\lim_{x \to 0} \frac{(1+x)^n - 1 - nx - \frac{n(n-1)}{2}x^2}{x^3}$

例題2 つぎの極限を計算しなさい．

(1) $\displaystyle\lim_{x \to 0} \frac{\sin x - x}{x^3}$ (2) $\displaystyle\lim_{x \to 0} \frac{\sin x - x + \frac{x^3}{6}}{x^5}$

解答 (1) $\displaystyle\lim_{x \to 0} \frac{\sin x - x}{x^3} = \lim_{x \to 0} \frac{\cos x - 1}{3x^2} = \lim_{x \to 0} \frac{-\sin x}{6x}$

$\displaystyle = \lim_{x \to 0} \frac{-\cos x}{6} = -\frac{1}{6}$

(2) $\displaystyle\lim_{x \to 0} \frac{\sin x - x + \frac{x^3}{6}}{x^5} = \lim_{x \to 0} \frac{\cos x - 1 + \frac{x^2}{2}}{5x^4}$

$\displaystyle = \lim_{x \to 0} \frac{-\sin x + x}{20x^3} = \lim_{x \to 0} \frac{-\cos x + 1}{60x^2}$

$\displaystyle = \lim_{x \to 0} \frac{\sin x}{120x} = \lim_{x \to 0} \frac{\cos x}{120} = \frac{1}{120}$

練習問題 つぎの極限を計算しなさい．

(1) $\displaystyle\lim_{x \to 0} \frac{\cos x - 1}{x^2}$ (2) $\displaystyle\lim_{x \to 0} \frac{\cos x - 1 + \frac{x^2}{2}}{x^4}$

例題3 つぎの極限を計算しなさい．

(1) $\displaystyle\lim_{x \to 0} \frac{e^x - 1 - x}{x^2}$ (2) $\displaystyle\lim_{x \to 0} \frac{e^x - 1 - x - \frac{x^2}{2}}{x^3}$

解答 (1) $\displaystyle\lim_{x \to 0} \frac{e^x - 1 - x}{x^2} = \lim_{x \to 0} \frac{e^x - 1}{2x} = \lim_{x \to 0} \frac{e^x}{2} = \frac{1}{2}$

113ページの練習問題の答え
(1) $+\infty$ (2) $+\infty$ (3) 0
(4) 1 $\left[t = \frac{1}{x} \text{とおく}\right]$ (5) 0
(6) $+\infty$ (7) 0 (8) 0

(2) $$\lim_{x\to 0}\frac{e^x-1-x-\frac{x^2}{2}}{x^3} = \lim_{x\to 0}\frac{e^x-1-x}{3x^2} = \lim_{x\to 0}\frac{e^x-1}{6x}$$
$$= \lim_{x\to 0}\frac{e^x}{6} = \frac{1}{6}$$

練習問題 つぎの極限を計算しなさい．

(1) $\displaystyle\lim_{x\to 0}\frac{e^{-x}-1+x}{x^2}$ (2) $\displaystyle\lim_{x\to 0}\frac{e^{-x}-1+x-\frac{x^2}{2}}{x^3}$

例題 4 つぎの極限を計算しなさい．

(1) $\displaystyle\lim_{x\to 0}\frac{\log(1+x)-x}{x^2}$ (2) $\displaystyle\lim_{x\to 0}\frac{\log(1+x)-x+\frac{x^2}{2}}{x^3}$

解答 (1) $\displaystyle\lim_{x\to 0}\frac{\log(1+x)-x}{x^2} = \lim_{x\to 0}\frac{\frac{1}{1+x}-1}{2x} = \lim_{x\to 0}\frac{\frac{-x}{1+x}}{2x}$
$$= \lim_{x\to 0}\frac{-1}{2(1+x)} = -\frac{1}{2}$$

(2) $\displaystyle\lim_{x\to 0}\frac{\log(1+x)-x+\frac{x^2}{2}}{x^3} = \lim_{x\to 0}\frac{\frac{1}{1+x}-1+x}{3x^2}$
$$= \lim_{x\to 0}\frac{\frac{x^2}{1+x}}{3x^2} = \lim_{x\to 0}\frac{1}{3(1+x)}$$
$$= \frac{1}{3}$$

練習問題 つぎの極限を計算しなさい．

(1) $\displaystyle\lim_{x\to 0}\frac{\log\cos x}{x^2}$ (2) $\displaystyle\lim_{x\to 0}\frac{\log(1+\tan x)}{x}$

第6章 極限を計算する 問題

問題1 つぎの極限を計算しなさい．

(1) $\displaystyle\lim_{x\to 3}\frac{\sqrt{x}-\sqrt{3}+\sqrt{x-3}}{\sqrt{x^2-9}}$
(2) $\displaystyle\lim_{x\to 0}\frac{\sqrt{1+x}-\sqrt{1-x}}{\sqrt{4+x}-\sqrt{4-x}}$

(3) $\displaystyle\lim_{x\to 0}\frac{(1+x)^4-1-4x-6x^2}{x^3}$

(4) $\displaystyle\lim_{x\to 0}\frac{\sqrt{1+x}-1-\dfrac{x}{2}+\dfrac{x^2}{8}}{x^3}$

(5) $\displaystyle\lim_{x\to 0}\frac{(1+x^2)^n-1-nx^2}{x^4}$

(6) $\displaystyle\lim_{x\to 0}\frac{(1+\sqrt{x})^n-1-n\sqrt{x}}{x}$
(7) $\displaystyle\lim_{x\to 0}\frac{\tan 2x}{x}$

(8) $\displaystyle\lim_{x\to 0}\frac{\tan x - x}{x^3}$
(9) $\displaystyle\lim_{x\to 0}\frac{x-\sin x}{x-x\cos x}$

(10) $\displaystyle\lim_{x\to 0}\frac{\tan x - x}{\sin x - x}$
(11) $\displaystyle\lim_{x\to 0}\frac{e^{-x^2}-1+x^2}{x^3}$

(12) $\displaystyle\lim_{x\to 0}\frac{1+x-e^x}{\sin x}$

(13) $\displaystyle\lim_{x\to 0}\frac{e^x+e^{-x}-2x^2-2\cos x}{x^6}$

(14) $\displaystyle\lim_{x\to 0}\frac{x}{\log(1+\sqrt{x})-\sqrt{x}}$

(15) $\displaystyle\lim_{x\to\infty}\left(1+\frac{a}{x}\right)^x \quad (a>0)$
(16) $\displaystyle\lim_{x\to 0} x^x$

(17) $\displaystyle\lim_{x\to 1}\frac{\cos\dfrac{\pi}{2x}}{\log x}$

(18) $\displaystyle\lim_{x\to 0}\frac{\log\tan ax}{\log\tan bx} \quad (a, b>0)$

(19) $\displaystyle\lim_{x\to\infty}(\sqrt{5-4x+9x^2}-3x)$
(20) $\displaystyle\lim_{x\to 0}\frac{\log(x+\cos x)}{x}$

114 ページの練習問題(上)の答え
(1) $\dfrac{n(n-1)}{2}$ (2) $\dfrac{n(n-1)(n-2)}{6}$

114 ページの練習問題(下)の答え
(1) $-\dfrac{1}{2}$ (2) $\dfrac{1}{24}$

115 ページの練習問題(上)の答え
(1) $\dfrac{1}{2}$ (2) $-\dfrac{1}{6}$

115 ページの練習問題(下)の答え
(1) $-\dfrac{1}{2}$ (2) 1

(21) $\displaystyle\lim_{x\to 0}\frac{1+\cos^2 x-\dfrac{2x}{\sin x}}{\log\cos x}$

(22) $\displaystyle\lim_{x\to 0}\frac{\log(1-x+\tan x)}{x^3}$

第 7 章
曲線をしらべる

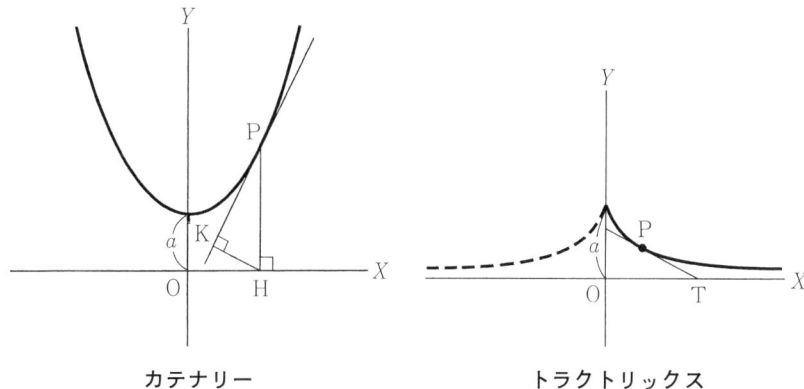

カテナリー　　　　　トラクトリックス

カテナリーとトラクトリックス

　2つの点の間にひも，チェーンあるいはケーブルをつるしたときにできる曲線をカテナリー(Catenary)といいます．懸垂線(けんすいせん)と訳されていますが，慣例にしたがって，英語のカテナリーという言葉をそのままつかうことにします．カテナリーはつぎの関数のグラフとしてあらわすことができます．

$$y = \frac{a}{2}(e^{\frac{x}{a}} + e^{-\frac{x}{a}}) \quad (a>0 \text{ は定数})$$

　カテナリーと密接な関係をもつ曲線がトラクトリックス(Tractorix)とよばれる曲線です．トラクトリックスは追跡線と訳されていますが，これもトラクトリックスという言葉をそのままつかうことにします．トラクトリックスの方程式はつぎのような形をしています．

$$x = a \log \frac{a+\sqrt{a^2-y^2}}{y} - \sqrt{a^2-y^2} \quad (a>0 \text{ は定数},\ 0<y\leq a)$$

1

カテナリーとトラクトリックス

カテナリー

カテナリーはつぎの関数のグラフです．
$$y = \frac{a}{2}(e^{\frac{x}{a}} + e^{-\frac{x}{a}}) \quad (a>0 \text{ は定数})$$

$x=0$ のとき，$y=a$．$x \to \pm\infty$ のとき，$y \to +\infty$．

この関数を微分すれば，
$$\frac{dy}{dx} = \frac{1}{2}(e^{\frac{x}{a}} - e^{-\frac{x}{a}})$$

$x>0$ のとき，$\frac{dy}{dx}>0$，$x=0$ のとき，$\frac{dy}{dx}=0$，$x<0$ のとき，$\frac{dy}{dx}<0$．

また，
$$\frac{d^2y}{dx^2} = \frac{1}{2a}(e^{\frac{x}{a}} + e^{-\frac{x}{a}}) > 0$$

したがって，カテナリーのグラフは前ページの左の図に示されるような形をしています．

定理1 カテナリー上の任意の点 P から X 軸に下ろした垂線の足 H から P における接線に引いた垂線 HK の長さ $\overline{\text{HK}}$ は一定となる．

証明 P$=(p, q)$ とおけば，接線の方程式は
$$y - q = \left[\frac{dy}{dx}\right]_{(p,q)} (x-p) = \frac{e^{\frac{p}{a}} - e^{-\frac{p}{a}}}{2}(x-p)$$
$$\frac{e^{\frac{p}{a}} - e^{-\frac{p}{a}}}{2}(x-p) - y + q = 0$$

この直線と H$=(p, 0)$ との間の距離は

$$\frac{q}{\sqrt{\left(\dfrac{e^{\frac{p}{a}}-e^{-\frac{p}{a}}}{2}\right)^2+1}}=\frac{a\dfrac{e^{\frac{p}{a}}+e^{-\frac{p}{a}}}{2}}{\dfrac{e^{\frac{p}{a}}+e^{-\frac{p}{a}}}{2}}=a$$

Q. E. D.

トラクトリックス

トラクトリックスは，つぎの方程式であらわせます．
$$x = a\log\frac{a+\sqrt{a^2-y^2}}{y}-\sqrt{a^2-y^2} \quad (a>0\text{ は定数},\ 0<y\leqq a)$$

$y=a$ のとき，$x=0$；　$y\to 0$ のとき，$x\to +\infty$

トラクトリックスの勾配 $\dfrac{dy}{dx}$ を計算するためにまず，$\dfrac{dx}{dy}$ を計算します．

$$\frac{dx}{dy}=a\left(\frac{-\dfrac{y}{\sqrt{a^2-y^2}}}{a+\sqrt{a^2-y^2}}-\frac{1}{y}\right)+\frac{y}{\sqrt{a^2-y^2}}$$

$$=\frac{\{-ay^2-a(a+\sqrt{a^2-y^2})\sqrt{a^2-y^2}\}+y^2(a+\sqrt{a^2-y^2})}{y(a+\sqrt{a^2-y^2})\sqrt{a^2-y^2}}$$

$$=-\frac{\sqrt{a^2-y^2}}{y}$$

$$\frac{dy}{dx}=-\frac{y}{\sqrt{a^2-y^2}}<0 \quad (0<y\leqq a)$$

$y\to 0$ のとき，$\dfrac{dy}{dx}\to 0$；　$y\to a$ のとき，$\dfrac{dy}{dx}\to -\infty$

したがって，
$$x = a\log\frac{a+\sqrt{a^2-y^2}}{y}-\sqrt{a^2-y^2}\geqq 0 \quad (0<y\leqq a)$$

$(0,a)$ における接線は Y 軸となり，$y\to 0$ のときの漸近線は X 軸となります．

　上の方程式のグラフは本章の最初のページにある右の図の実線であらわされていますが，トラクトリックスはふつう，x を $-x$ で置き換えてできる点線の曲線も一緒にして考えます．

$$x = -a\log\frac{a+\sqrt{a^2-y^2}}{y}+\sqrt{a^2-y^2} \leqq 0 \quad (0<y\leqq a)$$

定理2 トラクトリックス上の任意の点Pにおける接線がX軸と交わる点をTとするとき，線分PTの長さ$\overline{\mathrm{PT}}$は一定となる．［$\overline{\mathrm{PT}}$をPにおける接線の長さとよぶことにします．］

証明 P$=(p,q)$とおけば，接線の方程式は

$$y-q = \left[\frac{dy}{dx}\right]_{(p,q)}(x-p) = -\frac{q}{\sqrt{a^2-q^2}}(x-p)$$

したがって，
$$\overline{\mathrm{OT}} = p+\sqrt{a^2-q^2}$$

PからX軸に下ろした垂線の足をHとおけば，
$$\overline{\mathrm{PH}} = q, \quad \overline{\mathrm{HT}} = \overline{\mathrm{OT}}-\overline{\mathrm{OH}} = \sqrt{a^2-q^2}$$
$$\overline{\mathrm{PT}}^2 = \overline{\mathrm{PH}}^2+\overline{\mathrm{HT}}^2 = a^2 \Rightarrow \overline{\mathrm{PT}} = a \quad \text{Q.E.D.}$$

定理3 トラクトリックス上の任意の点Pにおける接線がX軸と交わる点TにおいてX軸に立てた垂線とPにおける法線との交点Qの軌跡はカテナリーとなり，つぎの方程式であらわされる．

$$y = \frac{a}{2}(e^{\frac{x}{a}}+e^{-\frac{x}{a}})$$

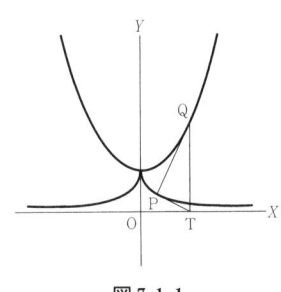

図 7-1-1

証明 P$=(p,q)$とおけば，法線の方程式は

$$y-q = \left[-\frac{dx}{dy}\right]_{(p,q)}(x-p) = \frac{\sqrt{a^2-q^2}}{q}(x-p)$$

Q$=(x,y)$とおけば，定理2の証明から，
$$x = p+\sqrt{a^2-q^2}, \quad y = \frac{a^2}{q}$$

P$=(p,q)$はトラクトリックス上の点だから，
$$p = a\log\frac{a+\sqrt{a^2-q^2}}{q}-\sqrt{a^2-q^2}$$

$$x = a\log\frac{a+\sqrt{a^2-q^2}}{q} \Rightarrow \frac{x}{a} = \log\frac{a+\sqrt{a^2-q^2}}{q}, \frac{y}{a} = \frac{a}{q}$$

$$e^{\frac{x}{a}} = \frac{a+\sqrt{a^2-q^2}}{q} \Rightarrow e^{-\frac{x}{a}} = \frac{q}{a+\sqrt{a^2-q^2}} = \frac{a-\sqrt{a^2-q^2}}{q}$$

$$e^{\frac{x}{a}}+e^{-\frac{x}{a}} = \frac{2a}{q} = \frac{2y}{a} \Rightarrow y = \frac{a}{2}(e^{\frac{x}{a}}+e^{-\frac{x}{a}})$$

Q.E.D.

定理4 トラクトリックス上の任意の点Pにおける法線がカテナリーと交わる点をQとすれば，PQはQにおけるカテナリーの接線となる．逆に，カテナリー上の任意の点Qにおける接線がトラクトリックスと交わる点をPとすれば，PQはPにおけるトラクトリックスの法線となる．

証明 トラクトリックス上の点P$=(p,q)$における法線がカテナリーと交わる点をQ$=(x,y)$とすれば，定理3の証明から，

$$x = p + \sqrt{a^2 - q^2}, \quad y = \frac{a^2}{q}$$

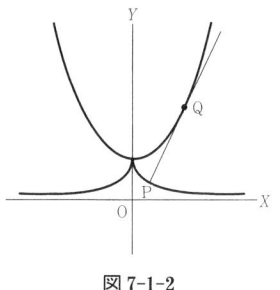

図 7-1-2

PQとX軸の間の角をθとすれば，$\tan\theta = \dfrac{y-q}{x-p} = \dfrac{\sqrt{a^2-q^2}}{q}$.

P$=(p,q)$はトラクトリックス上の点だから

$$p = a\log\frac{a+\sqrt{a^2-q^2}}{q} - \sqrt{a^2-q^2}$$

上のQのx座標をあらわす式に代入して

$$x = a\log\frac{a+\sqrt{a^2-q^2}}{q} \;\Rightarrow\; \frac{x}{a} = \log\frac{a+\sqrt{a^2-q^2}}{q}$$

$$e^{\frac{x}{a}} = \frac{a+\sqrt{a^2-q^2}}{q} \;\Rightarrow\; e^{-\frac{x}{a}} = \frac{q}{a+\sqrt{a^2-q^2}} = \frac{a-\sqrt{a^2-q^2}}{q}$$

よって，Qにおけるカテナリーの接線の勾配は

$$\frac{e^{\frac{x}{a}} - e^{-\frac{x}{a}}}{2} = \frac{\sqrt{a^2-q^2}}{q} = \tan\theta$$

すなわち，PQはQにおけるカテナリーの接線となる．

次に，カテナリー上に任意の点Q$=(x',y')$が与えられているとき，点Qにおける接線lがトラクトリックスと交わる点をPとすれば，PQはPにおけるトラクトリックスの法線となることを証明する．そのためにQからX軸に垂線QHを下ろし，さらにHからlに垂線mを下ろして，その足をP$'=(X,Y)$とする．そしてこのP$'$がトラクトリックス上にあり，P$'$HすなわちMがトラクトリックスのP$'$における接線になっていることを示せばよい．

接線lの傾きは$\dfrac{e^{\frac{x'}{a}} - e^{-\frac{x'}{a}}}{2}$，それに垂直な直線$m$の傾きは$-\dfrac{2}{e^{\frac{x'}{a}} - e^{-\frac{x'}{a}}}$. $u = e^{\frac{x'}{a}}$とおくと$u^{-1} = e^{-\frac{x'}{a}}$となり，2つの直線$l$

と m はつぎの方程式であらわされる．
$$l: y = \frac{u-u^{-1}}{2}(x-x') + \frac{a}{2}(u+u^{-1})$$
$$m: y = -\frac{2}{u-u^{-1}}(x-x')$$

$\mathrm{P}' = (X, Y)$ は l, m の交点だから，
$$\frac{u-u^{-1}}{2}(X-x') + \frac{a}{2}(u+u^{-1}) + \frac{2}{u-u^{-1}}(X-x') = 0$$

両辺に $2(u-u^{-1})$ をかけて，$(u-u^{-1})^2 + 4 = (u+u^{-1})^2$ に注意すれば，
$$X - x' = -\frac{a(u-u^{-1})}{u+u^{-1}}$$

これを m の方程式の x, y を X, Y とおきかえた式に代入して，
$$Y = \frac{2a}{u+u^{-1}}$$

この $\mathrm{P}' = (X, Y)$ がトラクトリックス
$$x = a\log\frac{a+\sqrt{a^2-y^2}}{y} - \sqrt{a^2-y^2}$$

の上の点であることは，実際に次のように計算すればわかる．
$$\sqrt{a^2-Y^2} = \sqrt{a^2 - \frac{4a^2}{(u+u^{-1})^2}} = \frac{a(u-u^{-1})}{u+u^{-1}}$$

なので，
$$a\log\frac{a+\sqrt{a^2-Y^2}}{Y} - \sqrt{a^2-Y^2} = a\log u - \frac{a(u-u^{-1})}{u+u^{-1}}$$
$$= a\log e^{\frac{x'}{a}} - \frac{a(u-u^{-1})}{u+u^{-1}}$$
$$= x' - \frac{a(u-u^{-1})}{u+u^{-1}} = X$$

よって，$\mathrm{P}' = (X, Y)$ は l とトラクトリックスの交点 P に一致することがわかった．さて，この点におけるトラクトリックスの接線の勾配は
$$\left.\frac{dy}{dx}\right|_{y=Y} = -\frac{Y}{\sqrt{a^2-Y^2}} = -\frac{2}{u-u^{-1}}$$

これは m の勾配と一致する．したがって，m は P におけるトラクトリックスの接線であり，m と P で直交する l は P

におけるトラクトリックスの法線である．　　　Q. E. D.

　図 7-1-2 に示されているように，トラクトリックスの各点における法線は，カテナリーの接線になっています．このとき，カテナリーは，トラクトリックスの各点における法線の包絡線となっているといいます．包絡線の英語はエンベロープ(Envelope)です．封筒の Envelope と同じ言葉で，包むというような意味です．また，このような関係にあるとき，カテナリーをトラクトリックスの縮閉線といい，もとの曲線のトラクトリックスをカテナリーの伸開線といいます．縮閉線の英語はむずかしい言葉で，エボリュート(Evolute)です．Evolute というのは，植物の茎などが開いて，反り返った形を指すときに使います．伸開線の英語もむずかしい言葉で，インボリュート(Involute)です．Involute というのは，貝殻などが内巻きに巻き付いた形を指すときに使います．

　トラクトリックスとカテナリーの間の関係をもっとくわしくしらべたいと思いますが，その前にこの 2 つの曲線を媒介変数（パラメータ）をつかってあらわしておきましょう．

曲線の x 座標, y 座標が 1 つの変数であらわされるとき，その変数を媒介変数（パラメータ）といいます．

トラクトリックスを媒介変数をつかってあらわす

　トラクトリックスの方程式はつぎのような形をしていました．

$$x = a \log \frac{a+\sqrt{a^2-y^2}}{y} - \sqrt{a^2-y^2} \quad (a>0 \text{ は定数}, \ 0<y\leq a)$$

ここで，つぎの媒介変数 θ を導入します．

$$y = a \sin \theta \quad \left(0<\theta\leq \frac{\pi}{2}\right)$$

$$\sqrt{a^2-y^2} = a \cos \theta$$

$$x = a \log \frac{1+\cos \theta}{\sin \theta} - a \cos \theta$$

$$\frac{1+\cos \theta}{\sin \theta} = \frac{2\cos^2 \frac{\theta}{2}}{2\sin \frac{\theta}{2} \cos \frac{\theta}{2}} = \frac{\cos \frac{\theta}{2}}{\sin \frac{\theta}{2}} = \frac{1}{\tan \frac{\theta}{2}}$$

$$x = -a\log\tan\frac{\theta}{2} - a\cos\theta, \quad y = a\sin\theta$$

$$\frac{dx}{d\theta} = -a\frac{\dfrac{1}{2\cos^2\frac{\theta}{2}}}{\tan\frac{\theta}{2}} + a\sin\theta$$

$$= -\frac{a}{\sin\theta} + a\sin\theta = -a\frac{\cos\theta}{\tan\theta},$$

$$\frac{dy}{d\theta} = a\cos\theta \;\Rightarrow\; \frac{dy}{dx} = \frac{dy/d\theta}{dx/d\theta} = -\tan\theta$$

すなわち，θ は点 P$=(x,y)$ におけるトラクトリックスの接線が X 軸となす角に等しくなることがわかります．この接線が X 軸と交わる点を T とし，P から X 軸に下ろした垂線の足を H とすれば，

$$\overline{\text{PH}} = y, \quad \overline{\text{PT}} = \frac{y}{\sin\theta} = a, \quad \overline{\text{HT}} = a\cos\theta$$

$$\overline{\text{OT}} = \overline{\text{OH}} + \overline{\text{HT}} = \left(-a\log\tan\frac{\theta}{2} - a\cos\theta\right) + a\cos\theta$$

$$= -a\log\tan\frac{\theta}{2}$$

T において X 軸に立てた垂線と P におけるトラクトリックスの法線との交点を Q とすれば，

$$\angle\text{PQT} = \angle\text{PTO} = \theta \;\Rightarrow\; \overline{\text{QT}} = \frac{\overline{\text{PT}}}{\sin\theta} = \frac{a}{\sin\theta}$$

Q$=(p,q)$ とおけば，［これまでと記号がひっくり返っていることに注意］

$$p = -a\log\tan\frac{\theta}{2}, \; q = \frac{a}{\sin\theta}$$

$$\Rightarrow \; \tan\frac{\theta}{2} = e^{-\frac{p}{a}}, \; \frac{1}{\sin\theta} = \frac{q}{a}$$

$$\frac{1}{\sin\theta} = \frac{\sin^2\frac{\theta}{2} + \cos^2\frac{\theta}{2}}{2\sin\frac{\theta}{2}\cos\frac{\theta}{2}} = \frac{1}{2}\left(\tan\frac{\theta}{2} + \frac{1}{\tan\frac{\theta}{2}}\right)$$

したがって，

$$\frac{q}{a} = \frac{1}{2}(e^{-\frac{p}{a}} + e^{\frac{p}{a}})$$

$Q=(p,q)$ は，カテナリー $y = \frac{a}{2}(e^{\frac{x}{a}} + e^{-\frac{x}{a}})$ の上にあることがわかります．

カテナリーを媒介変数をつかってあらわす

カテナリー上の点 $P = (x, y)$ はつぎのように表現できます．

$$x = -a \log \tan \frac{\theta}{2}, \quad y = \frac{a}{\sin \theta} \quad \left(0 < \theta \leq \frac{\pi}{2}\right)$$

じじつ，$x = -a \log \tan \frac{\theta}{2}$ とおけば，

$$\frac{x}{a} = -\log \tan \frac{\theta}{2} = \log \frac{\cos \frac{\theta}{2}}{\sin \frac{\theta}{2}}$$

$$\Rightarrow \quad e^{\frac{x}{a}} = \frac{\cos \frac{\theta}{2}}{\sin \frac{\theta}{2}}, \quad e^{-\frac{x}{a}} = \frac{\sin \frac{\theta}{2}}{\cos \frac{\theta}{2}}$$

$$\Rightarrow \quad y = \frac{a}{2}(e^{\frac{x}{a}} + e^{-\frac{x}{a}}) = \frac{a}{2 \sin \frac{\theta}{2} \cos \frac{\theta}{2}} = \frac{a}{\sin \theta}$$

したがって，

$$\frac{dx}{d\theta} = -a \frac{\frac{1}{2\cos^2 \frac{\theta}{2}}}{\tan \frac{\theta}{2}} = -\frac{a}{\sin \theta},$$

$$\frac{dy}{d\theta} = \frac{-a \cos \theta}{\sin^2 \theta} = -\frac{a}{\sin \theta \tan \theta}$$

$$\frac{dy}{dx} = \frac{dy/d\theta}{dx/d\theta} = \frac{1}{\tan \theta} = \tan\left(\frac{\pi}{2} - \theta\right)$$

すなわち，$P = (x, y)$ におけるカテナリーの接線が X 軸となす角は $\frac{\pi}{2} - \theta$ に等しくなります．P から X 軸に下ろした垂線の足を H とし，H から P におけるカテナリーの接線に下

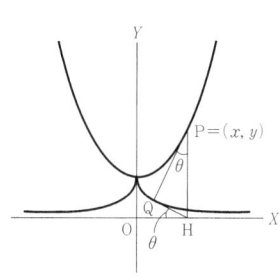

図 7-1-3

ろした垂線の足を Q=(p, q) とすれば，
$$\overline{\mathrm{PH}} = y, \quad \overline{\mathrm{QH}} = y \sin \theta = a$$
すなわち，$\overline{\mathrm{QH}}$ は一定となり，P=(x, y) は H において X 軸に立てた垂線と Q におけるトラクトリックスの法線との交点となっていることがわかります．

2

接線，法線

　前節では，カテナリーとトラクトリックスの性質についてお話ししましたが，ここでは，一般的な曲線の接線，法線について考えることにします．ちなみに，接線の英語は Tangent (Line)，法線の英語は Normal (Line) です．

接線，法線

　曲線の方程式を $y=f(x)$ とすれば，曲線上の点 P=(x, y) における接線の方程式は
$$Y-y = y'(X-x), \quad y' = \frac{dy}{dx} = f'(x)$$
[ここでは，前節とことなる記号をつかいます．方程式の未知数を X, Y であらわしますが，この方が一般的です．]
　接線が X 軸と交わる点を Q とし，P から X 軸に下ろした垂線の足を H とするとき，線分 PQ の長さ $\overline{\mathrm{PQ}}$ を接線の長さといい，線分 QH の長さ $\overline{\mathrm{QH}}$ を接線影といいます．$\overline{\mathrm{PH}} = y$, $\overline{\mathrm{OH}} = x$, $y' = \tan \angle \mathrm{PQH} = \dfrac{\overline{\mathrm{PH}}}{\overline{\mathrm{QH}}}$ だから，

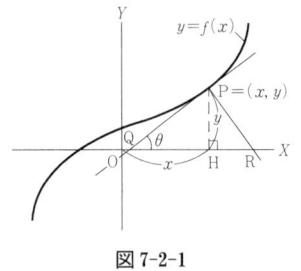

図 7-2-1

$$接線影 \quad \overline{\mathrm{QH}} = \frac{y}{y'}, \quad 接線の長さ \quad \overline{\mathrm{PQ}} = \frac{y\sqrt{1+y'^2}}{y'}$$
[右辺の値がマイナスの数となるときは，絶対値をとるものとします．以下，同じように考えます．]
　法線についても，同じような公式が得られます．曲線上の点 P=(x, y) における法線の方程式は

$$Y-y = -\frac{1}{y'}(X-x)$$

法線が X 軸と交わる点を R とするとき，線分 PR の長さ $\overline{\text{PR}}$ を法線の長さといい，線分 RH の長さ $\overline{\text{RH}}$ を法線影といいます．

法線影 　$\overline{\text{RH}} = -y'y,$ 　　法線の長さ 　$\overline{\text{PR}} = y\sqrt{1+y'^2}$

曲線の方程式が $x=f(y)$ の形で与えられているときにも，まったく同じようにして計算することができます．

練習問題 つぎの各曲線上の点 $\text{P}=(x,y)$ における接線の方程式，接線影，接線の長さ，および法線の方程式，法線影，法線の長さを求めなさい．

(1) 　$y=\dfrac{a}{2}(e^{\frac{x}{a}}+e^{-\frac{x}{a}})$ 　（カテナリー）

(2) 　$x=a\log\dfrac{a+\sqrt{a^2-y^2}}{y}-\sqrt{a^2-y^2}$ 　（トラクトリックス）

(3) 　$y=\dfrac{a^2}{x}$ 　（直角双曲線）　　(4) 　$y^2=4ax$ 　（放物線）

曲線の方程式が一般的な形で与えられている場合

例題 1 つぎの曲線上の点 $\text{P}=(x,y)$ における接線，法線の方程式を求めなさい．
$$ax^2+2bxy+cy^2+2mx+2ny+l=0$$

解答 上の方程式の両辺を x で微分すれば，
$$2(ax+by+m)+2(bx+cy+n)\frac{dy}{dx}=0$$

$$\frac{dy}{dx}=-\frac{ax+by+m}{bx+cy+n}$$

$\text{P}=(x,y)$ における接線の方程式は
$$Y-y=-\frac{ax+by+m}{bx+cy+n}(X-x)$$

$$(ax+by+m)X+(bx+cy+n)Y+mx+ny+l=0$$

$\text{P}=(x,y)$ における法線の方程式は
$$Y-y=\frac{bx+cy+n}{ax+by+m}(X-x)$$

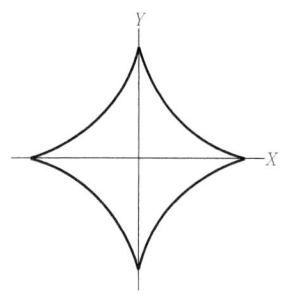

図 7-2-2　アステロイド

$$(bx+cy+n)X-(ax+by+m)Y$$
$$-bx^2+(a-c)xy+by^2-nx+my = 0$$

練習問題　つぎの曲線上の点 $P=(x,y)$ における接線，法線の方程式を求めなさい．
(1)　$x^{\frac{2}{3}}+y^{\frac{2}{3}}=a^{\frac{2}{3}}$　（アステロイド）
(2)　$x^2y^2=a^2(x^2+y^2)$

曲線が媒介変数によってあらわされている場合

前節では，カテナリーとトラクトリックスを媒介変数 θ をつかってつぎのようにあらわしました．

カテナリー

$$x = -a\log\tan\frac{\theta}{2}, \quad y = \frac{a}{\sin\theta} \quad \left(0<\theta\leq\frac{\pi}{2}\right)$$

$$\frac{dx}{d\theta} = -\frac{a}{\sin\theta},\ \frac{dy}{d\theta} = -\frac{a}{\sin\theta\tan\theta} \ \Rightarrow\ \frac{dy}{dx} = \frac{1}{\tan\theta}$$

$P=(x,y)$ における接線の方程式

$$Y-y = \frac{dy}{dx}(X-x) = \frac{1}{\tan\theta}(X-x)$$

$$X-Y\tan\theta+a\left(\log\tan\frac{\theta}{2}+\frac{1}{\cos\theta}\right) = 0$$

$P=(x,y)$ における法線の方程式

$$Y-y = -\frac{dx}{dy}(X-x) = -\tan\theta(X-x)$$

$$X+\frac{1}{\tan\theta}Y+a\left(\log\tan\frac{\theta}{2}-\frac{1}{\sin\theta\tan\theta}\right) = 0$$

トラクトリックス

$$x = -a\left(\log\tan\frac{\theta}{2}+\cos\theta\right),$$
$$y = a\sin\theta \quad \left(0<\theta\leq\frac{\pi}{2}\right)$$

$$\frac{dx}{d\theta} = -a\frac{\cos\theta}{\tan\theta},\ \frac{dy}{d\theta} = a\cos\theta \ \Rightarrow\ \frac{dy}{dx} = -\tan\theta$$

$P=(x,y)$ における接線の方程式

---

129 ページの練習問題の答え

(1)　$Y-y=\frac{1}{2}(e^{\frac{x}{a}}-e^{-\frac{x}{a}})(X-x)$,
$a\frac{e^{\frac{x}{a}}+e^{-\frac{x}{a}}}{e^{\frac{x}{a}}-e^{-\frac{x}{a}}},\ \frac{a}{2}\frac{(e^{\frac{x}{a}}+e^{-\frac{x}{a}})^2}{e^{\frac{x}{a}}-e^{-\frac{x}{a}}}$;　$Y-y=$
$-\frac{2}{e^{\frac{x}{a}}-e^{-\frac{x}{a}}}(X-x),\ \frac{a}{4}(e^{\frac{2x}{a}}-e^{-\frac{2x}{a}})$,

$y\frac{e^{\frac{x}{a}}+e^{-\frac{x}{a}}}{2}=\frac{y^2}{a}$

(2)　$Y-y=-\frac{y}{\sqrt{a^2-y^2}}(X-x)$,
$\sqrt{a^2-y^2},\ a$;　$Y-y=\frac{\sqrt{a^2-y^2}}{y}(X-x)$,
$\frac{y^2}{\sqrt{a^2-y^2}},\ \frac{ay}{\sqrt{a^2-y^2}}$

(3)　$Y=-\frac{a^2}{x^2}X+\frac{2a^2}{x}$,　$x,\ \frac{\sqrt{a^4+x^4}}{x}$;
$Y=\frac{x^2}{a^2}X+\frac{a^2}{x}-\frac{x^3}{a^2},\ \frac{a^4}{x^3},\ \frac{a^2\sqrt{a^4+x^4}}{x^3}$

(4)　$Y=\frac{2a}{y}X+\frac{y}{2},\ \frac{y^2}{2a}=2x,\ 2\sqrt{x^2+ax}$;
$Y=-\frac{y}{2a}X+y\left(1+\frac{y^2}{8a^2}\right),\ 2a,\ \sqrt{4a^2+y^2}$

$$Y-y=\frac{dy}{dx}(X-x)=-\tan\theta(X-x)$$

$$X+\frac{1}{\tan\theta}Y+a\log\tan\frac{\theta}{2}=0$$

P$=(x,y)$ における法線の方程式

$$Y-y=-\frac{dx}{dy}(X-x)=\frac{1}{\tan\theta}(X-x)$$

$$X-Y\tan\theta+a\left(\log\tan\frac{\theta}{2}+\frac{1}{\cos\theta}\right)=0$$

例題 2 つぎの曲線上の点 P$=(x,y)$ における接線, 法線の方程式を求めなさい.

$$x=a\cos\theta,\quad y=b\sin\theta\quad(a,b>0)$$

［この曲線は楕円 $\dfrac{x^2}{a^2}+\dfrac{y^2}{b^2}=1$ にほかなりません.］

解答 $\dfrac{dx}{d\theta}=-a\sin\theta,\ \dfrac{dy}{d\theta}=b\cos\theta\ \Rightarrow\ \dfrac{dy}{dx}=-\dfrac{b\cos\theta}{a\sin\theta}$

P$=(x,y)$ における接線の方程式は

$$Y-y=-\frac{b\cos\theta}{a\sin\theta}(X-x)\ \Rightarrow\ bX\cos\theta+aY\sin\theta=ab$$

P$=(x,y)$ における法線の方程式は

$$Y-y=\frac{a\sin\theta}{b\cos\theta}(X-x)$$

$$\Rightarrow\ aX\sin\theta-bY\cos\theta=(a^2-b^2)\sin\theta\cos\theta$$

練習問題 つぎの曲線上の点 P$=(x,y)$ における接線, 法線の方程式を求めなさい.

(1) $\quad x=\dfrac{a}{\cos\theta},\quad y=b\tan\theta\quad(a,b>0)$

$$\left[双曲線\ \frac{x^2}{a^2}-\frac{y^2}{b^2}=1\right]$$

(2) $\quad x=\dfrac{a}{2}(1+\cos 2\theta),\quad y=2a\cos\theta\quad(a>0)$

$$[放物線\ y^2=4ax]$$

第 7 章 第 2 節　接線，法線　問　題

問題 1　n 次放物線 $y^n = a^{n-1}x$ 上の任意の点 $P = (x, y)$ における接線が X 軸，Y 軸と交わる点をそれぞれ A, B とすれば，$\overline{PA} = n\overline{PB}$ となる．

問題 2　アステロイド $x^{\frac{2}{3}} + y^{\frac{2}{3}} = a^{\frac{2}{3}}$ 上の任意の点 $P = (x, y)$ における接線が X 軸，Y 軸と交わる点 A, B をむすぶ線分の長さ $\overline{AB}$ は一定となる．

問題 3　放物線 $y^2 = 2ax + b$ 上の任意の点 $P = (x, y)$ における法線影は一定となる．逆に，任意の点 $P = (x, y)$ における法線影が一定となるような関数 $y = f(x)$ は，放物線 $y^2 = 2ax + b$ である．

問題 4　指数関数 $y = ae^{bx}$ 上の任意の点 $P = (x, y)$ における接線影は一定となる．逆に，任意の点 $P = (x, y)$ における接線影は一定となるような関数 $y = f(x)$ は，指数関数 $y = ae^{bx}$ である．

問題 5　円 $x^2 + y^2 = a^2$ 上の任意の点 $P = (x, y)$ における法線はつねに円の中心 O を通る．逆に，任意の点 $P = (x, y)$ における法線がつねに定点 O を通るような曲線は円 $x^2 + y^2 = a^2$ である．

問題 6　曲線上の任意の点 $P = (x, y)$ における接線がつねに定点を通るような曲線を求めよ．

問題 7　曲線上の任意の点 $P = (x, y)$ における接線影と Y 座標の値 y との和が一定となるような関数 $y = f(x)$ はつぎの条件をみたす．

$$x + y = a \log y + b \quad (a, b \text{ は定数})$$

問題 8　曲線上の任意の点 $P = (x, y)$ における法線影と Y 座標の値 y との和がつねに 1 に等しくなるような関数 $y = f(x)$ はつぎの条件をみたす．

$$x - y - \log(y - 1) = c \quad (c \text{ は定数})$$

---

130 ページの練習問題の答え

(1)　$\dfrac{X}{x^{\frac{1}{3}}} + \dfrac{Y}{y^{\frac{1}{3}}} = a^{\frac{2}{3}}$,　$x^{\frac{1}{3}}X - y^{\frac{1}{3}}Y = x^{\frac{4}{3}} - y^{\frac{4}{3}}$

(2)　$\dfrac{X}{x^3} + \dfrac{Y}{y^3} = \dfrac{1}{a^2}$,　$x^3 X - y^3 Y = x^4 - y^4$

131 ページの練習問題の答え

(1)　$bX - aY\sin\theta = ab\cos\theta$,
$aX\sin\theta + bY = (a^2 + b^2)\tan\theta$

(2)　$-X + Y\cos\theta = a\cos^2\theta$,
$X\cos\theta + Y = a(2\cos\theta + \cos^3\theta)$

3

曲率円と縮閉線

　曲線の曲がりの程度をあらわす指標としてよくつかわれるのが曲率です．曲率は，与えられた曲線にもっとも緊密に接触する円——このような円を曲率円といいます——の半径の逆数として定義されます．「もっとも緊密に接触する円」というのは，言葉で説明しにくい概念ですが，その意味は以下お話しする計算例を通じてわかっていただけると思います．

　曲率半径を計算するときに，便利な公式があります．曲率半径にかんするニュートンの公式です．

曲率半径にかんするニュートンの公式

　曲線 $y=f(x)$ が，原点 $\mathrm{O}=(0,0)$ において X 軸と接するとします．
$$f(0)=0, \quad f'(0)=0$$
原点 O における曲率半径 ρ は，つぎのニュートンの公式によって与えられます．
$$\rho = \frac{1}{y''} = \frac{1}{f''(0)}$$
[曲率半径 ρ の式がマイナスの値のときは，その絶対値をとることにします．以下，同じように考えます．]

証明　原点 O における曲率円の中心を A とすれば，A は Y 軸上にあって，$\rho=\overline{\mathrm{OA}}$．曲線 $y=f(x)$ 上に原点 O に近い点 $\mathrm{P}=(x, y)$ を通り，Y 軸に平行な直線が曲率円と交わる点を P′, Q [P′ は P に近い点] とし，X 軸と交わる点を H とすれば，
$$\overline{\mathrm{OH}}=x, \quad \overline{\mathrm{HP}}=y$$
HO は H から曲率円に引いた接線となるから，方ベキの定理によって，
$$\overline{\mathrm{OH}}^2 = \overline{\mathrm{HP'}} \times \overline{\mathrm{HQ}} \quad \Rightarrow \quad \overline{\mathrm{HQ}} = \frac{\overline{\mathrm{OH}}^2}{\overline{\mathrm{HP'}}}$$
P′ は P に近い点だから，

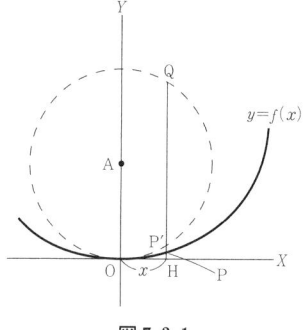

図 7-3-1

$$\lim_{P \to O} \overline{HP'} = \lim_{P \to O} \overline{HP} = \lim_{x \to 0} y$$

したがって，

$$2\overline{OA} = \lim_{P \to O} \overline{HQ} = \lim_{P \to O} \frac{\overline{OH}^2}{\overline{HP'}} = \lim_{x \to 0} \frac{x^2}{y} \Rightarrow \rho = \lim_{x \to 0} \frac{x^2}{2y}$$

ロピタルの法則を 2 回適用すれば，

$$\rho = \lim_{x \to 0} \frac{x^2}{2y} = \lim_{x \to 0} \frac{2x}{2y'} = \frac{1}{y''} \qquad \text{Q. E. D.}$$

練習問題 ニュートンの公式をつかって，つぎの各曲線の原点 O における曲率半径 ρ を求めなさい．

(1) $y = ax^2$ (2) $y = \dfrac{x^2}{1+x^2}$ (3) $y = x\log(1+x)$

一般的な場合について，曲率円の中心，曲率半径を計算する

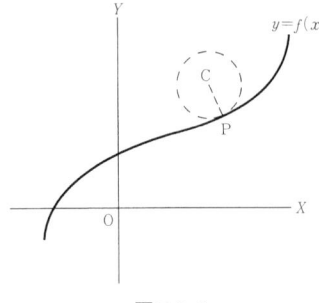

図 7-3-2

曲線 $y=f(x)$ 上の任意の点 $P=(x, y)$ における曲率円の中心 $C=(p, q)$，曲率半径 ρ は，つぎの公式によって与えられます．

$$p = x - \frac{y'(1+y'^2)}{y''}, \quad q = y + \frac{1+y'^2}{y''}, \quad \rho = \frac{(1+y'^2)^{\frac{3}{2}}}{y''}$$

証明 曲線 $y=f(x)$ 上の点 $P=(x, y)$ における曲率円の中心を $C=(p, q)$，半径を ρ とおけば，曲率円の方程式は

$$(X-p)^2 + (Y-q)^2 = \rho^2$$

X が与えられたときの Y の値を X の関数と考えて，$Y=g(X)$ とおきます．曲率円は，曲線 $y=f(x)$ と $P=(x, y)$ において接し，もっとも緊密に接触する円として定義しました．このことを厳密には，2 つの関数 $Y=f(X)$，$Y=g(X)$ が $P=(x, y)$ において同じ値をとり，その一次微分および二次微分の値が等しいというように理解します．

$$(x-p)^2 + (y-q)^2 = \rho^2$$
$$x - p + (y-q)y' = 0$$
$$1 + y'^2 + (y-q)y'' = 0$$

ここで，

$$y' = f'(x), \quad y'' = f''(x)$$

これらの方程式を解いて，

$$y-q = -\frac{1+y'^2}{y''}, \quad x-p = \frac{y'(1+y'^2)}{y''}, \quad \rho^2 = \frac{(1+y'^2)^3}{y''^2}$$

Q. E. D.

　$P=(x,y)$ と曲率円の中心 $C=(p,q)$ をむすぶ線分 PC が X 軸となす角を θ とすれば,

$$\tan\theta = \frac{q-y}{p-x} = -\frac{1}{y'}$$

したがって, 曲率円の中心 C は $P=(x,y)$ における曲線 $y=f(x)$ の法線上にあることがわかります.

円の曲率円

　中心を $C=(a,b)$ とし, 半径を r とする円上の各点 $P=(x,y)$ における曲率円は与えられた円と一致します.

証明　中心を $C=(a,b)$ とし, 半径を r とする円の方程式は,
$$(x-a)^2 + (y-b)^2 = r^2$$
この方程式を 2 回微分すれば, つぎの方程式が得られます.
$$x-a+(y-b)y' = 0$$
$$1+y'^2+(y-b)y'' = 0$$
この 3 つの方程式は, 曲率円にかんする 3 つの方程式と一致します. したがって,
$$(p,q)=(a,b), \quad \rho=r \qquad \text{Q. E. D.}$$

練習問題　つぎの各曲線上の任意の点 $P=(x,y)$ における曲率中心 $C=(p,q)$, 曲率半径 ρ を求めなさい.

(1)　$y=\frac{1}{2}x^2$　　(2)　$y=\frac{1}{x}$　　(3)　$y=e^x$

(4)　$y^2=4x$

曲率の意味

　曲率半径 ρ の逆数 $\omega=\frac{1}{\rho}$ を曲率と定義します. この数 $\omega=\frac{1}{\rho}$ が, 曲線の曲がりの程度をあらわす指標だからです. このことを, 一般的な形をした曲線 $y=f(x)$ について考えて

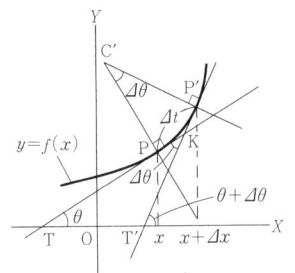

図 7-3-3

みたいと思います．

　曲線 $y=f(x)$ 上の任意の点 $P=(x,y)$ をとり，その近傍にもう 1 つの点 $P'=(x+\varDelta x, y+\varDelta y)$ をとります．図 7-3-3 では，見やすいようにするために，この 2 つの点ははなしてありますが，じっさいには，$\varDelta x, \varDelta y$ はともにきわめて 0 に近い値をとり，P, P' はごく近くにある場合を考えるわけです．

$$\varDelta y = f(x+\varDelta x) - f(x)$$

P, P' における法線の交点を C' とすると，P' が P にかぎりなく近づいたときに C' は P における曲率中心 C にかぎりなく近づきます．P, P' における接線が X 軸と交わる点を T，T' とし，$\angle PTX=\theta$，$\angle P'T'X=\theta+\varDelta\theta$ とします．P, P' における接線が交わる点を K とすれば，

$$\angle TKT' = \angle P'T'X - \angle PTX = \varDelta\theta$$

□$C'PKP'$ は円に内接するから，

$$\angle P'C'P = \angle TKT' = \varDelta\theta$$

また，曲線の弧 PP' の長さを $\varDelta t$ とおけば，P' が P にかぎりなく近づくときに，$\overline{PC'}, \overline{P'C'}$ はともに曲率半径 ρ にかぎりなく近づくから，

$$\lim_{P'\to P}\frac{\varDelta t}{\varDelta\theta}=\rho \quad \Rightarrow \quad \lim_{P'\to P}\frac{\varDelta\theta}{\varDelta t}=\frac{1}{\rho}=\omega$$

このようにして，$\omega=\dfrac{1}{\rho}$ が，曲線の曲がりの程度をあらわす指標となっていることがわかります．

　じつは，上の議論で，1 つあいまいなところがあります．それは，P' が P にかぎりなく近づいたときに，C' が P における曲率中心 C にかぎりなく近づくということです．つぎの証明は，この点を考慮したものです．

　曲線 $y=f(x)$ 上の点 $P=(x,y)$ における接線が X 軸となす角を θ とおけば，

$$y' = f'(x) = \tan\theta$$

この式の両辺を θ で微分すれば，

$$y''\frac{dx}{d\theta}=\frac{1}{\cos^2\theta}=1+\tan^2\theta=1+y'^2 \quad \Rightarrow \quad \frac{dx}{d\theta}=\frac{1+y'^2}{y''}$$

また，曲線上にある定点 A をとり，弧 AP の長さ $\overline{AP}=t$ を x の関数 $t=t(x)$ と考えれば，

---

134 ページの練習問題の答え

(1) $\dfrac{1}{2a}$　(2) $\dfrac{1}{2}$　(3) $\dfrac{1}{2}$

135 ページの練習問題の答え

(1) $\left(-x^3, 1+\dfrac{3}{2}x^2\right)$, $(1+x^2)^{\frac{3}{2}}$

(2) $\left(\dfrac{3}{2}x+\dfrac{1}{2x^3}, \dfrac{3}{2x^2}+\dfrac{x^3}{2}\right)$, $\dfrac{(1+x^4)^{\frac{3}{2}}}{2x^3}$

(3) $(x-1-e^{2x}, e^{-x}+2e^x)$, $(e^{-\frac{2}{3}x}+e^{\frac{4}{3}x})^{\frac{3}{2}}$

(4) $(2+3x, -2x^{\frac{3}{2}})$, $2(1+x)^{\frac{3}{2}}$

$$(dt)^2 = (dx)^2 + (dy)^2 \Rightarrow \frac{dt}{dx} = \sqrt{1+\left(\frac{dy}{dx}\right)^2} = \sqrt{1+y'^2}$$

したがって,
$$\frac{dt}{d\theta} = \frac{dt}{dx}\frac{dx}{d\theta} = \frac{(1+y'^2)^{\frac{3}{2}}}{y''} = \rho \Rightarrow \frac{d\theta}{dt} = \frac{1}{\rho} = \omega$$

例題 1 カテナリーとトラクトリックスについて,曲線上の任意の点 $P = (x, y)$ における曲率中心 $C = (p, q)$,曲率半径 ρ を求めなさい.

解答 カテナリー $\quad y = \dfrac{a}{2}(e^{\frac{x}{a}} + e^{-\frac{x}{a}})$

$$y' = \frac{1}{2}(e^{\frac{x}{a}} - e^{-\frac{x}{a}}), \quad y'' = \frac{1}{2a}(e^{\frac{x}{a}} + e^{-\frac{x}{a}}) = \frac{y}{a^2}$$

$$1 + y'^2 = \frac{1}{4}(e^{\frac{x}{a}} + e^{-\frac{x}{a}})^2 = \frac{y^2}{a^2}, \quad \frac{1+y'^2}{y''} = y$$

$$(p, q) = (x - y'y, 2y), \quad \rho = \frac{y^2}{a}$$

トラクトリックス $\quad x = a\log\dfrac{a+\sqrt{a^2-y^2}}{y} - \sqrt{a^2-y^2}$

$$y' = \frac{dy}{dx} = \frac{1}{\frac{dx}{dy}} = -\frac{y}{\sqrt{a^2-y^2}}, \quad y'' = \frac{dy}{dx}\frac{dy'}{dy} = \frac{a^2 y}{(a^2-y^2)^2}$$

$$1 + y'^2 = \frac{a^2}{a^2-y^2}, \quad \frac{1+y'^2}{y''} = \frac{a^2-y^2}{y}$$

$$(p, q) = \left(a\log\frac{a+\sqrt{a^2-y^2}}{y}, \frac{a^2}{y}\right), \quad \rho = \frac{a\sqrt{a^2-y^2}}{y}$$

練習問題 つぎの各曲線上の任意の点 $P = (x, y)$ における曲率中心 $C = (p, q)$,曲率半径 ρ を求めなさい.

(1) $x^{\frac{2}{3}} + y^{\frac{2}{3}} = a^{\frac{2}{3}}$ (2) $x^2 y^2 = a^2(x^2 + y^2)$

カテナリーはトラクトリックスの縮閉線となる

カテナリーとトラクトリックスの間の関係をもっとくわしくしらべるために,前節でお話しした媒介変数 θ をつかっ

てカテナリー，トラクトリックスの曲率中心 $C = (p, q)$，曲率半径 ρ を求めることにしましょう．

カテナリー
$$y = \frac{a}{\sin\theta},$$

$$x = -a\log\tan\frac{\theta}{2} \quad \left(0 < \theta \leq \frac{\pi}{2}\right)$$

$$y'(\theta) = \frac{dy}{d\theta} = -\frac{a}{\sin\theta\tan\theta}, \quad x'(\theta) = \frac{dx}{d\theta} = -\frac{a}{\sin\theta}$$

$$y' = \frac{dy}{dx} = \frac{y'(\theta)}{x'(\theta)} = \frac{1}{\tan\theta},$$

$$y'' = \frac{dy'}{dx} = \frac{dy'/d\theta}{dx/d\theta} = \frac{1}{a\sin\theta}$$

$$1 + y'^2 = 1 + \frac{1}{\tan^2\theta} = \frac{1}{\sin^2\theta}, \quad \frac{1+y'^2}{y''} = \frac{a}{\sin\theta} = y$$

$$p = x - \frac{a}{\sin\theta\tan\theta} = -a\left(\log\tan\frac{\theta}{2} + \frac{1}{\sin\theta\tan\theta}\right),$$

$$q = y + \frac{a}{\sin\theta} = \frac{2a}{\sin\theta}$$

$$C = (p, q) = \left(-a\left\{\log\tan\frac{\theta}{2} + \frac{1}{\sin\theta\tan\theta}\right\}, \frac{2a}{\sin\theta}\right),$$

$$\rho = \frac{a}{\sin^2\theta} = \frac{y^2}{a}$$

あるいは，

$$p = x - y'\frac{1+y'^2}{y''} = x - y\frac{e^{\frac{x}{a}} - e^{-\frac{x}{a}}}{2},$$

$$q = 2y, \quad \rho = \frac{a}{\sin^2\theta} = \frac{y^2}{a}$$

トラクトリックス $\quad y = a\sin\theta,$

$$x = -a\left(\log\tan\frac{\theta}{2} + \cos\theta\right) \quad \left(0 < \theta \leq \frac{\pi}{2}\right)$$

$$y'(\theta) = \frac{dy}{d\theta} = a\cos\theta, \quad x'(\theta) = \frac{dx}{d\theta} = -a\frac{\cos\theta}{\tan\theta}$$

$$y' = \frac{dy}{dx} = \frac{y'(\theta)}{x'(\theta)} = -\tan\theta,$$

$$y'' = \frac{dy'}{dx} = \frac{dy'/d\theta}{dx/d\theta} = \frac{\tan\theta}{a\cos^3\theta}$$

第7章 曲線をしらべる

137 ページの練習問題の答え

(1) $(p, q) = (x^{\frac{1}{3}}\{x^{\frac{2}{3}} + 3y^{\frac{2}{3}}\}, y^{\frac{1}{3}}\{3x^{\frac{2}{3}} + y^{\frac{2}{3}}\})$, $\rho = 3a^{\frac{1}{3}}x^{\frac{1}{3}}y^{\frac{1}{3}}$

(2) $(p, q) = \left(x\left\{1 + \frac{a^2(x^6+y^6)}{3x^6y^2}\right\}, y\left\{1 + \frac{a^2(x^6+y^6)}{3x^2y^6}\right\}\right)$, $\rho = \frac{a^2(x^6+y^6)^{\frac{3}{2}}}{3x^5y^5}$

138

$$1+y'^2 = 1+\tan^2\theta = \frac{1}{\cos^2\theta}, \qquad \frac{1+y'^2}{y''} = a\frac{\cos\theta}{\tan\theta}$$

$$p = x + a\cos\theta = -a\log\tan\frac{\theta}{2}, \qquad q = y + \frac{a\cos\theta}{\tan\theta} = \frac{a}{\sin\theta}$$

$$C = (p, q) = \left(-a\log\tan\frac{\theta}{2}, \frac{a}{\sin\theta}\right), \qquad \rho = \frac{a}{\tan\theta}$$

例題 2 つぎの曲線上の点 P=(x, y) の曲率中心 C=(p, q), 曲率半径 ρ を求めなさい.

$$x = a\cos\theta, \qquad y = b\sin\theta \qquad (a > b > 0)$$

$$\left[\text{楕円}\ \frac{x^2}{a^2} + \frac{y^2}{b^2} = 1\right]$$

解答
$$\frac{dx}{d\theta} = -a\sin\theta, \qquad \frac{dy}{d\theta} = b\cos\theta$$

$$y' = \frac{y'(\theta)}{x'(\theta)} = -\frac{b\cos\theta}{a\sin\theta},$$

$$y'' = \frac{dy'}{dx} = \frac{dy'/d\theta}{dx/d\theta} = -\frac{b}{a^2\sin^3\theta}$$

$$1 + y'^2 = \frac{a^2\sin^2\theta + b^2\cos^2\theta}{a^2\sin^2\theta},$$

$$\frac{1+y'^2}{y''} = -\frac{a^2\sin^2\theta + b^2\cos^2\theta}{b}\sin\theta$$

$$y'\frac{1+y'^2}{y''} = \frac{a^2\sin^2\theta + b^2\cos^2\theta}{a}\cos\theta$$

$$(p, q) = \left(\frac{a^2-b^2}{a}\cos^3\theta, -\frac{a^2-b^2}{b}\sin^3\theta\right),$$

$$\rho = \frac{(a^2\sin^2\theta + b^2\cos^2\theta)^{\frac{3}{2}}}{ab}$$

練習問題 つぎの各曲線上の点 P=(x, y) の曲率中心 C=(p, q), 曲率半径 ρ を求めなさい.

(1) $\qquad x = \dfrac{a}{\cos\theta}, \qquad y = b\tan\theta \qquad (a, b > 0)$

$$\left[\text{双曲線}\ \frac{x^2}{a^2} - \frac{y^2}{b^2} = 1\right]$$

(2) $x = \dfrac{a}{2}(1+\cos 2\theta), \quad y = 2a\cos\theta \quad (a>0)$

［放物線 $y^2 = 4ax$］

上の計算からすぐわかるように，トラクトリックス

$$x = -a\left(\log\tan\dfrac{\theta}{2} + \cos\theta\right), \quad y = a\sin\theta$$

上の点 $P=(x,y)$ の曲率中心 $C=(p,q)$ はつぎのようになっています．

$$p = -a\log\tan\dfrac{\theta}{2}, \quad q = \dfrac{a}{\sin\theta}$$

θ が $0<\theta\leq\dfrac{\pi}{2}$ の範囲を動くとき，$C=(p,q)$ はカテナリーの上を動くことがわかります．しかも，$C=(p,q)$ におけるカテナリーの接線の勾配は $\dfrac{1}{\tan\theta} = \tan\left(\dfrac{\pi}{2}-\theta\right)$ となり，最初のトラクトリックスの法線の勾配に等しくなります．このような関係にあるとき，カテナリーはトラクトリックスの法線の包絡線であるといいます．また，カテナリーをトラクトリックスの縮閉線といい，もとの曲線のトラクトリックスをカテナリーの伸開線ということもさきにふれたとおりです．しかも，トラクトリックスの各点における法線とカテナリーとの接点はトラクトリックスの曲率円の中心となっていることも計算してたしかめたわけです．この性質は，一般の形をした曲線についても成り立ちます．

練習問題 つぎの各曲線の縮閉線を求めなさい．

(1) $y = \dfrac{1}{2}x^2$ (2) $y^2 = 4x$

---

139 ページの練習問題の答え

(1) $(p,q) = \left(\dfrac{a^2+b^2}{a}\dfrac{1}{\cos^3\theta}, -\dfrac{a^2+b^2}{b}\tan^3\theta\right)$, $\rho = \dfrac{1}{ab}\left(a^2\tan^2\theta + \dfrac{b^2}{\cos^2\theta}\right)^{\frac{3}{2}}$

(2) $(p,q) = (a\{2+3\cos^2\theta\}, -2a\cos^3\theta)$, $\rho = 2a(1+\cos^2\theta)^{\frac{3}{2}}$

第7章 第3節 曲率円と縮閉線 問題

問題1 アステロイド $x^{\frac{2}{3}}+y^{\frac{2}{3}}=a^{\frac{2}{3}}$ の縮閉線もまたアステロイドとなる．

問題2 $x=a(\theta-\sin\theta)$, $y=a(1-\cos\theta)$ によって与えられる曲線をサイクロイドという．サイクロイドの縮閉線もまたサイクロイドとなる．

問題3 カテナリー $y=\dfrac{a}{2}(e^{\frac{x}{a}}+e^{-\frac{x}{a}})$ 上の点 $P=(x,y)$ における曲率半径 ρ は，その点における法線の長さに等しい．

問題4 二次曲線 $ax^2+by^2=1$ 上の点 $P=(x,y)$ における曲率半径 ρ は，その点における法線の長さの3乗に比例する．

問題5 放物線 $y^2=4ax$ 上の点 $P=(x,y)$ における曲率半径の X 軸への正射影の長さは，その点から放物線の準線への距離の2倍に等しい．［曲率半径の X 軸への正射影とは，その線分をベクトルと考えて，その X 成分 $-\dfrac{y'(1+y'^2)}{y''}$ を意味します．］

問題6 直角双曲線 $xy=a^2$ 上の点 $P=(x,y)$ における曲率半径 PC を P をこえて等しい長さだけ延長した点を C′ とすれば，C′O と PO とは直交する：$\angle C'OP=\dfrac{\pi}{2}$.

4

包絡線

前節では，カタナリーがトラクトリックスの縮閉線であることを示しました．トラクトリックスの法線はカタナリーとかならず一点で交わり，しかもトラクトリックスの法線がその点におけるカタナリーの接線になっています．このとき，カタナリーはトラクトリックスの法線群の包絡線であるといいます．

一般に，ある曲線 A が与えられた曲線群（直線群も含める）の包絡線であるというのは，曲線 A が，曲線群の各曲線とかならず一点で交わり，しかもその点における曲線 A の接線になっているときとして定義します．

この節では，一般の形をした場合について，包絡線の求め方をお話ししたいと思います．まず，かんたんな例について，包絡線をじっさいに計算することからはじめましょう．

140 ページの練習問題の答え
(1) $y = 1 + \dfrac{3}{2}|x|^{\frac{2}{3}}$
(2) $y = -2\left(\dfrac{x-2}{3}\right)^{\frac{3}{2}}$ $(x > 2)$

包絡線を求める

例題1 定直線 l と，その外に定点 A がある．直線 l 上の各点 P において，直線 AP と直交する直線の包絡線を求めなさい．

解答 直線 l を Y 軸にとり，A を通り，直線 l に垂直な直線を X 軸とし，原点を O とします．$\overline{OA} = a$ とおけば，$A = (a, 0)$．直線 l 上の点 $P = (0, \alpha)$ を通り，直線 AP に垂直な直線の方程式は，つぎのようにあらわすことができます．

$$y - \alpha = x \tan \theta$$

ここで，θ は，直線 AP が Y 軸の負の方向となす角とします．$\theta = \angle \text{APO} \Rightarrow \tan \theta = \dfrac{a}{\alpha}$．したがって，$y - \alpha = \dfrac{a}{\alpha} x$.

この直線が包絡線と接する点 $Q = (x, y)$ は，α によって一意的に決まるから，

$$x = x(\alpha), \quad y = y(\alpha)$$

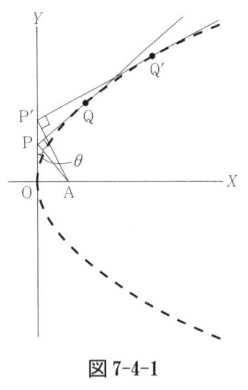

図 7-4-1

とあらわすことができます．包絡線の方程式を $y=\varphi(x)$ とすれば，Q=(x,y) における包絡線の接線の勾配は直線 $y-\alpha=\dfrac{a}{\alpha}x$ の勾配 $\dfrac{a}{\alpha}$ に等しくなります．

$$\frac{dy}{dx} = \varphi'(x) = \frac{a}{\alpha}$$

方程式 $y-\alpha=\dfrac{a}{\alpha}x$ を整理すれば，

$$\alpha y - \alpha^2 - ax = 0$$

あるいは，

$$\alpha y(\alpha) - \alpha^2 - ax(\alpha) = 0$$

この式の両辺を α で微分すれば，

$$\left(\alpha\frac{dy}{dx}-a\right)x'(\alpha) + \{y(\alpha)-2\alpha\} = 0 \;\Rightarrow\; y(\alpha) = 2\alpha$$

$\alpha y(\alpha) - \alpha^2 - ax(\alpha) = 0$ に代入して，

$$x(\alpha) = \frac{\alpha^2}{a} \;\Rightarrow\; y(\alpha)^2 = 4ax(\alpha)$$

包絡線の方程式は，

$$y^2 = 4ax$$

これは，A を焦点とする放物線です．

例題 2 円 O と直線 l が与えられている．この直線 l に平行な円 O の弦を直径とする円の包絡線を求めなさい．

解答 円 O の中心を原点とし，直線 l と平行に Y 軸をとります．円 O の半径を a とし，直線 l に平行な円の弦と円の中心 O からの距離を α とすれば，この弦を直径とする円の方程式は，

$$(x-\alpha)^2 + y^2 = a^2 - \alpha^2$$

この円が包絡線と接する点を Q=(x,y) とすると，x, y はともに α の関数となります．包絡線の方程式を $y=\varphi(x)$ とすれば，Q=(x,y) における包絡線の接線の勾配は，円 $(x-\alpha)^2+y^2=a^2-\alpha^2$ の Q=(x,y) における接線の勾配に等しくなります．

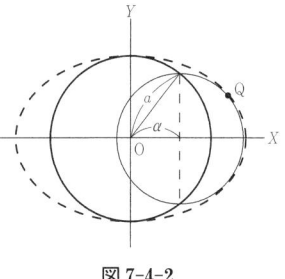

図 7-4-2

$$\frac{dy}{dx} = \varphi'(x) = -\frac{x-\alpha}{y} \;\Rightarrow\; x-\alpha + y\frac{dy}{dx} = 0$$

方程式 $(x-\alpha)^2+y^2=a^2-\alpha^2$ を整理すれば，

$$x^2 - 2\alpha x + 2\alpha^2 + y^2 - a^2 = 0$$

この式の両辺を α で微分すれば，

$$2\left(x-\alpha+y\frac{dy}{dx}\right)\frac{dx}{d\alpha}-2x+4\alpha=0 \;\Rightarrow\; x=2\alpha$$

$x^2-2\alpha x+2\alpha^2+y^2-a^2=0$ に代入して，$y^2=a^2-2\alpha^2$．したがって，包絡線の方程式は，

$$\frac{x^2}{2}+y^2=a^2$$

これは，円の中心 O を中心とする長半径 $\sqrt{2}\,a$，短半径 a の楕円です．

例題3 直交する2つの直線 l, l' と，一定の長さ a をもつ線分 AB ($\overline{\mathrm{AB}}=a$) がある．この線分の両端がそれぞれ直線 l, l' にあるように動くときの包絡線を求めなさい．

解答 2つの直線 l, l' を X, Y 軸にとり，その交点 O を原点とします．線分 AB が X 軸(の負の方向)となす角を θ とすれば，$\overline{\mathrm{OA}}=a\cos\theta$，$\overline{\mathrm{OB}}=a\sin\theta$．直線の方程式は，

$$\frac{x}{a\cos\theta}+\frac{y}{a\sin\theta}=1 \;\Rightarrow\; \frac{x}{\cos\theta}+\frac{y}{\sin\theta}=a$$

したがって，この直線の勾配は，$\dfrac{dy}{dx}=-\dfrac{\sin\theta}{\cos\theta}$．

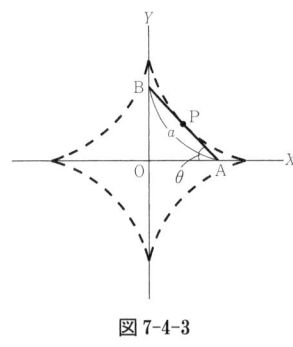

図 7-4-3

この直線が包絡線と接する点を $\mathrm{P}=(x,y)$ とすると，x, y はともに θ の関数となります．包絡線の方程式を $y=\varphi(x)$ とすれば，$\mathrm{P}=(x,y)$ における包絡線の接線の勾配は，上の直線の勾配に等しくなります．

$$\varphi'(x)=\frac{dy}{dx}=-\frac{\sin\theta}{\cos\theta}$$

上の直線の方程式の両辺を θ で微分すれば，

$$\frac{1}{\sin\theta}\left(\frac{\sin\theta}{\cos\theta}+\frac{dy}{d\theta}\right)\frac{dx}{d\theta}+\left(\frac{x\sin\theta}{\cos^2\theta}-\frac{y\cos\theta}{\sin^2\theta}\right)=0$$

$$\Rightarrow\; \frac{x}{\cos^3\theta}=\frac{y}{\sin^3\theta}$$

したがって，つぎの2つの方程式が得られます．

$$\frac{x}{\cos\theta}+\frac{y}{\sin\theta}=a, \quad \frac{x}{\cos^3\theta}=\frac{y}{\sin^3\theta}$$

$$x=a\cos^3\theta, \quad y=a\sin^3\theta$$

包絡線の方程式は，

$$x^{\frac{2}{3}}+y^{\frac{2}{3}}=a^{\frac{2}{3}}$$

これは，アステロイドとよばれる曲線です．

練習問題 つぎの条件をみたす直線群の包絡線を求めなさい．
(1) 定円のなかにある長さが一定の弦
(2) 2つの直交する直線から切りとる2つの切片の和が一定となる直線
(3) 2つの直交する直線から切りとる三角形の面積が一定となる直線

包絡線にかんする基本定理

これまで，比較的かんたんな場合について，包絡線を計算しました．いずれも図形を明示してあって，幾何学の考え方をつかいましたが，その基本的な考え方はもっと一般的な場合にもそのまま適用できます．

あるパラメータ α を媒介変数とする曲線群（直線群も含めて考える）
$$f(x, y, \alpha) = 0$$
が与えられている一般的な状況を考えます．これまで計算してきた例を取り上げて，$f(x, y, \alpha)$ を具体的に示しておきましょう．

[例題 1]　　$f(x, y, \alpha) = y - \alpha - \dfrac{a}{\alpha}x$

[例題 2]　　$f(x, y, \alpha) = (x-\alpha)^2 + y^2 - a^2 + \alpha^2$
$\qquad\qquad\qquad = x^2 - 2\alpha x + 2\alpha^2 + y^2 - a^2$

[例題 3]　　$f(x, y, \theta) = \dfrac{x}{\cos\theta} + \dfrac{y}{\sin\theta} - a$

前節に出てきた曲線の法線群

カテナリー　　$x = -a \log \tan \dfrac{\theta}{2},$

$\qquad\qquad\qquad y = \dfrac{a}{\sin\theta} \quad \left(0 < \theta \leq \dfrac{\pi}{2}\right)$

$\qquad f(x, y, \theta) = x + \dfrac{1}{\tan\theta} y + a\left(\log\tan\dfrac{\theta}{2} - \dfrac{1}{\sin\theta \tan\theta}\right)$

トラクトリックス　$x = -a\left(\log\tan\dfrac{\theta}{2} + \cos\theta\right),$

$$y = a\sin\theta \quad \left(0 < \theta \leq \frac{\pi}{2}\right)$$

$$f(x,y,\theta) = x - y\tan\theta + a\left(\log\tan\frac{\theta}{2} + \frac{1}{\cos\theta}\right)$$

楕円 $\qquad x = a\cos\theta, \qquad y = b\sin\theta$

$$f(x,y,\theta) = ax\sin\theta - by\cos\theta - (a^2 - b^2)\sin\theta\cos\theta$$

双曲線 $\qquad x = \dfrac{a}{\cos\theta}, \qquad y = b\tan\theta$

$$f(x,y,\theta) = ax\sin\theta + by - (a^2 + b^2)\tan\theta$$

放物線 $\qquad x = \dfrac{a}{2}(1+\cos 2\theta), \qquad y = 2a\cos\theta$

$$f(x,y,\theta) = x\cos\theta + y - a(2\cos\theta + \cos^3\theta)$$

［上の例のなかには，パラメータが α ではなく，θ という記号であらわされている場合がありますが，考え方はまったく同じです．］

上の例は，［例題2］以外の場合はいずれも，$f(x,y,\alpha)$，あるいは $f(x,y,\theta)$ が x,y にかんして一次関数になっています．まず，この場合からはじめることにしましょう．$f(x,y,\alpha)$ は具体的にはつぎのような形をしているとします．

$$f(x,y,\alpha) = a(\alpha)x + b(\alpha)y + c(\alpha)$$

ここで，$a(\alpha), b(\alpha), c(\alpha)$ は α の関数とします．

基本定理 I（直線群の包絡線） パラメータ α を媒介変数とする直線群

$$f(x,y,\alpha) = a(\alpha)x + b(\alpha)y + c(\alpha) = 0$$

の包絡線は，つぎの2つの方程式の解として得られる．

$$a(\alpha)x + b(\alpha)y + c(\alpha) = 0$$
$$a'(\alpha)x + b'(\alpha)y + c'(\alpha) = 0$$

ここで，

$$a'(\alpha) = \frac{da(\alpha)}{d\alpha}, \quad b'(\alpha) = \frac{db(\alpha)}{d\alpha}, \quad c'(\alpha) = \frac{dc(\alpha)}{d\alpha}$$

［ふつう，つぎのような表現をもちいます．

$$f_\alpha(x,y,\alpha) = a'(\alpha)x + b'(\alpha)y + c'(\alpha) = 0$$

$f_\alpha(x,y,\alpha)$ は，関数 $f(x,y,\alpha)$ を α だけの関数と考えて，α について微分したもので，関数 $f(x,y,\alpha)$ の α にかんする偏微分といいます．偏微分については前にもかんたんにふれま

145ページの練習問題の答え
(1) 定円の中心を中心とする円
(2) 放物線の弧 (3) 双曲線

したが，くわしいことは，のちほどお話ししたいと思います．]

証明 各直線 $f(x,y,\alpha)=0$ と包絡線の接点 $\mathrm{P}=(x,y)$ が一意的に決まるとします．このとき，接点 $\mathrm{P}=(x,y)$ は α の関数となるから，$\mathrm{P}(\alpha)=(x(\alpha),y(\alpha))$ のようにあらわすことができます．

$$f(x(\alpha),y(\alpha),\alpha) = a(\alpha)x+b(\alpha)y+c(\alpha) = 0$$

直線群 $f(x,y,\alpha)=0$ の包絡線を $y=\varphi(x)$ とおけば，

$$y(\alpha) = \varphi(x(\alpha))$$

$\mathrm{P}(\alpha)=(x(\alpha),y(\alpha))$ における包絡線の勾配は

$$\frac{dy}{dx} = \varphi'(x(\alpha))$$

によって与えられます．

他方，直線 α の勾配 $\dfrac{dy}{dx}$ は，直線の方程式 $f(x,y,\alpha)=0$ を x について微分して求められます．

$$a(\alpha)+b(\alpha)\frac{dy}{dx} = 0 \;\;\Rightarrow\;\; \frac{dy}{dx} = -\frac{a(\alpha)}{b(\alpha)}$$

この $\dfrac{dy}{dx}$ は，包絡線 $y=\varphi(x)$ の勾配 $\dfrac{dy}{dx}$ とはことなったものです．しかし，包絡線の定義から，$\mathrm{P}(\alpha)=(x(\alpha),y(\alpha))$ では，この2つの勾配 $\dfrac{dy}{dx}$ は一致します．

$$\frac{dy}{dx} = \varphi'(x(\alpha)) = -\frac{a(\alpha)}{b(\alpha)}$$

さて，$y(\alpha)=\varphi(x(\alpha))$ を考慮に入れて，

$$a(\alpha)x+b(\alpha)y+c(\alpha) = 0$$

の両辺を α について微分すれば，

$$\{a(\alpha)+b(\alpha)\varphi'(x(\alpha))\}x'(\alpha)$$
$$+\{a'(\alpha)x+b'(\alpha)y+c'(\alpha)\} = 0$$

ここで，

$$a(\alpha)+b(\alpha)\varphi'(x(\alpha)) = a(\alpha)-b(\alpha)\frac{a(\alpha)}{b(\alpha)} = 0$$

したがって，

$$a'(\alpha)x+b'(\alpha)y+c'(\alpha) = 0$$

上の議論を逆にたどれば，定理の2つの方程式の解が，直線群 $f(x,y,\alpha)=0$ の包絡線の媒介変数 α による表現となっ

ていることがわかります.　　　　　　　Q. E. D.

　第1巻『方程式を解く―代数』でお話ししたクラーメルの公式をつかうと，包絡線を媒介変数 α によって具体的にあらわすことができます.

$$x = -\frac{\begin{vmatrix} c(\alpha) & b(\alpha) \\ c'(\alpha) & b'(\alpha) \end{vmatrix}}{\begin{vmatrix} a(\alpha) & b(\alpha) \\ a'(\alpha) & b'(\alpha) \end{vmatrix}}, \quad y = -\frac{\begin{vmatrix} a(\alpha) & c(\alpha) \\ a'(\alpha) & c'(\alpha) \end{vmatrix}}{\begin{vmatrix} a(\alpha) & b(\alpha) \\ a'(\alpha) & b'(\alpha) \end{vmatrix}}$$

ここで，分母の行列式は 0 でないとします.

$$\begin{vmatrix} a(\alpha) & b(\alpha) \\ a'(\alpha) & b'(\alpha) \end{vmatrix} \neq 0$$

この条件は，これまで出てきた場合にはすべて成り立ちます. ［このことを練習問題として示しなさい.］

　基本定理 I を適用して，上にあげた例の 2, 3 について，その包絡線を求めます.

［例題 1］　　　　$f(x, y, \alpha) = y - \alpha - \dfrac{a}{\alpha}x$

$$f_\alpha(x, y, \alpha) = -1 + \frac{a}{\alpha^2}x = 0 \;\Rightarrow\; x = \frac{\alpha^2}{a}$$

$f(x, y, \alpha) = 0$ に代入すると

$$y = \alpha + \frac{a}{\alpha} \times \frac{\alpha^2}{a} \;\Rightarrow\; y = 2\alpha$$

したがって，$y^2 = 4ax$ ［放物線］.

［例題 3］　　　$f(x, y, \theta) = \dfrac{x}{\cos\theta} + \dfrac{y}{\sin\theta} - a$

$$f_\theta(x, y, \theta) = \frac{\sin\theta}{\cos^2\theta}x - \frac{\cos\theta}{\sin^2\theta}y = 0 \;\Rightarrow\; \frac{x}{\cos^3\theta} = \frac{y}{\sin^3\theta}$$

$f(x, y, \theta) = 0$ に代入すると
$$x = a\cos^3\theta, \; y = a\sin^3\theta \;\Rightarrow\; x^{\frac{2}{3}} + y^{\frac{2}{3}} = a^{\frac{2}{3}}$$
$$[アステロイド]$$

カテナリー　　　　$x = -a\log\tan\dfrac{\theta}{2},$

$$y = \frac{a}{\sin\theta} \quad \left(0 < \theta \leq \frac{\pi}{2}\right)$$

$$f(x,y,\theta) = x + \frac{1}{\tan\theta}y + a\left(\log\tan\frac{\theta}{2} - \frac{1}{\sin\theta\tan\theta}\right)$$

$$f_\theta(x,y,\theta) = -\frac{1}{\sin^2\theta}y + a\frac{2}{\sin^3\theta} = 0 \ \Rightarrow\ y = \frac{2a}{\sin\theta}$$

$f(x,y,\theta)=0$ に代入すると

$$x = -\frac{2a}{\sin\theta\tan\theta} - a\left(\log\tan\frac{\theta}{2} - \frac{1}{\sin\theta\tan\theta}\right)$$

$$= -a\left(\log\tan\frac{\theta}{2} + \frac{1}{\sin\theta\tan\theta}\right)$$

$$x = -a\left(\log\tan\frac{\theta}{2} + \frac{1}{\sin\theta\tan\theta}\right),\quad y = \frac{2a}{\sin\theta}$$

トラクトリックス $\quad x = -a\left(\log\tan\frac{\theta}{2} + \cos\theta\right),$

$$y = a\sin\theta \quad \left(0 < \theta \leq \frac{\pi}{2}\right)$$

$$f(x,y,\theta) = x - y\tan\theta + a\left(\log\tan\frac{\theta}{2} + \frac{1}{\cos\theta}\right)$$

$$f_\theta(x,y,\theta) = -\frac{1}{\cos^2\theta}y + a\frac{1}{\sin\theta\cos^2\theta} = 0 \ \Rightarrow\ y = \frac{a}{\sin\theta}$$

$f(x,y,\theta)=0$ に代入すると

$$x = \frac{a}{\sin\theta}\tan\theta - a\left(\log\tan\frac{\theta}{2} + \frac{1}{\cos\theta}\right) = -a\log\tan\frac{\theta}{2}$$

$$x = -a\log\tan\frac{\theta}{2},\quad y = \frac{a}{\sin\theta}\quad [カテナリー]$$

練習問題(1) 楕円,双曲線,放物線の各曲線について,その法線の包絡線を基本定理をつかって求めなさい.

楕円 $\quad\quad x = a\cos\theta,\quad y = b\sin\theta$

$\quad f(x,y,\theta) = ax\sin\theta - by\cos\theta - (a^2-b^2)\sin\theta\cos\theta$

双曲線 $\quad\quad x = \frac{a}{\cos\theta},\quad y = b\tan\theta$

$\quad f(x,y,\theta) = ax\sin\theta + by - (a^2+b^2)\sin 2\theta$

放物線 $\quad x = \frac{a}{2}(1+\cos 2\theta),\quad y = 2a\cos\theta$

$\quad f(x,y,\theta) = x\cos\theta + y - a(2\cos\theta + \cos^3\theta)$

練習問題(2) つぎの直線群の包絡線を基本定理をつかって

求めなさい.

(1) 定円のなかにある長さが一定の弦
(2) 2つの直交する直線から切りとる2つの切片の和が一定となる直線
(3) 2つの直交する直線から切りとる三角形の面積が一定となる直線

包絡線と曲率中心の関係

トラクトリックスの法線がカテナリーと接する点はトラクトリックスの曲率中心と一致することも計算してたしかめたわけですが，この性質は，これまであげた例すべてに成り立ちます．一般につぎの命題を証明することができます．

定理 与えられた曲線の法線群の包絡線（縮閉線）が法線と接する点は，曲線の曲率中心と一致する．

証明 曲線の方程式を $y=f(x)$ とすれば，曲線上の点 $P=(x, y)$ における法線の方程式は，

$$Y-y = -\frac{1}{y'}(X-x), \quad y'=\frac{dy}{dx}=f'(x)$$

$$y'(Y-y)+(X-x)=0$$

ここで，x をパラメータと考えて，包絡線にかんする基本定理を適用します．法線の方程式を x について微分すれば，

$$y''(Y-y)-y'^2-1=0 \quad \Rightarrow \quad Y=y+\frac{1+y'^2}{y''}$$

法線の方程式に代入すると，

$$X=x-y'\frac{1+y'^2}{y''}$$

$$(X, Y)=\left(x-y'\frac{1+y'^2}{y''},\ y+\frac{1+y'^2}{y''}\right) \text{は曲率中心となります．}$$

Q. E. D.

149ページの練習問題(1)の答え
楕円:
$x=\frac{a^2-b^2}{a}\cos^3\theta,\ y=-\frac{a^2-b^2}{b}\sin^3\theta \Rightarrow$
$(ax)^{\frac{2}{3}}+(by)^{\frac{2}{3}}=(a^2-b^2)^{\frac{2}{3}}$ [一般化されたアステロイド]

双曲線:
$x=\frac{a^2+b^2}{a}\frac{1}{\cos^3\theta},\ y=-\frac{a^2+b^2}{b}\tan^3\theta \Rightarrow$
$(ax)^{\frac{2}{3}}-(by)^{\frac{2}{3}}=(a^2+b^2)^{\frac{2}{3}}$

放物線:
$x=a(2+3\cos^2\theta),\ y=-2a\cos^3\theta \Rightarrow 27ay^2=4(x-2a)^3$

伸開線を求める

与えられた曲線の法線群の包絡線を，この曲線の縮閉線といい，もとの曲線を，縮閉線の伸開線ということはさきにふれました．与えられた曲線の縮閉線は，包絡線にかんする基

本定理をつかえばかんたんに求めることができますが，逆に伸開線を求めることができるでしょうか．与えられた曲線の伸開線はたくさんあって，一意的には決まりませんが，つぎの命題が成立します．

定理 与えられた曲線 $y=f(x)$ の上に定点 A がある．曲線 $y=f(x)$ 上の任意の点 P における接線上に，線分 PQ の長さが曲線の弧 AP の長さが等しくなるように点 Q をとる．このとき，点 Q の軌跡は与えられた曲線 $y=f(x)$ の伸開線となる．

証明 $P=(x,y)$，$Q=(X,Y)$ とおき，曲線の弧 AP の長さを t とすれば，$t=\overline{PQ}$．点 P における接線の勾配を θ とすれば，図 7-4-4 から明らかなように，

$$X = x - t\cos\theta, \quad Y = y - t\sin\theta$$

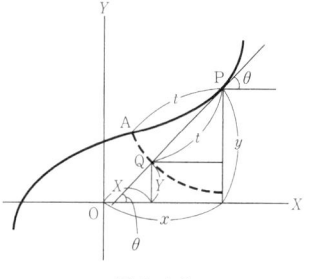

図 7-4-4

y, X, Y は t によって一意的に決まり，また t は x の関数と考えることができます．このとき，

$$\cos\theta = \frac{1}{\sqrt{1+y'^2}}, \quad \sin\theta = \frac{y'}{\sqrt{1+y'^2}} = y'\cos\theta$$

$$dt^2 = dx^2 + dy^2 \;\Rightarrow\; \frac{dt}{dx} = \sqrt{1+y'^2} = \frac{1}{\cos\theta}$$

X, Y にかんする 2 つの方程式の両辺を x で微分すると，

$$\frac{dX}{dx} = 1 - \frac{dt}{dx}\cos\theta + t\sin\theta\frac{d\theta}{dx} = t\sin\theta\frac{d\theta}{dx}$$

$$\frac{dY}{dx} = \frac{dy}{dx} - \frac{dt}{dx}\sin\theta - t\cos\theta\frac{d\theta}{dx} = -t\cos\theta\frac{d\theta}{dx}$$

$$\frac{dY}{dX} = \frac{dY/dx}{dX/dx} = -\frac{\cos\theta}{\sin\theta} = -\frac{1}{\tan\theta} = -\tan\left(\frac{\pi}{2} - \theta\right)$$

すなわち，P における曲線 $y=f(x)$ の接線 PQ は，Q における (X, Y) 曲線の法線となることが示されました．

Q. E. D.

この定理の証明から明らかなように，曲線 $y=f(x)$ の伸開線 $Y=\varphi(X)$ は，つぎの方程式の解として求めることができます．

$$\frac{dY}{dX} = -\frac{1}{\tan\theta}, \quad \tan\theta = f'(x)$$

このような方程式を微分方程式といいます．この方程式の解は無数にありますが，曲線 $y=f(x)$ 上の与えられた点 A を

通る解はふつう一意的に決まります．この点 A では，伸開線ともとの曲線とが一致するわけです．

円の縮閉線，伸開線

円 O の曲率中心は，円の中心 O と一致します．このことは前にも示しましたが，念のため，包絡線にかんする基本定理 I をつかって証明しておきましょう．

円 O の半径を a とし，その中心 O を原点にとれば，円 O の方程式は

$$x = a\cos\theta, \quad y = a\sin\theta$$

$$\Rightarrow \quad \frac{dx}{d\theta} = -a\sin\theta, \quad \frac{dy}{d\theta} = a\cos\theta$$

円上の点 $P = (x, y)$ における法線の方程式は

$$-X\sin\theta + Y\cos\theta = 0$$

包絡線にかんする基本定理 I によって

$$-X\cos\theta - Y\sin\theta = 0$$

したがって，

$$X = Y = 0 \qquad \text{Q. E. D.}$$

つまり，円の縮閉線は一点となるわけです．ところで，円の伸開線はどのような形をした曲線でしょうか．

∠AOP$=\theta$ とおけば，円 O をつぎのようにあらわせます．

$$x = a\cos\theta, \quad y = a\sin\theta$$

$$\frac{dx}{d\theta} = -a\sin\theta, \quad \frac{dy}{d\theta} = a\cos\theta$$

$$\Rightarrow \quad \frac{dy}{dx} = -\frac{\cos\theta}{\sin\theta} = -\frac{1}{\tan\theta}$$

A$=(a, 0)$ を尖点とする伸開線 $Y = \varphi(X)$ はつぎのようにして求めることができます．

円 O 上の任意の点 P における接線上に，線分 PQ の長さが曲線の弧 AP の長さと等しくなるように点 Q を OP にかんして A と同じ側にとれば，$\overline{\text{PQ}} = a\theta$．Q$=(X, Y)$ とおけば，

$$X = x + a\theta\sin\theta = a(\cos\theta + \theta\sin\theta)$$

$$Y = x - a\theta\cos\theta = a(\sin\theta - \theta\cos\theta)$$

これが，媒介変数 θ をつかってあらわした円 O の伸開線です．

149 ページの練習問題(2)の答え
(1) 定円の中心を中心とする円
(2) 放物線の弧　　(3) 双曲線

逆に，つぎの方程式によってあらわされる曲線の縮閉線は円となります．
$$x = a(\cos\theta + \theta\sin\theta), \quad y = a(\sin\theta - \theta\cos\theta)$$
このとき，
$$\frac{dx}{d\theta} = a\theta\cos\theta, \quad \frac{dy}{d\theta} = a\theta\sin\theta$$
この曲線上の点 $P=(x,y)$ における法線の方程式は
$$Y - y = -\frac{dx/d\theta}{dy/d\theta}(X-x) \Rightarrow X\cos\theta + Y\sin\theta = a$$
変数を (X,Y) から (x,y) に変えると，
$$x\cos\theta + y\sin\theta = a$$
この方程式の両辺を θ で微分すれば，
$$-x\sin\theta + y\cos\theta = 0$$
この2つの方程式を解いて，
$$x = a\cos\theta, \ y = a\sin\theta \Rightarrow x^2 + y^2 = a^2$$
すなわち，円となります．

包絡線にかんする基本定理──曲線の場合 ☆☆

基本定理Ⅱ（曲線群の包絡線） 曲線群 $f(x,y,\alpha)=0$ の包絡線は，つぎの2つの方程式からパラメータ α を消去して得られる．［ただし，解のなかには，包絡線ではないものもあるので，一々チェックする必要がある．］
$$f(x,y,\alpha) = 0, \quad f_\alpha(x,y,\alpha) = 0$$

$f_\alpha(x,y,\alpha)$ は，関数 $f(x,y,\alpha)$ の α にかんする偏微分の (x,y,α) における値をとったものです．関数 $f(x,y,\alpha)$ の α にかんする偏微分ということは前にも述べました．$f_x(x,y,\alpha)$, $f_y(x,y,\alpha)$ についてもまったく同じように考えます．$f_x = f_x(x,y,\alpha)$, $f_y = f_y(x,y,\alpha)$, $f_\alpha = f_\alpha(x,y,\alpha)$ のように記します．

例題4 つぎの各曲線群の包絡線を求めなさい．
(1) $y^2 = (x-\alpha)^3$ (2) $(y+\alpha)^2 = (x+\alpha)x^2$ ($\alpha > 0$)

解答 (1) $f(x,y,\alpha) = y^2 - (x-\alpha)^3$ とおけば，包絡線はつぎの2つの方程式からパラメータ α を消去して得られます．
$$f(x,y,\alpha) = y^2 - (x-\alpha)^3 = 0$$
$$f_\alpha(x,y,\alpha) = 3(x-\alpha)^2 = 0$$
したがって，$x = \alpha$, $y = 0$, しかも二重根です．このとき，

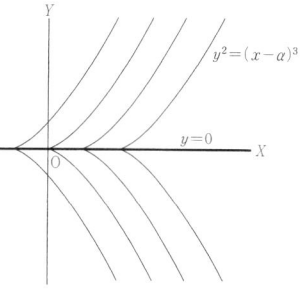

図 7-4-5

求める包絡線は，$y=0$，すなわち X 軸ですが，図 7-4-5 に示すように，包絡線 $y=0$ は，$y^2=(x-\alpha)^3$ の 2 つの分枝に接しています．

(2) $f(x,y,\alpha)=(y+\alpha)^2-(x+\alpha)x^2$ とおけば，求める包絡線は，つぎの 2 つの方程式からパラメータ α を消去して得られます．
$$f(x,y,\alpha) = (y+\alpha)^2-(x+\alpha)x^2 = 0$$
$$f_\alpha(x,y,\alpha) = 2(y+\alpha)-x^2 = 0$$
したがって，
$$\alpha = \frac{1}{2}x^2-y \;\Rightarrow\; \frac{1}{4}x^4-\left(x+\frac{1}{2}x^2-y\right)x^2 = 0$$
$$\Rightarrow\; x^2\left(y-x-\frac{1}{4}x^2\right) = 0$$
$$\Rightarrow\; x^2 = 0 \quad \text{または} \quad y = x+\frac{1}{4}x^2$$

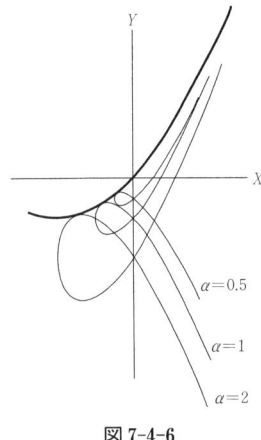

図 7-4-6

$x^2=0$，すなわち $x=0$ は，包絡線ではなく，重複点にすぎません．［重複点というのは，曲線が自ら交差している点です．］

包絡線は，$y=x+\frac{1}{4}x^2=\left(1+\frac{1}{2}x\right)^2-1$，すなわち $(-2, -1)$ を頂点とする放物線です．

練習問題 つぎの各曲線群の包絡線を求めなさい．
(1) $(y-\alpha)(x+1)=x^2$
(2) $(y-\alpha)^2=x(x-a)^2$ （a は正の定数）

例題 5 つぎの曲線群の包絡線を求めなさい．
$$y = a(x)\alpha^2+b(x)\alpha+c(x)$$
$$[a(x), b(x), c(x) \text{ は与えられた } x \text{ の関数}]$$
解答 包絡線はつぎの 2 つの方程式からパラメータ α を消去して得られます．
$$f(x,y,\alpha) = a(x)\alpha^2+b(x)\alpha+c(x)-y = 0$$
$$f_\alpha(x,y,\alpha) = 2a(x)\alpha+b(x) = 0$$
$$\alpha = -\frac{b(x)}{2a(x)} \;\Rightarrow\; \frac{4a(x)c(x)-b(x)^2}{4a(x)}-y = 0$$

包絡線は，$y=\dfrac{4a(x)c(x)-b(x)^2}{4a(x)}$ となります．

練習問題 つぎの各曲線群の包絡線を求めなさい．

(1) $(x-\alpha)^2+y^2=a^2-\alpha^2$ (2) $y=\alpha x+\dfrac{c}{\alpha}$ $(c\neq 0)$

(3) $\alpha x+\dfrac{1}{\alpha}y=c$ $(c\neq 0)$

例題 6 直角双曲線上の任意の点 P と直角双曲線の中心とをむすぶ線分を直径とする円の包絡線を求めなさい．

解答 直角双曲線の主軸を座標軸にとり，直角双曲線の方程式が $x^2-y^2=a^2$ となるようにします．直角双曲線上の点 P の座標を (p,q) とおけば，

$$p^2-q^2=a^2 \;\Rightarrow\; \frac{dq}{dp}=\frac{p}{q}$$

問題の条件をみたす円の方程式は，

$$\left(x-\frac{p}{2}\right)^2+\left(y-\frac{q}{2}\right)^2=\frac{p^2}{4}+\frac{q^2}{4} \;\Rightarrow\; x^2+y^2-px-qy=0$$

求める包絡線はつぎの 2 つの方程式からパラメータ p を消去して得られます．

$$f(x,y,p)=x^2+y^2-px-qy=0$$

$$f_p(x,y,p)=-x-\frac{dq}{dp}y=-\frac{1}{q}(qx+py)=0$$

$$\begin{cases} px+qy=x^2+y^2 \\ qx+py=0 \end{cases}$$

この連立方程式を (p,q) について解けば，

$$p=\frac{x(x^2+y^2)}{x^2-y^2},\; q=-\frac{y(x^2+y^2)}{x^2-y^2}$$

$$\Rightarrow\; p^2-q^2=\frac{x^2(x^2+y^2)^2}{(x^2-y^2)^2}-\frac{y^2(x^2+y^2)^2}{(x^2-y^2)^2}=a^2$$

$$\Rightarrow\; (x^2+y^2)^2=a^2(x^2-y^2)$$

求める包絡線は，$(x^2+y^2)^2=a^2(x^2-y^2)$ によってあらわされる曲線です．［この曲線は，第 5 章の章末問題で紹介したベルヌーイのレムニスケート（連珠線）に他なりません．］

練習問題 直角双曲線上の任意の点 P を中心として，直角双曲線の中心を通る円の包絡線を求めなさい．

第7章 第4節 包絡線問題

問題1 つぎの各曲線，あるいは直線群の包絡線を求めよ．
$[\alpha, \theta$ はパラメータ，a は正定数$]$

(1) $y = (x-\alpha)^2$

(2) $(y-\alpha)^2(x+a) = x^3 - a^3$

(3) $\alpha^2 x + \dfrac{y}{\alpha} = a$

(4) $(\alpha-1)x + \dfrac{y}{\alpha+1} = 2a$

(5) $x\cos\theta + y\sin\theta = a$

(6) $x\cos\theta - y\sin\theta = a$

(7) $x\cos^2\theta + y\sin^2\theta = a$

(8) $x\cos^2\theta - y\sin^2\theta = a$

(9) $x\cos^3\theta + y\sin^3\theta = a$

(10) $x\cos^3\theta - y\sin^3\theta = a$

(11) $(y+\alpha)^2 = \log(x+\alpha)$

問題2 面積がある一定の値 S をもつ楕円 $\dfrac{x^2}{a^2} + \dfrac{y^2}{b^2} = 1$ $(a, b > 0)$ の包絡線を求めよ．$[$楕円 $\dfrac{x^2}{a^2} + \dfrac{y^2}{b^2} = 1$ の面積は πab によって与えられます．$]$

問題3 定円の外にある定点 A と円上の任意の点 P をむすぶ線分を直径とする円の包絡線を求めよ．

問題4 楕円上の任意の点 P と楕円の中心とをむすぶ線分を直径とする円の包絡線を求めよ．

問題5 与えられた放物線の頂点 O と放物線上の任意の点 P をむすぶ線分を直径とする円の包絡線を求めよ．

問題6 ある半円 C の弧が定直線 l 上を滑らずにころがるとき，半円の直径の包絡線を求めよ．

154 ページの練習問題の答え
(1) 包絡線はない　(2) $x = 0$

155 ページの練習問題(上)の答え
(1) $\dfrac{x^2}{2a^2} + \dfrac{y^2}{a^2} = 1$　[楕円]
(2) $y^2 = 4cx$　[放物線]
(3) $xy = \dfrac{c^2}{4}$　[双曲線]

155 ページの練習問題(下)の答え
$(x^2+y^2)^2 = 4a^2(x^2-y^2)$　[ベルヌーイのレムニスケート]

第 8 章
曲線を極座標であらわす

アルキメデスの螺線

アルキメデスの螺線

原点からの距離を r とし，X 軸となす角を θ とするとき，
$$r = a\theta \quad (a>0)$$
をみたす点 P がえがく曲線をアルキメデスの螺線といいます．$\theta=0$ のとき，原点を通り，X 軸に接し，θ が大きくなるにつれて，螺線状の曲線をえがきながら，原点 O から急速にはなれていきます．点 P は (r, θ) によって一意的に決まります．このような表現を極座標といいます．原点 O を極，X 軸を始線，r を動径といいます．

アルキメデスの螺線上の点 $P=(r, \theta)$ における接線 PT が動径 OP となす角を φ とおけば，
$$\tan \varphi = \theta$$
この関係式は，つぎのようにして証明できます．動径 $\theta + \Delta\theta$ に対応するアルキメデスの螺線上の点を $Q=(r+\Delta r, \theta+\Delta\theta)$ とし，Q から動径 OP に下ろした垂線の足を H とし，$\varphi = \angle QPH$ とおきます．このとき，

$$\overline{\text{OP}} = r, \quad \overline{\text{OQ}} = r + \varDelta r, \quad \angle \text{POX} = \theta, \quad \angle \text{QOP} = \varDelta \theta$$

$$\tan \phi = \frac{\overline{\text{QH}}}{\overline{\text{PH}}} = \frac{(r+\varDelta r)\sin \varDelta \theta}{(r+\varDelta r)\cos \varDelta \theta - r}$$

$$= \frac{(r+\varDelta r)\dfrac{\sin \varDelta \theta}{\varDelta \theta}}{\cos \varDelta \theta \dfrac{\varDelta r}{\varDelta \theta} - r\dfrac{1-\cos \varDelta \theta}{\varDelta \theta}}$$

$\varDelta \theta \to 0$ の極限をとれば,

$$\varDelta r \to 0, \quad \frac{\varDelta r}{\varDelta \theta} \to r', \quad \frac{\sin \varDelta \theta}{\varDelta \theta} \to 1,$$

$$\frac{1-\cos \varDelta \theta}{\varDelta \theta} \to 0, \quad \phi \to \varphi$$

ゆえに,

$$\tan \varphi = \frac{r}{r'} = \theta \qquad \text{Q. E. D.}$$

1

アルキメデスの螺線

極接線影, 極法線影

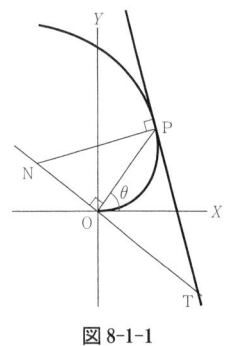

図 8-1-1

曲線上の点 P における接線, 法線が動径 OP に垂直な直線と交わる点を T, N とするとき, $\overline{\text{OT}}, \overline{\text{ON}}$ をそれぞれ極接線影, 極法線影といいます. アルキメデスの螺線上の点 $P=(r,\theta)$ における極接線影 $\overline{\text{OT}}$, 極法線影 $\overline{\text{ON}}$ は,

$$\overline{\text{OT}} = a\theta^2, \quad \overline{\text{ON}} = a$$

証明 $\angle \text{NPT} = \angle \text{POT} = \dfrac{\pi}{2}, \quad \angle \text{PNO} = \angle \text{OPT} = \varphi$

$$\overline{\text{OT}} = \overline{\text{OP}} \tan \varphi = r \times \theta = a\theta^2,$$

$$\overline{\text{ON}} = \overline{\text{OP}} \frac{1}{\tan \varphi} = r \times \frac{1}{\theta} = a \qquad \text{Q. E. D.}$$

練習問題 つぎの各曲線上の点 $P=(r,\theta)$ における接線 PT が動径 OP となす角 φ の正接 $\tan \varphi$, 極接線影 $\overline{\text{OT}}$, 極法線

影 $\overline{\mathrm{ON}}$ を計算しなさい．

(1) 逆螺線 $r = \dfrac{a}{\theta}$ $(a>0)$

(2) 対数螺線 $r = a^\theta = e^{b\theta}$ $(a>1,\ b=\log a>0)$

接線，法線の方程式

アルキメデスの螺線上の点 $\mathrm{P}=(r,\theta)$ における接線の方程式は，つぎのようにして求めることができます．

$\mathrm{P}=(r,\theta)$ における接線上の任意の点 Q の極座標を $\mathrm{Q}=(R,\Theta)$ とし，Q から動径 OP に下ろした垂線の足を H とすれば，

$$\overline{\mathrm{OP}} = r, \quad \overline{\mathrm{OQ}} = R$$
$$\angle \mathrm{QPH} = \angle \mathrm{OPT} = \varphi, \quad \angle \mathrm{QOH} = \Theta - \theta$$
$$\overline{\mathrm{OH}} = R\cos(\Theta-\theta), \quad \overline{\mathrm{PH}} = \dfrac{\overline{\mathrm{QH}}}{\tan\varphi} = \dfrac{R\sin(\Theta-\theta)}{\theta}$$
$$\overline{\mathrm{OP}} = \overline{\mathrm{OH}} - \overline{\mathrm{PH}} \;\Rightarrow\; r = R\cos(\Theta-\theta) - \dfrac{R\sin(\Theta-\theta)}{\theta}$$

$$\dfrac{1}{R} = \dfrac{1}{r}\cos(\Theta-\theta) - \dfrac{1}{r\theta}\sin(\Theta-\theta)$$

これが，アルキメデスの螺線上の点 $\mathrm{P}=(r,\theta)$ における接線を極座標 $\mathrm{Q}=(R,\Theta)$ によってあらわした方程式となるわけです．

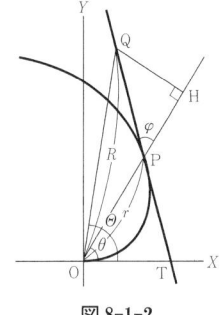

図 8-1-2

同じようにして，$\mathrm{P}=(r,\theta)$ における法線の方程式を求めることができます．

$\mathrm{P}=(r,\theta)$ における法線上の任意の点 Q の極座標を $\mathrm{Q}=(R,\Theta)$ とし，Q から動径 OP に下ろした垂線の足を H とすれば，
$$\angle \mathrm{PQH} = \angle \mathrm{OPT} = \varphi, \quad \angle \mathrm{QOH} = \Theta - \theta$$
$$\overline{\mathrm{OH}} = R\cos(\Theta-\theta), \quad \overline{\mathrm{PH}} = \overline{\mathrm{QH}}\tan\varphi = R\theta\sin(\Theta-\theta)$$
$$\overline{\mathrm{OP}} = \overline{\mathrm{OH}} + \overline{\mathrm{PH}} \;\Rightarrow\; r = R\cos(\Theta-\theta) + R\theta\sin(\Theta-\theta)$$
$$\dfrac{1}{R} = \dfrac{1}{r}\cos(\Theta-\theta) + \dfrac{1}{a}\sin(\Theta-\theta)$$

これが，アルキメデスの螺線上の点 $\mathrm{P}=(r,\theta)$ における法線の方程式です．

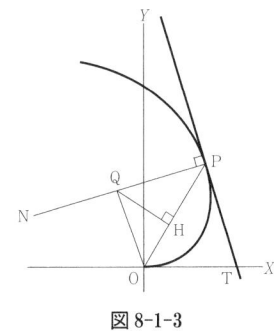

図 8-1-3

練習問題 つぎの各曲線上の点 $\mathrm{P}=(r,\theta)$ における接線，法線の方程式を求めなさい．

(1) 逆螺線　　$r = \dfrac{a}{\theta}$　　$(a > 0)$

(2) 対数螺線　　$r = a^\theta = e^{b\theta}$　　$(a > 0,\ b = \log a)$

2

曲線を極座標であらわす

曲線を極座標であらわす

　与えられた曲線を極座標 $P = (r, \theta)$ であらわしたとき，つぎのような関数によって表現されるとします：$r = r(\theta)$．

　アルキメデスの螺線，逆螺線，対数螺線の場合，$r(\theta)$ はつぎのような関数です．

$$r(\theta) = a\theta, \quad r(\theta) = \frac{a}{\theta}, \quad r(\theta) = a^\theta = e^{b\theta}$$

　曲線上の点 $P = (r, \theta)$ における接線 PT が動径 OP となす角を φ とおけば，

$$\tan \varphi = \frac{r}{r'}$$

ここで，

$$r = r(\theta), \quad r' = r'(\theta) = \frac{dr}{d\theta}$$

　この関係式は，アルキメデスの螺線の場合と同じようにして証明できます．

極接線影，極法線影

　極接線影，極法線影も，同じようにして計算できます．曲線上の点 $P = (r, \theta)$ における接線，法線が動径 OP に垂直な直線と交わる点を T, N とするとき，$\overline{\mathrm{OT}}, \overline{\mathrm{ON}}$ を極接線影，極法線影と定義しました．

　一般に，つぎの公式が成り立ちます．［いずれも絶対値をとります．］

158 ページの練習問題の答え

(1) $\tan \varphi = -\theta$, $\overline{\mathrm{OT}} = a$, $\overline{\mathrm{ON}} = \dfrac{a}{\theta^2}$

(2) $\tan \varphi = \dfrac{1}{b}$, $\overline{\mathrm{OT}} = \dfrac{r}{b}$, $\overline{\mathrm{ON}} = br$

$$\overline{\text{OT}} = \frac{r^2}{r'}, \quad \overline{\text{ON}} = r'$$

証明は，アルキメデスの螺線の場合と同じです．図 8-1-1 で，

$$\angle \text{NPT} = \angle \text{POT} = \frac{\pi}{2}, \quad \angle \text{PNO} = \angle \text{OPT} = \varphi$$

$$\overline{\text{OT}} = \overline{\text{OP}} \tan \varphi = r \times \frac{r}{r'} = \frac{r^2}{r'},$$

$$\overline{\text{ON}} = \overline{\text{OP}} \frac{1}{\tan \varphi} = r \times \frac{r'}{r} = r'$$

練習問題 つぎの各曲線上の点 $P = (r, \theta)$ における接線 PT が動径 OP となす角 φ の正接 $\tan \varphi$，極接線影 $\overline{\text{OT}}$，極法線影 $\overline{\text{ON}}$ を計算しなさい．

(1) $r = \dfrac{\theta}{\theta - \alpha} \quad (\alpha > 0)$ (2) $r = \dfrac{a}{\tan \theta} \quad (a > 0)$

接線，法線の方程式

一般の線上の点 $P = (r, \theta)$ における接線の方程式も，アルキメデスの螺線の場合と同じようにして求めることができます．図 8-1-2 で，$P = (r, \theta)$ における接線上の任意の点 Q の極座標を $Q = (R, \Theta)$ とし，Q から動径 OP に下ろした垂線の足を H とすれば，

$$\angle \text{QPH} = \angle \text{OPT} = \varphi, \quad \angle \text{QOH} = \Theta - \theta$$

$$\overline{\text{OH}} = R \cos(\Theta - \theta), \quad \overline{\text{PH}} = \frac{\overline{\text{QH}}}{\tan \varphi} = \frac{r' R \sin(\Theta - \theta)}{r}$$

$$\overline{\text{OP}} = \overline{\text{OH}} - \overline{\text{PH}} \Rightarrow r = R \cos(\Theta - \theta) - \frac{r' R \sin(\Theta - \theta)}{r}$$

$$\frac{1}{R} = \frac{1}{r} \cos(\Theta - \theta) + \left(\frac{1}{r}\right)' \sin(\Theta - \theta)$$

同じようにして，$P = (r, \theta)$ における法線の方程式を求めることができます．$P = (r, \theta)$ における法線上の任意の点 Q の極座標を $Q = (R, \Theta)$ とし，Q から動径 OP に下ろした垂線の足を H とすれば，図 8-1-3 から明らかなように

$$\angle \text{PQH} = \angle \text{OPT} = \varphi, \quad \angle \text{QOH} = \Theta - \theta$$

$$\overline{\text{OH}} = R\cos(\Theta-\theta), \quad \overline{\text{PH}} = \overline{\text{QH}}\tan\varphi = \frac{rR}{r'}\sin(\Theta-\theta)$$

$$\overline{\text{OP}} = \overline{\text{OH}} + \overline{\text{PH}} \Rightarrow r = R\cos(\Theta-\theta) + \frac{rR}{r'}\sin(\Theta-\theta)$$

$$\frac{1}{R} = \frac{1}{r}\cos(\Theta-\theta) + \frac{1}{r'}\sin(\Theta-\theta)$$

練習問題 つぎの各曲線上の点 P＝(r,θ) における接線，法線の方程式を求めなさい．

(1) $r = \dfrac{\theta}{\theta-\alpha}$ (2) $r = \dfrac{a}{\tan\theta}$

曲率半径を計算する

極座標 (r,θ) によってあらわされた曲線 $r=r(\theta)$ について，その曲率半径 ρ を計算すると，つぎのようになります．［必要に応じて絶対値をとる．］

$$\rho = \frac{(r^2+r'^2)^{\frac{3}{2}}}{r^2+2r'^2-rr''}$$

この公式を証明するためにまず，つぎの関係式を証明します．

$$y' = \frac{r'\sin\theta + r\cos\theta}{r'\cos\theta - r\sin\theta}, \quad y'' = \frac{r^2+2r'^2-rr''}{(r'\cos\theta-r\sin\theta)^3}$$

この関係式は，

$$x = r\cos\theta, \quad y = r\sin\theta$$

の両辺を微分して求めることができます．

$$\frac{dx}{d\theta} = \frac{dr}{d\theta}\cos\theta - r\sin\theta, \quad \frac{dy}{d\theta} = \frac{dr}{d\theta}\sin\theta + r\cos\theta$$

$$y' = \frac{\dfrac{dy}{d\theta}}{\dfrac{dx}{d\theta}} = \frac{\dfrac{dr}{d\theta}\sin\theta + r\cos\theta}{\dfrac{dr}{d\theta}\cos\theta - r\sin\theta} = \frac{r'\sin\theta + r\cos\theta}{r'\cos\theta - r\sin\theta}$$

同じようにして，

$$y'' = \frac{dy'}{dx} = \frac{r^2+2r'^2-rr''}{(r'\cos\theta-r\sin\theta)^3}$$

---

159 ページの練習問題の答え

(1) $\dfrac{1}{R} = \dfrac{1}{r}\cos(\Theta-\theta) + \dfrac{1}{r\theta}\sin(\Theta-\theta)$,

$\dfrac{1}{R} = \dfrac{1}{r}\cos(\Theta-\theta) - \dfrac{1}{a}\sin(\Theta-\theta)$

(2) $\dfrac{1}{R} = \dfrac{1}{r}\cos(\Theta-\theta) - \dfrac{b}{r}\sin(\Theta-\theta)$,

$\dfrac{1}{R} = \dfrac{1}{r}\cos(\Theta-\theta) + \dfrac{1}{br}\sin(\Theta-\theta)$

161 ページの練習問題の答え

(1) $\tan\varphi = -\dfrac{\theta(\theta-\alpha)}{\alpha}$, $\overline{\text{OT}} = -\dfrac{\theta^2}{\alpha}$,

$\overline{\text{ON}} = -\dfrac{\alpha}{(\theta-\alpha)^2}$

(2) $\tan\varphi = -\sin\theta\cos\theta$, $\overline{\text{OT}} = a\cos^2\theta$, $\overline{\text{ON}} = \dfrac{a}{\sin^2\theta}$

上の関係式を，曲率半径の公式 $\rho = \dfrac{(1+y'^2)^{\frac{3}{2}}}{y''}$ に代入します．

$$1+y'^2 = 1+\left(\dfrac{r'\sin\theta + r\cos\theta}{r'\cos\theta - r\sin\theta}\right)^2 = \dfrac{r^2+r'^2}{(r'\cos\theta - r\sin\theta)^2}$$

$$(1+y'^2)^{\frac{3}{2}} = \dfrac{(r^2+r'^2)^{\frac{3}{2}}}{(r'\cos\theta - r\sin\theta)^3},$$

$$y'' = \dfrac{r^2+2r'^2-rr''}{(r'\cos\theta - r\sin\theta)^3}$$

$$\rho = \dfrac{(1+y'^2)^{\frac{3}{2}}}{y''} = \dfrac{(r^2+r'^2)^{\frac{3}{2}}}{r^2+2r'^2-rr''}$$

練習問題 つぎの各曲線上の点 $P=(r,\theta)$ における曲率半径 ρ を計算しなさい．

(1) アルキメデスの螺線　$r = a\theta$　$(a>0)$

(2) 逆螺線　$r = \dfrac{a}{\theta}$　$(a>0)$

(3) 対数螺線　$r = a^\theta = e^{b\theta}$　$(a>0,\ b=\log a)$

(4) $r = \dfrac{\theta}{\theta - \alpha}$　　(5) $r = \dfrac{a}{\tan\theta}$

楕円を極座標であらわす

　楕円を極座標 (r,θ) であらわすことを考えてみたいと思います．直交座標 (x,y) による楕円の方程式は，

$$\dfrac{x^2}{a^2} + \dfrac{y^2}{b^2} = 1 \quad (a>b>0)$$

この楕円の焦点 $F=(-ea, 0)$ を極にとり，X 軸を始線にとります．ここで e は第 3 巻『代数で幾何を解く―解析幾何』の第 6 章で出てきた離心率です．楕円上の点 $P=(x,y)$ を極座標であらわしたとき，$P=(r,\theta)$ となるとします．P から X 軸に下ろした垂線の足を H とおけば，

$$x = \overline{OH} = \overline{FH} - \overline{OF} = r\cos\theta - ea, \quad y = \overline{PH} = r\sin\theta$$

楕円の方程式に代入して，$e = \dfrac{\sqrt{a^2-b^2}}{a}$ に注意して b を消去すれば，

$$r^2 = \{er\cos\theta + (1-e^2)a\}^2 \;\Rightarrow\; r(1-e\cos\theta) = (1-e^2)a$$

ここで，$l=(1-e^2)a$ とおけば，

$$\frac{l}{r} = 1 - e\cos\theta$$

楕円上の点 $P=(r,\theta)$ における接線が動径 OP となす角を φ とおけば，

$$\tan\varphi = \frac{r}{r'} = -\frac{1-e\cos\theta}{e\sin\theta} = -\frac{l}{re\sin\theta}$$

$\left(\text{円の場合}: e=0 \text{ だから, } \tan\varphi = +\infty \Rightarrow \varphi = \frac{\pi}{2}.\right)$

極接線影：$\overline{\mathrm{OT}} = \dfrac{r^2}{r'}$, 極法線影：$\overline{\mathrm{ON}} = r'$.

$$\overline{\mathrm{OT}} = \frac{r^2}{r'} = -\frac{l}{e\sin\theta},$$

$$\overline{\mathrm{ON}} = r' = -\frac{r^2 e\sin\theta}{l} = -\frac{re\sin\theta}{1-e\cos\theta}$$

接線の方程式：$\dfrac{1}{R} = \dfrac{1}{r}\cos(\Theta-\theta) + \left(\dfrac{1}{r}\right)'\sin(\Theta-\theta).$

$$\frac{1}{R} = \frac{1-e\cos\theta}{l}\cos(\Theta-\theta) + \frac{e\sin\theta}{l}\sin(\Theta-\theta)$$

$$\Rightarrow\; \frac{l}{R} = \cos(\Theta-\theta) - e\cos\Theta$$

法線の方程式：$\dfrac{1}{R} = \dfrac{1}{r}\cos(\Theta-\theta) + \dfrac{1}{r'}\sin(\Theta-\theta).$

$$\frac{1}{R} = \frac{1}{r}\cos(\Theta-\theta) - \frac{1-e\cos\theta}{re\sin\theta}\sin(\Theta-\theta)$$

$$\Rightarrow\; \frac{1}{R} = \frac{1-e\cos\theta}{re\sin\theta}\{e\sin\theta\cos(\Theta-\theta) - (1-e\cos\theta)\sin(\Theta-\theta)\}$$

$$\Rightarrow\; \frac{1}{R} = \frac{1-e\cos\theta}{re\sin\theta}\{e\sin\Theta - \sin(\Theta-\theta)\}$$

曲率半径：$\rho = \dfrac{(r^2+r'^2)^{\frac{3}{2}}}{r^2+2r'^2-rr''}.$

$z = \dfrac{1}{r}$ とおけば，

---

162 ページの練習問題の答え

(1) $\dfrac{1}{R} = \left(1-\dfrac{\alpha}{\theta}\right)\cos(\Theta-\theta) + \dfrac{\alpha}{\theta^2}\sin(\Theta-\theta)$, $\dfrac{1}{R} = \left(1-\dfrac{\alpha}{\theta}\right)\cos(\Theta-\theta) - \dfrac{(\theta-\alpha)^2}{\alpha}\sin(\Theta-\theta)$

(2) $\dfrac{1}{R} = \dfrac{\tan\theta\cos(\Theta-\theta)}{a} + \dfrac{\sin(\Theta-\theta)}{a\cos^2\theta}$, $\dfrac{1}{R} = \dfrac{\tan\theta\cos(\Theta-\theta)}{a} - \dfrac{\sin^2\theta\sin(\Theta-\theta)}{a}$

163 ページの練習問題の答え

(1) $\dfrac{(\theta^2+1)^{\frac{3}{2}}}{\theta^2+2}a$ (2) $\dfrac{(\theta^2+1)^{\frac{3}{2}}}{\theta^4}a$

(3) $e^{b\theta}\sqrt{1+b^2}$

(4) $\dfrac{\{\theta^2(\theta-\alpha)^2+\alpha^2\}^{\frac{3}{2}}}{\theta^2(\theta-\alpha)^4-2\alpha(\theta-\alpha)^3}$

(5) $\dfrac{a(1+\sin^2\theta\cos^2\theta)^{\frac{3}{2}}}{\sin^4\theta(2+\cos^2\theta)}$

$$r = \frac{1}{z}, \quad r' = -\frac{z'}{z^2}, \quad r'' = -\frac{z''z - 2z'^2}{z^3}$$

$$\rho = \frac{(r^2 + r'^2)^{\frac{3}{2}}}{r^2 + 2r'^2 - rr''} = \frac{(z^2 + z'^2)^{\frac{3}{2}}}{z^3(z + z'')}$$

$\frac{l}{r} = 1 - e\cos\theta$ のとき,

$$z = \frac{1 - e\cos\theta}{l}, \quad \rho = \frac{(1 + e^2 - 2e\cos\theta)^{\frac{3}{2}}}{(1 - e\cos\theta)^3} l$$

練習問題 つぎの各円錐曲線を極座標 (r, θ) であらわし,接線が動径となす角の正接,極接線影,極法線影,接線の方程式,法線の方程式,曲率半径を計算しなさい.

(1) 双曲線 $\dfrac{x^2}{a^2} - \dfrac{y^2}{b^2} = 1$ $(a, b > 0)$

(2) 放物線 $y^2 = 4ax$ $(a > 0)$

3

華麗な曲線

疾走線

$C = \left(\dfrac{a}{2}, 0\right)$ を中心とする半径 a の円と,直線 $x = a$ がある.原点 $O = (0, 0)$ を通る直線が円 C,直線 $x = a$ と交わる点をそれぞれ P, Q とし,線分 OQ 上に $\overline{RQ} = \overline{OP}$ となるような点 R をとるとき,R の軌跡を求めよ.

解答 円 C と直線 $x = a$ との交点を $A = (a, 0)$ とし,R の極座標を (r, θ) であらわすと,

$$\overline{OP} = \overline{OA}\cos\theta = a\cos\theta, \quad \overline{OQ} = \frac{\overline{OA}}{\cos\theta} = \frac{a}{\cos\theta}$$

$$\overline{OR} = \overline{OQ} - \overline{RQ} = \overline{OQ} - \overline{OP} = \frac{a}{\cos\theta} - a\cos\theta = \frac{a\sin^2\theta}{\cos\theta}$$

求める曲線の方程式は,

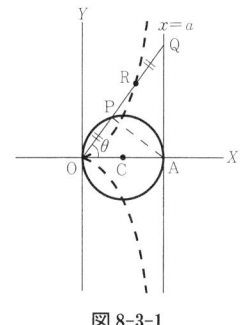

図 8-3-1

$$r = \frac{a\sin^2\theta}{\cos\theta}$$

極座標 (r, θ) と直交座標 (x, y) の関係から，つぎのようになります．

$$r^2 = x^2 + y^2, \quad \sin\theta = \frac{y}{r}, \quad \cos\theta = \frac{x}{r}$$

これらを上の方程式に代入して，

$$r = \frac{a\sin^2\theta}{\cos\theta} = \frac{ay^2}{rx} \Rightarrow x^2+y^2 = \frac{ay^2}{x} \Rightarrow y^2(a-x) = x^3$$

これは，疾走線とよばれる曲線です．

疾走線上の点 $P=(r,\theta)$ における接線が動径 OP となす角を φ とすれば，

$$\log r = \log a + 2\log\sin\theta - \log\cos\theta$$

$$\frac{r'}{r} = (\log r)' = \frac{2\cos\theta}{\sin\theta} + \frac{\sin\theta}{\cos\theta} = \frac{2\cos^2\theta + \sin^2\theta}{\sin\theta\cos\theta}$$

$$= \frac{1+\cos^2\theta}{\sin\theta\cos\theta} = \frac{3+\cos 2\theta}{\sin 2\theta}$$

$$\tan\varphi = \frac{r}{r'} = \frac{\sin 2\theta}{3+\cos 2\theta}$$

極接線影：$\overline{\mathrm{OT}} = \dfrac{r^2}{r'}$, **極法線影**：$\overline{\mathrm{ON}} = r'$

$$\overline{\mathrm{OT}} = \frac{r\sin 2\theta}{3+\cos 2\theta}, \quad \overline{\mathrm{ON}} = \frac{r(3+\cos 2\theta)}{\sin 2\theta}$$

接線の方程式：$\dfrac{1}{R} = \dfrac{1}{r}\cos(\Theta-\theta) + \left(\dfrac{1}{r}\right)'\sin(\Theta-\theta)$

$$\frac{1}{R} = \frac{1}{r}\left\{\cos(\Theta-\theta) - \frac{3+\cos 2\theta}{\sin 2\theta}\sin(\Theta-\theta)\right\}$$

$$\Rightarrow \frac{1}{R} = -\frac{1}{r\sin 2\theta}\{\sin(\Theta-3\theta) + 3\sin(\Theta-\theta)\}$$

法線の方程式：$\dfrac{1}{R} = \dfrac{1}{r}\cos(\Theta-\theta) + \dfrac{1}{r'}\sin(\Theta-\theta)$

$$\frac{1}{R} = \frac{1}{r}\left\{\cos(\Theta-\theta) + \frac{\sin 2\theta}{3+\cos 2\theta}\sin(\Theta-\theta)\right\}$$

$$\Rightarrow \frac{1}{R} = \frac{1}{r(3+\cos 2\theta)}\{3\cos(\Theta-\theta) + \cos(\Theta-3\theta)\}$$

165 ページの練習問題の答え

(1) $\dfrac{l}{r} = 1 - e\cos\theta$ [焦点 $(ae, 0)$ を極にとり，右側の分枝だけを考える．$l = (e^2-1)a$, $e = \dfrac{\sqrt{a^2+b^2}}{a}$]；楕円の場合と同じ．

(2) $\dfrac{l}{r} = 1 - \cos\theta$ [$l=2a$]；楕円の場合と同じで，$e=1$ とすればよい．

曲率半径： $\rho = \dfrac{(r^2+r'^2)^{\frac{3}{2}}}{r^2+2r'^2-rr''}$

$z=\dfrac{r'}{r}$ とおけば，

$$r' = rz \Rightarrow r'' = r'z+rz' = rz^2+rz'$$

$$\rho = \dfrac{(r^2+r'^2)^{\frac{3}{2}}}{r^2+2r'^2-rr''} = \dfrac{(r^2+r^2z^2)^{\frac{3}{2}}}{r^2+2r^2z^2-r(rz^2+rz')} = \dfrac{r(1+z^2)^{\frac{3}{2}}}{1+z^2-z'}$$

$z=\dfrac{r'}{r}=\dfrac{3+\cos 2\theta}{\sin 2\theta}$ のとき，

$$\rho = r\dfrac{\sqrt{2}\,(5+3\cos 2\theta)^{\frac{3}{2}}}{6\sin 2\theta(1+\cos 2\theta)}$$

疾走線の性質は，放物線[前節末の練習問題(2)]の場合とよく似ていますが，放物線とちがって，疾走線の場合，$x=a$ という漸近線をもちます．

ベルヌーイのレムニスケート

直角双曲線 $x^2-y^2=a^2$ 上の各点 $\mathrm{P}=(p,q)$ における接線に，中心 $\mathrm{O}=(0,0)$ から下ろした垂線の足 $\mathrm{Q}=(x,y)$ の軌跡を求めよ．

解答 $\mathrm{P}=(p,q)$ における接線の方程式は，

$$y-q = \dfrac{p}{q}(x-p) \Rightarrow px-qy = p^2-q^2 = a^2$$

この接線が X 軸と交わる点を R とおけば，$\overline{\mathrm{OR}}=\dfrac{a^2}{p}$．

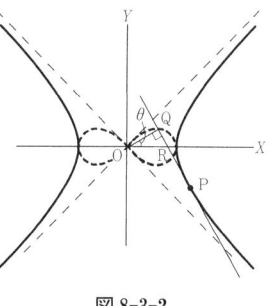

図 8-3-2

Q の極座標 (r,θ) であらわすと，動径 OQ は $\mathrm{P}=(p,q)$ における接線と直交するから，

$$\tan\theta = -\dfrac{q}{p}$$

$$1-\tan^2\theta = \dfrac{p^2-q^2}{p^2} = \dfrac{a^2}{p^2} \Rightarrow \dfrac{\cos 2\theta}{\cos^2\theta} = \dfrac{a^2}{p^2}$$

$$r = \overline{\mathrm{OQ}} = \overline{\mathrm{OR}}\cos\theta = \dfrac{a^2}{p}\cos\theta$$

$$r^2 = \dfrac{a^4}{p^2}\cos^2\theta = a^2\dfrac{\cos 2\theta}{\cos^2\theta}\cos^2\theta = a^2\cos 2\theta$$

求める曲線の方程式は，

$$r^2 = a^2\cos 2\theta$$

ここで，θ は $\cos 2\theta \geqq 0$，すなわち $0 \leqq \theta \leqq \dfrac{\pi}{4}$，$\dfrac{3}{4}\pi \leqq \theta \leqq \dfrac{5}{4}\pi$，$\dfrac{7}{4}\pi \leqq \theta \leqq 2\pi$ の範囲内の値しかとれません．

この方程式を直交座標 (x, y) であらわすとつぎのようになります．
$$r^4 = a^2 r^2 \cos 2\theta = a^2 r^2 (\cos^2\theta - \sin^2\theta) = a^2(x^2 - y^2)$$
$$(x^2 + y^2)^2 = a^2(x^2 - y^2)$$

これは，ベルヌーイのレムニスケートとよばれる歴史的な曲線です．レムニスケートはリボンを意味する Lemniscatus というラテン語からきた言葉で，連珠線と訳されることもあります．図に示されているように数字の 8 を横にした形の曲線です．

レムニスケート上の点 $P = (r, \theta)$ における接線が動径 OP となす角を φ とすれば，
$$2\log r = 2\log a + \log \cos 2\theta$$
$$\Rightarrow \quad \frac{r'}{r} = -\frac{\sin 2\theta}{\cos 2\theta} = -\tan 2\theta$$
$$\tan \varphi = \frac{r}{r'} = -\frac{1}{\tan 2\theta} = \tan\left(\frac{\pi}{2} + 2\theta\right) \quad \Rightarrow \quad \varphi = \frac{\pi}{2} + 2\theta$$

極接線影：$\overline{\text{OT}}$，**極法線影**：$\overline{\text{ON}}$
$$\overline{\text{OT}} = \frac{r^2}{r'} = -\frac{r}{\tan 2\theta}, \quad \overline{\text{ON}} = r' = -r\tan 2\theta$$

接線の方程式：
$$\frac{1}{R} = \frac{1}{r}\{\cos(\Theta - \theta) + \tan 2\theta \sin(\Theta - \theta)\}$$
$$\Rightarrow \quad \frac{1}{R} = \frac{1}{r\cos 2\theta}\cos(\Theta - 3\theta)$$

法線の方程式：
$$\frac{1}{R} = \frac{1}{r}\left\{\cos(\Theta - \theta) - \frac{1}{\tan 2\theta}\sin(\Theta - \theta)\right\}$$
$$\Rightarrow \quad \frac{1}{R} = -\frac{1}{r\sin 2\theta}\sin(\Theta - 3\theta)$$

曲率半径: $$\rho = \frac{r}{\cos 2\theta} = \frac{a^2}{r}$$

例題 1 $C = \left(\frac{a}{2}, 0\right)$ を中心とする直径 a の円上に任意に 2 つの点 P, Q を
$$\angle POA = \angle QOP \quad [A = (a, 0)]$$
となるようにとり, 2 つの線分 PO, QA の交点を R とする. このとき,
$$\overline{OS}^2 = \overline{OP} \times \overline{OR}$$
となるような線分 PO 上の点 S の軌跡を求めなさい.

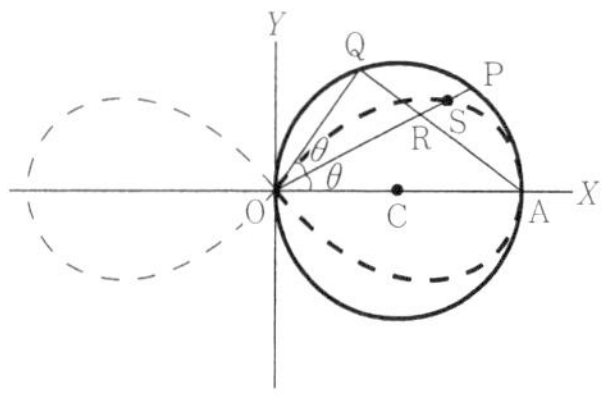

図 8-3-3

解答 S の極座標を (r, θ) であらわすと $\angle POA = \angle QOR = \theta$ となり,
$$\triangle POA \propto \triangle QOR$$
$$\Rightarrow \quad \frac{\overline{OR}}{\overline{OA}} = \frac{\overline{OQ}}{\overline{OP}}$$
$$\Rightarrow \quad \overline{OP} \times \overline{OR} = \overline{OA} \times \overline{OQ} = a^2 \cos 2\theta$$
$$\Rightarrow \quad r^2 = a^2 \cos 2\theta$$
すなわち, ベルヌーイのレムニスケートになります.

練習問題 (ジェロノのレムニスケート) つぎの曲線を極座標であらわしなさい.
$$a^2 y^2 = x^2 (a^2 - x^2)$$

カージオイド

$C = \left(\frac{a}{2}, 0\right)$ を中心とする直径 a $(a > 0)$ の円がある. 原点 $O = (0, 0)$ と円 C 上の任意の点 P をむすぶ直線 OP 上に点 Q をとり, $\overline{PQ} = a$ とするとき, Q の軌跡を求めよ.

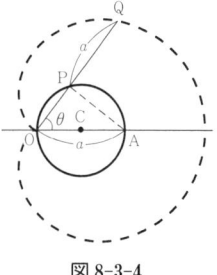

図 8-3-4

解答 $A = (a, 0)$, $\angle POA = \theta$ とおき, Q の極座標を (r, θ) であらわすと,
$$\overline{OP} = \overline{OA} \cos \theta = a \cos \theta, \quad \overline{OQ} = \overline{OP} + \overline{PQ} = a \cos \theta + a$$
求める曲線の方程式は,
$$r = a(\cos \theta + 1)$$
この方程式を直交座標 (x, y) であらわすとつぎのように

なります．
$$r = a(\cos\theta+1) \Rightarrow r = a\left(\frac{x}{r}+1\right)$$
$$\Rightarrow r^2 = a(x+r) \Rightarrow (r^2-ax)^2 = a^2 r^2$$
$$(x^2+y^2-ax)^2 = a^2(x^2+y^2)$$

これは，カージオイド（心臓形）とよばれる曲線です．

リマソン

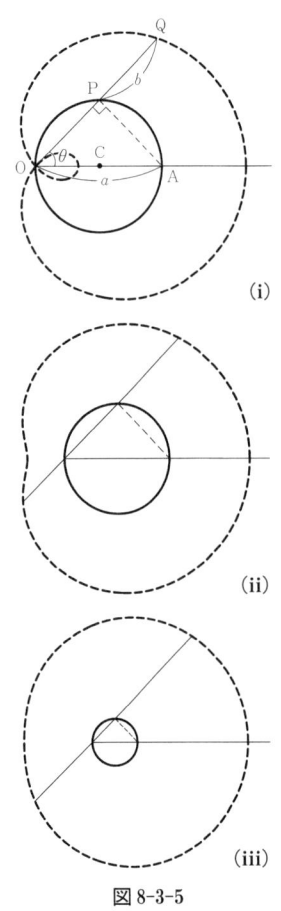

図 8-3-5

$C = \left(\dfrac{a}{2}, 0\right)$ を中心とする直径 a の円がある．原点 $O = (0, 0)$ と円 C 上の任意の点 P をむすぶ直線 OP 上に点 Q をとり，$\overline{PQ} = b$ とするとき，Q の軌跡を求めよ $[a, b > 0]$．

解答 $A = (a, 0)$，$\angle POA = \theta$ とおき，Q の極座標を (r, θ) であらわすと，
$$\overline{OP} = \overline{OA}\cos\theta = a\cos\theta, \quad \overline{OQ} = \overline{OP} + \overline{PQ} = a\cos\theta + b$$
求める曲線の方程式は，
$$r = a\cos\theta + b$$

この方程式を直交座標 (x, y) であらわすとつぎのようになります．
$$r = a\cos\theta + b \Rightarrow r = a\frac{x}{r} + b$$
$$\Rightarrow r^2 = ax + br \Rightarrow (r^2 - ax)^2 = b^2 r^2$$
$$(x^2+y^2-ax)^2 = b^2(x^2+y^2)$$

これは，リマソン（かたつむり線）とよばれる曲線です．カージオイドは，$a = b$ の場合です．図 8-3-5 にしめされているように，リマソンは，$b < a$ (i)，$a < b < 2a$ (ii)，$2a \leq b$ (iii) の場合，それぞれことなった形をしています．

169 ページの練習問題の答え
$r^2 = \dfrac{4a^2 \cos 2\theta}{(1+\cos 2\theta)^2}$

例題2 ある円Cと1点Aが与えられている．Aから円C上の任意の点Pにおける接線に下ろした垂線の足をQとするとき，Qの軌跡を求めよ．

解答 Aを極にとり，Aと定円の中心Cを始線にとり，Qの極座標を(r, θ)とします．$\overline{CA}=a$，円Cの半径をbとし，Cから線分AQに下ろした垂線の足をRとおけば，
$$r = \overline{AQ} = \overline{AR} + \overline{RQ} = a\cos\theta + b$$
Qの軌跡はリマソンとなります．

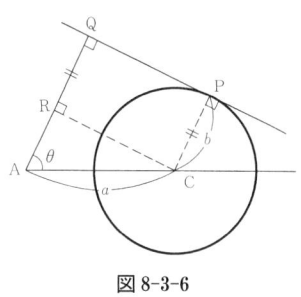

図 8-3-6

アステロイド

原点 $O=(0,0)$ を中心とする半径 a ($a>0$) の円上の任意の点PからX軸，Y軸に下ろした垂線の足Q, Rをむすぶ線分QRにPから下ろした垂線の足をSとするとき，Sの軌跡を求めよ．

解答 $S=(x,y)$とおき，$\angle RQO = \theta$とおけば，
$$\overline{RQ}^2 = \overline{RP}^2 + \overline{PQ}^2 = \overline{OQ}^2 + \overline{PQ}^2 = \overline{OP}^2 = a^2 \Rightarrow \overline{RQ} = a$$
$$\overline{RP} = a\cos\theta, \quad \overline{PQ} = a\sin\theta$$
SからX軸，Y軸に下ろした垂線の足をH, Kとすれば，
$$\overline{OH} = \overline{KS} = \overline{RS}\cos\theta = (\overline{RP}\cos\theta)\cos\theta \Rightarrow x = a\cos^3\theta$$
$$\overline{SH} = \overline{SQ}\sin\theta = (\overline{PQ}\sin\theta)\sin\theta \Rightarrow y = a\sin^3\theta$$
$$x^{\frac{2}{3}} + y^{\frac{2}{3}} = a^{\frac{2}{3}}$$
すなわち，求める軌跡は，アステロイドになります．

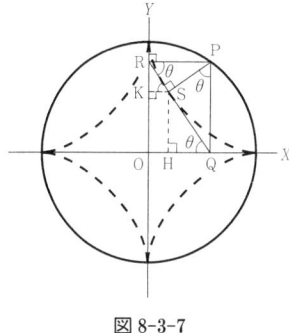

図 8-3-7

サイクロイド

円Cが定直線l上をすべらずに転がるとき，円C上の定点Pの軌跡を求めよ．

解答 直線lをX軸にとり，最初にP点が原点Oにある状態から転がりはじめることにします．P点の位置を(x,y)とし，円CがX軸と接する点をTとします．$\angle PCT = \theta$とおき，PからOT, CT（あるいは，その延長）に下ろした垂線の足をそれぞれH, Kとおけば，
$$\overline{OH} = \overline{OT} - \overline{HT} = a\theta - \overline{CP}\sin\theta \Rightarrow x = a\theta - a\sin\theta$$
$$\overline{PH} = \overline{CT} + \overline{CK} = \overline{CT} + \overline{CP}\cos(\pi-\theta) \Rightarrow y = a - a\cos\theta$$
$$x = a\theta - a\sin\theta, \quad y = a - a\cos\theta$$

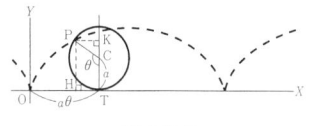

図 8-3-8

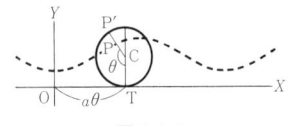

図 8-3-9

これは，サイクロイドとよばれる曲線です．

例題 3 円 C が定直線 l 上をすべらずに転がるとき，円 C 内の定点 P ($\overline{CP}=b$) の軌跡を求めよ．

解答 直線 l を X 軸にとり，最初に P を通る半径の一端 P′ が原点 O にある状態から転がりはじめることにします．P 点の位置を (x, y) とし，円 C が X 軸と接する点を T とします．点 P から X 軸，CT (あるいは，その延長) に下ろした垂線の足をそれぞれ H, K とする．∠PCT=θ とおけば，

$$\overline{OH} = \overline{OT} - \overline{HT} = a\theta - \overline{CP}\sin\theta \;\Rightarrow\; x = a\theta - b\sin\theta$$
$$\overline{PH} = \overline{CT} + \overline{CK} = \overline{CT} - \overline{CP}\cos\theta \;\Rightarrow\; y = a - b\cos\theta$$
$$x = a\theta - b\sin\theta, \quad y = a - b\cos\theta$$

この曲線は，トロコイドとよばれる曲線です．もっとも，正確には，内トロコイドです．定点 P が円 C の外にあるときは，外トロコイドとよばれます．

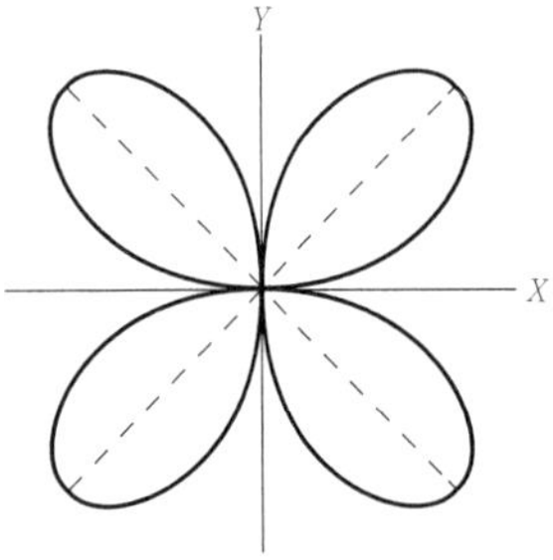

例題 4 (グランディのばら形，四葉線) つぎの曲線を極座標によってあらわし，その形をしらべなさい．
$$(x^2+y^2)^3 = 4a^2x^2y^2 \quad (a>0)$$

解答 $x = r\cos\theta$, $y = r\sin\theta$, $x^2+y^2 = r^2$ を上の方程式に代入して，整理すれば，
$$r^6 = 4a^2r^4\cos^2\theta\sin^2\theta$$
$$\Rightarrow\; r^2 = a^2(2\cos\theta\sin\theta)^2 = a^2\sin^2 2\theta$$

図 8-3-10

$0<\theta<\dfrac{\pi}{4}$ の範囲だけ考えればよく [他の範囲は，対称性からわかる]，
$$r = a\sin 2\theta$$

じっさいにいくつかの θ の値にたいする r の値をプロットしてみると，図のようになります．

この章を終えるにあたって，第 5 章の章末問題にも出てきたデカルトの正葉線をもう一度とりあげたいと思います．ここでは曲線の方程式をパラメータであらわすやり方をしてみましょう．

例題 5 (デカルトの正葉線) つぎの曲線の形をしらべなさい．
$$x^3 + y^3 = 3axy \quad (a>0)$$

解答 $y=tx$ とおいて，問題の方程式に代入して，整理すれば，

$$x = \frac{3at}{1+t^3}, \quad y = \frac{3at^2}{1+t^3}$$

これを微分すると，

$$\frac{dx}{dt} = \frac{3a(1-2t^3)}{(1+t^3)^2}, \quad \frac{dy}{dt} = \frac{3at(2-t^3)}{(1+t^3)^2}$$

$$\frac{dy}{dx} = \frac{dy/dt}{dx/dt} = \frac{t(2-t^3)}{1-2t^3}$$

これらを参考にして，じっさいにいくつかの値をプロットしてみると，図に示したような形をしていることがわかります．直線は方程式 $x+y+a=0$ であらわされる漸近線をしめしています．

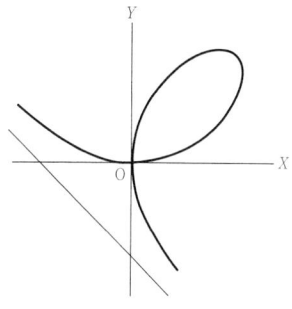

図 8-3-11

第8章 曲線を極座標であらわす 問題

問題1 つぎの各曲線の曲率半径を求めよ．
(1) $r = a\cos 2\theta$ 　　(2) $r = a\cos n\theta$
(3) $r^n = a^n \cos n\theta$

問題2 極座標の関数 $r = r(\theta)$ によって表現される曲線が極において始線に接するとき，極における曲率半径 ρ はつぎの公式によって与えられることを証明せよ．
$$\rho = \lim_{\theta \to 0} \frac{r}{2\theta}$$

問題3 原点 O を通る任意の直線が直線 $x = a$ と交わる点を P とし，線分 OP，あるいはその延長上に，P からの距離 $\overline{\mathrm{PQ}} = b$ がある与えられた長さ $b\,(b > 0)$ に等しくなるような点 Q をとるとき，Q の軌跡を求めよ．

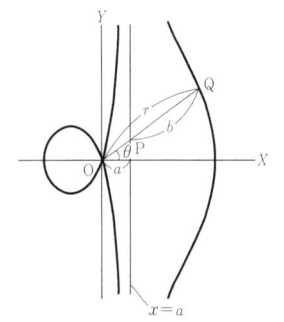

図 8-問題 3

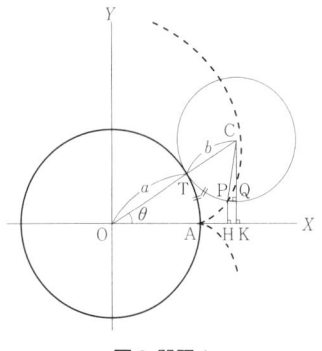

図 8-問題 4

問題4 円 C が定円 O 上をすべらずに転がるとき，円 C 上の定点 P の軌跡を求めよ．

問題5 円 C が定円 O 上をすべらずに転がるとき，円 C の内部，あるいは外部にある定点の軌跡を求めよ．

問題6 2 つの定点 A, B との間の距離の積が一定の値 (k^2) をとるような点 P の軌跡を求めよ．
$$\overline{\mathrm{PA}} \times \overline{\mathrm{PB}} = k^2$$

第 9 章
最短距離を求める

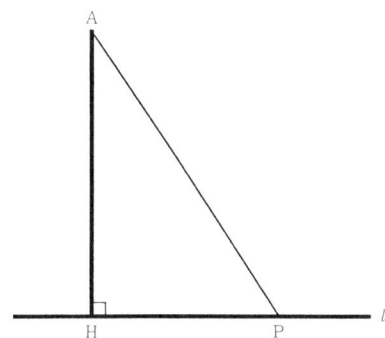

定点と直線の最短距離を求める

ある 1 点 A と直線 l が与えられているとき，A から直線 l への最短距離を求める問題を考えてみましょう．この問題はすでに第 2 巻『図形を考える―幾何』でくわしくお話ししました．復習を兼ねて，幾何の考え方による解法をはじめに説明しましょう．

A から直線 l に下ろした垂線の足を H とすれば，$\overline{AH}$ が A と直線 l との間の最短距離となります．直線 l 上に H 以外の任意の点 P をとれば，三角形 $\triangle APH$ は直角三角形となるから，$\overline{AP} > \overline{AH}$.

同じ問題をベクトルの手法を使って考えます．直線 l 上の 1 点 O を原点にとってベクトル表現を用います．直線 l 上に，$\overrightarrow{OB} = 1$ となるような点 B をとり，$b = \overrightarrow{OB}$ とおけば，$(b, b) = 1$. 直線 l 上の任意の点 P に対して，そのベクトル $p = \overrightarrow{OP}$ は，$p = tb$. $a = \overrightarrow{OA}$ とおけば
$$\overline{AP}^2 = (p-a, p-a) = (tb-a, tb-a)$$
$$= t^2 - 2(a,b)t + (a,a) = \{t-(a,b)\}^2 + (a,a) - (a,b)^2$$
$\overline{AP}^2$ の最小値は，$t_0 = (a, b)$ のときで，$(a,a) - (a,b)^2$ となります．$p_0 = t_0 b = (a,b)b$ とおけば，
$$(a-p_0, p_0) = (a, p_0) - (p_0, p_0) = (a,b)^2 - (a,b)^2 = 0$$
したがって，$\overrightarrow{AP_0} \perp \overrightarrow{OP_0}$.

1

最短距離を求める

微分を使って最短距離を求める

　1点 A と直線 l との間の最短距離を求める問題を微分の考え方を使って解きます．じつは，この問題は第2巻の幾何の考え方を使って解くのが一番簡単でわかりやすく，そのつぎにわかりやすいのが第4巻のベクトルの方法を使った解法です．微分を使う解き方が一番複雑です．しかし，微分の考え方を使うと，もっと一般的な，むずかしい問題も解くことができます．

　与えられた点 A が原点となるように座標軸をとり，直線 l がつぎの方程式で与えられているとします．

$$4x+3y = 10$$

このとき，A と直線 l との間の最短距離を求める問題を微分の考え方を使って解こうというわけです．直線 l 上の任意の点 P の座標を (x, y) とすれば

$$\overline{\mathrm{AP}}^2 = x^2+y^2$$

この式の右辺は，つぎのような関数記号であらわすと便利です．

$$f(x, y) = x^2+y^2$$

　1点 A と直線 l との間の最短距離を求める問題は，関数 $f(x, y)$ が

$$4x+3y = 10$$

という制約条件のもとで最小になるような (x, y) をえらぶという問題に帰着されます．このような問題を条件付き最小問題といって，数学ではしょっちゅう出てくる問題です．$f(x, y)$ を最小にするのは，$-f(x, y)$ を最大にすることになりますから，上の問題は「条件付き最大問題」ということもあります．

　制約条件 $4x+3y=10$ を y について解けば

$$y = \frac{10}{3} - \frac{4}{3}x$$

この y の式を $f(x,y)$ に代入すれば

$$f(x,y) = x^2 + \left(\frac{10}{3} - \frac{4}{3}x\right)^2 = \frac{25}{9}x^2 - \frac{80}{9}x + \frac{100}{9}$$

この式の右辺は x の関数で

$$g(x) = \frac{25}{9}x^2 - \frac{80}{9}x + \frac{100}{9}$$

とおけば, $g(x)$ はその微分が 0 のとき最小になります.

$$g'(x) = \frac{50}{9}x - \frac{80}{9} = 0 \;\Rightarrow\; x = \frac{8}{5},\; y = \frac{6}{5}$$

このようにして

$$f(x,y) = x^2 + y^2$$

が制約条件

$$4x + 3y = 10$$

のもとで最小になるような (x,y) は $\left(\dfrac{8}{5}, \dfrac{6}{5}\right)$ によって与えられ, $f\left(\dfrac{8}{5}, \dfrac{6}{5}\right) = 4$.

求める最短距離は, $\sqrt{x^2+y^2} = 2$ となります.

練習問題 $\mathrm{A} = (7, 2)$ と直線 $l\colon 3x+4y=9$ との間の最短距離を求める問題を微分の考え方を使って解きなさい.

定点と直線の最短距離を一般的な場合について微分を使って解く

1 点 A と直線 l との間の最短距離を求める問題を一般的な場合について, 微分の考え方を使って解きます. 与えられた点 A が原点となるように座標軸をとり, 直線 l の方程式がつぎの一般的な形で与えられているとします.

$$ax + by = c$$

ここで, a, b, c は定数です. c が 0 となることはありますが, a, b が同時に 0 とはならないとします. 以下の議論では, $b \neq 0$ の場合を考えます.

直線 l 上の任意の点 P の座標を (x, y) とし

$$f(x, y) = \overline{\mathrm{AP}}^2 = x^2 + y^2$$

A と直線 l との間の最短距離を求める問題は，関数 $f(x,y)$ が
$$ax+by=c$$
という制約条件のもとで最小になるような (x,y) をえらぶという形に定式化できます．

制約条件を y について解けば
$$y = \frac{c}{b} - \frac{a}{b}x$$

この y の式を $f(x,y)$ に代入すれば
$$f(x,y) = x^2 + \left(\frac{c}{b} - \frac{a}{b}x\right)^2 = x^2 + \left(\frac{c^2}{b^2} - \frac{2ac}{b^2}x + \frac{a^2}{b^2}x^2\right)$$
$$= \frac{a^2+b^2}{b^2}x^2 - \frac{2ac}{b^2}x + \frac{c^2}{b^2}$$

この式の右辺は x の関数で
$$g(x) = \frac{a^2+b^2}{b^2}x^2 - \frac{2ac}{b^2}x + \frac{c^2}{b^2}$$

とおけば，この二次関数 $g(x)$ はその微分が 0 のとき最小になります．
$$g'(x) = \frac{2(a^2+b^2)}{b^2}x - \frac{2ac}{b^2} = 0$$
$$\Rightarrow \quad x = \frac{ac}{a^2+b^2}, \; y = \frac{bc}{a^2+b^2}$$

このようにして
$$f(x,y) = x^2 + y^2$$
が制約条件
$$ax+by=c$$
のもとで最小になるような (x,y) は
$$(x,y) = \left(\frac{ac}{a^2+b^2}, \frac{bc}{a^2+b^2}\right)$$
によって与えられることが示されました．このときの $f(x,y)$ の値は
$$f(x,y) = x^2 + y^2 = \left(\frac{ac}{a^2+b^2}\right)^2 + \left(\frac{bc}{a^2+b^2}\right)^2 = \frac{c^2}{a^2+b^2}$$

求める最短距離は，$\dfrac{|c|}{\sqrt{a^2+b^2}}$．

177 ページの練習問題の答え
$(x-7)^2+(y-2)^2$ を $3x+4y=9$ のもとで最小にする．求める最短距離は 4．

練習問題 1点Aと直線lとの間の最短距離を求める問題を微分を使って解きなさい．

2

ラグランジュの未定係数法

ラグランジュの未定係数法

　前節では，ある1点から直線への最短距離を求めるという問題を微分の考え方を使って解くことを説明しました．この問題は，条件付き最大あるいは最小問題とよばれ，数学でしばしば登場する問題です．なかには非常にむずかしい問題もあります．この条件付き最大あるいは最小問題について，微分を使ったたいへん役に立つエレガントな解法があります．「ラグランジュの未定係数法」といわれる方法です．

　ラグランジュは，18世紀の後半から19世紀の初頭にかけて活躍した数学者です．解析力学をはじめとして数学の数多くの分野ですぐれた業績をのこしています．ラグランジュの未定係数法のほかに，ラグランジュの運動方程式というのがあります．また，第4巻『図形を変換する—線形代数』ではラグランジュによる多面体にかんするオイラーの定理のみごとな証明を紹介しました．

　ラグランジュは1736年，イタリアのトリノで生まれましたが，フリードリヒ大王によばれてベルリンにゆき，1766年，18世紀最高の数学者オイラーの後をついで，ベルリン科学アカデミーの会員となりました．フリードリヒ大王の死後，パリに移り，メートル法制定の委員長としてメートル法の導入に中心的な役割をはたしたり，エコール・ポリテクニークの創設に尽力し，その初代の学長になったりしました．その功績を買われて，ナポレオンから伯爵の称号を授かっています．

　はじめに，前節の数値例を使って，ラグランジュの未定係数法を説明しましょう．与えられた点Aが原点となるよう

に座標軸をとり，直線 l がつぎの方程式で与えられているとします．
$$4x+3y = 10$$
この制約条件をみたす (x,y) のなかで
$$f(x,y) = x^2+y^2$$
を最小にせよ．

前節でお話しした解き方をくり返しておきます．制約条件を y について解けば
$$y = \frac{10}{3} - \frac{4}{3}x$$
$f(x,y)$ に代入して
$$f(x,y) = x^2+\left(\frac{10}{3}-\frac{4}{3}x\right)^2 = \frac{25}{9}x^2-\frac{80}{9}x+\frac{100}{9}$$
$$g(x) = \frac{25}{9}x^2-\frac{80}{9}x+\frac{100}{9}$$
$$g'(x) = \frac{50}{9}x-\frac{80}{9} = 0 \;\Rightarrow\; x = \frac{8}{5},\; y = \frac{6}{5}$$
求める解は $(x,y)=\left(\dfrac{8}{5},\dfrac{6}{5}\right)$, $f\left(\dfrac{8}{5},\dfrac{6}{5}\right)=4$.

ラグランジュの未定係数法

さて，この条件付き最小問題をラグランジュの未定係数法を使って解きます．念のため，問題をもう一度書き上げておきましょう．

問題 $\quad f(x,y) = x^2+y^2$

が制約条件
$$4x+3y = 10$$
のもとで最小になるような (x,y) をみつけよ．

まず，制約条件をつぎのように書き換えます．
$$10-4x-3y = 0$$
このとき，つぎのような式をつくります．
$$L = x^2+y^2+\lambda(10-4x-3y)$$
この式 L をラグランジュ形式とよび，λ をラグランジュの未定係数といいます．λ を未定係数というのは，λ の値を未知数とみなして，その値を計算すれば，与えられた条件付き最

---

179 ページの練習問題の答え
A$=(p,q)$, 直線 l の方程式を $ax+by=c$ とする．$y = \dfrac{c}{b}-\dfrac{a}{b}x$ を $\overline{\mathrm{AP}}^2=(x-p)^2+(y-q)^2$ に代入して得られる関数を $g(x)$ とし，$g'(x)=0$ の根を求めればよい．求める最短距離は，$\dfrac{|ap+bq-c|}{\sqrt{a^2+b^2}}$.

小問題の解が求まるようになっているからです．

　このラグランジュ形式 L は，2つの変数 x, y とラグランジュの未定係数 λ の関数ですので，つぎのような関数記号であらわすことができます．

$$L(x, y, \lambda) = x^2 + y^2 + \lambda(10 - 4x - 3y)$$

　つぎに，このラグランジュ形式 $L(x, y, \lambda)$ をそれぞれ x, y, λ の関数と考えて，その微係数を計算して，0に等しいとおきます．

$$\frac{dL}{dx} = 2x - 4\lambda = 0$$

$$\frac{dL}{dy} = 2y - 3\lambda = 0$$

$$\frac{dL}{d\lambda} = 10 - 4x - 3y = 0 \quad \text{［制約条件そのもの］}$$

この3つの方程式を同時にみたすような x, y, λ の値を計算すれば，最初に与えられた条件付き最小問題の解になるというのがラグランジュの未定係数法です．実際に計算する前に，微分の記号のことで注意しておきたいことがあります．

　$L(x, y, \lambda)$ を x の関数と考えて，その微係数を計算しました．

$$\frac{dL}{dx} = 2x - 4\lambda$$

ところが，この関数 $L(x, y, \lambda)$ は，変数として，x のほかに y, λ も変数ですが，上の $\frac{dL}{dx}$ を計算するときに，他の2つの変数 y, λ は定数とみなし，変化しないという前提をおいていたわけです．上で計算した $\frac{dL}{dx}$ は，関数 $L(x, y, \lambda)$ を $\frac{dL}{dx}$ について「部分的に」微分したものです．「部分的に」微分したという意味で，偏微分といい，$\frac{\partial L}{\partial x}$ と記します．偏微分は，英語の Partial Derivative の訳語です．普通の微分は Derivative です．$\frac{\partial L}{\partial x}$ は「ラウンド・デルタ L・オーバー・ラウンド・デルタ x」とよみます．$\frac{dL}{dx}$ は「ディ L・オーバ

ー・ディ x」です．もともと

$$\frac{dL}{dx} = \frac{d}{dx}(L), \quad \frac{\partial L}{\partial x} = \frac{\partial}{\partial x}(L)$$

を意味し，$\frac{d}{dx}, \frac{\partial}{\partial x}$ はそれぞれ，微分オペレータ，偏微分オペレータとよびます．

　日本語では，分数をよむとき，分母からさきによんで分子をあとによみます．たとえば，$\frac{2}{3}$ は「3分の2」とよみますが，英語では「2 over 3」です．数学では，英語風の読み方の方が都合がいいようです．とくに，$\frac{dL}{dx}, \frac{\partial L}{\partial x}$ をよむときにはかならず，$dL, \partial L$ からさきによむようにして下さい．

　偏微分の記号を使うと，ラグランジュの条件はつぎのようになります．

$$\frac{\partial L}{\partial x} = 2x - 4\lambda = 0$$

$$\frac{\partial L}{\partial y} = 2y - 3\lambda = 0$$

$$\frac{\partial L}{\partial \lambda} = 10 - 4x - 3y = 0$$

整理すれば
$$2x = 4\lambda, \quad 2y = 3\lambda, \quad 4x + 3y = 10$$
最初の2つの式から
$$x = 2\lambda, \quad y = \frac{3}{2}\lambda$$
第3の式に代入すれば
$$4 \times 2\lambda + 3 \times \frac{3}{2}\lambda = 10 \;\Rightarrow\; \frac{25}{2}\lambda = 10 \;\Rightarrow\; \lambda = \frac{4}{5}$$
$$\Rightarrow\; x = \frac{8}{5}, \; y = \frac{6}{5}$$

練習問題　つぎの問題をラグランジュの未定係数法を使って解きなさい．

(1)　点 A$=(-5, 4)$ と直線 $l: 7x + 3y = 35$ との間の最短距離 d を求めよ．

(2) 点 A＝(p, q) と直線 l: $ax+by+c=0$ との間の最短距離 d を求めよ．

定点と円の最短距離を計算する

　ラグランジュの未定係数法の応用の一例として，定点 A と円 O との間の最短距離 d を計算するという問題を解いてみましょう．A＝(p, q) とし，また円 O の方程式は
$$x^2+y^2=r^2$$
とします．A と円 O 上の点 P＝(x, y) との間の距離は $\overline{\mathrm{AP}}=\sqrt{(x-p)^2+(y-q)^2}$ だから，つぎの最小問題を解けばよい．
　制約条件
$$x^2+y^2=r^2$$
のもとで，$f(x, y)=(x-p)^2+(y-q)^2$ を最小にせよ．
　ラグランジュの未定係数を λ とし，ラグランジュ形式 L を定義します．
$$L = (x-p)^2+(y-q)^2+\lambda(x^2+y^2-r^2)$$

$\dfrac{\partial L}{\partial x} = 2(x-p)+2\lambda x = 0 \;\Rightarrow\; (1+\lambda)x-p = 0$
$\hspace{5em} \Rightarrow\; x = \dfrac{p}{1+\lambda}$

$\dfrac{\partial L}{\partial y} = 2(y-q)+2\lambda y = 0 \;\Rightarrow\; (1+\lambda)y-q = 0$
$\hspace{5em} \Rightarrow\; y = \dfrac{q}{1+\lambda}$

$\dfrac{\partial L}{\partial \lambda} = x^2+y^2-r^2 \;\Rightarrow\; x^2+y^2 = r^2$

したがって
$$x^2+y^2 = \left(\dfrac{p}{1+\lambda}\right)^2+\left(\dfrac{q}{1+\lambda}\right)^2 = r^2$$
$$\Rightarrow\; (1+\lambda)^2 = \dfrac{p^2+q^2}{r^2}$$
$$\Rightarrow\; 1+\lambda = \pm\dfrac{\sqrt{p^2+q^2}}{r}$$
$$\lambda = \dfrac{\sqrt{p^2+q^2}-r}{r} \quad\text{または}\quad -\dfrac{\sqrt{p^2+q^2}+r}{r}$$

$\lambda = \dfrac{\sqrt{p^2+q^2}-r}{r}$ のとき，

$$(x,y) = \left(\dfrac{pr}{\sqrt{p^2+q^2}}, \dfrac{qr}{\sqrt{p^2+q^2}}\right), \quad f(x,y) = (\sqrt{p^2+q^2}-r)^2$$

$\lambda = -\dfrac{\sqrt{p^2+q^2}+r}{r}$ のとき，

$$(x,y) = \left(-\dfrac{pr}{\sqrt{p^2+q^2}}, -\dfrac{qr}{\sqrt{p^2+q^2}}\right),$$
$$f(x,y) = (\sqrt{p^2+q^2}+r)^2$$

この 2 つの λ のうち，最短距離は，$\lambda = \dfrac{\sqrt{p^2+q^2}-r}{r}$ のときで，$d = |\sqrt{p^2+q^2}-r|$ となることは明らかでしょう．もう 1 つの $\lambda = -\dfrac{\sqrt{p^2+q^2}+r}{r}$ の場合の $d = |\sqrt{p^2+q^2}+r|$ は A と円 O との間の最長距離となります．

この例題が示すように，ラグランジュの未定係数法を使って得られる解は，制約条件のもとで，関数 $f(x,y)$ を最大にすることもあり，最小にすることもあります．そのどちらであるかは，問題の性質から判断できるのが一般的です．

上の計算からわかるように，点 A と円 O との間の最短距離 d は，点 A と円 O の中心をむすぶ直線が円 O と交わる点との間の距離となります．

練習問題 つぎの問題をラグランジュの未定係数法を使って解きなさい．
(1) 点 $A = (-5, 4)$ と中心 $(2, -3)$，半径 5 の円 O との間の距離を最小にするような点 $P = (x, y)$ を求めよ．
(2) 点 $A = (p, q)$ と中心 (a, b)，半径 r の円 O との間の距離を最小にするような点 $P = (x, y)$ を求めよ．

定点と楕円の最短距離を計算する

つぎに，定点 A と楕円 O との間の最短距離を計算する問題を解いてみましょう．この問題は非常にむずかしく，幾何の考え方では解くことができませんし，またベクトルの手法

---

182 ページの練習問題の答え
(1) $L = (x+5)^2 + (y-4)^2 + \lambda(35 - 7x - 3y)$ とおき，$\dfrac{\partial L}{\partial x} = 2(x+5) - 7\lambda = 0$，$\dfrac{\partial L}{\partial y} = 2(y-4) - 3\lambda = 0$，$\dfrac{\partial L}{\partial \lambda} = 35 - 7x - 3y = 0$ を解けば，$\lambda = 2$，$x = 2$，$y = 7$，$d = \sqrt{58}$．
(2) $L = (x-p)^2 + (y-q)^2 + \lambda(-ax - by - c)$ とおき，$\dfrac{\partial L}{\partial x} = 2(x-p) - a\lambda = 0$，$\dfrac{\partial L}{\partial y} = 2(y-q) - b\lambda = 0$，$\dfrac{\partial L}{\partial \lambda} = -ax - by - c = 0$ を解けば，$\lambda = -\dfrac{2(ap+bq+c)}{a^2+b^2}$，$x = p - \dfrac{a(ap+bq+c)}{a^2+b^2}$，$y = q - \dfrac{b(ap+bq+c)}{a^2+b^2}$，$d = \dfrac{|ap+bq+c|}{\sqrt{a^2+b^2}}$．

を使ってもかんたんには解けません．しかし，ラグランジュの未定係数法を使うと比較的容易です．

　長半径，短半径がそれぞれ a, b $(a>b)$ の楕円を考えます．その中心 O を原点とする座標軸をとれば，楕円の方程式は

$$\frac{x^2}{a^2}+\frac{y^2}{b^2}=1 \quad (a, b>0)$$

によって与えられます．

　この楕円の外にある点 $\mathrm{A}=(p, q)$ と楕円上の任意の点 $\mathrm{P}=(x, y)$ との間の距離

$$d = \sqrt{(x-p)^2+(y-q)^2} \quad \left(\frac{p^2}{a^2}+\frac{q^2}{b^2}>1\right)$$

を最小にせよという問題を解くわけです．この問題は，つぎの条件付き最小問題になります．

　制約条件

$$\frac{x^2}{a^2}+\frac{y^2}{b^2}=1$$

のもとで

$$f(x, y) = (x-p)^2+(y-q)^2$$

を最小にする (x, y) を求めよ．

　この問題のラグランジュ形式は

$$L = (x-p)^2+(y-q)^2+\lambda\left(\frac{x^2}{a^2}+\frac{y^2}{b^2}-1\right)$$

となります．λ はラグランジュの未定係数です．ラグランジュの条件は

$$\frac{\partial L}{\partial x} = 2(x-p)+\lambda\frac{2x}{a^2} = 0 \quad \Rightarrow \quad (a^2+\lambda)x-a^2p = 0$$

$$\Rightarrow \quad x = \frac{a^2 p}{a^2+\lambda}$$

$$\frac{\partial L}{\partial y} = 2(y-q)+\lambda\frac{2y}{b^2} = 0 \quad \Rightarrow \quad (b^2+\lambda)y-b^2q = 0$$

$$\Rightarrow \quad y = \frac{b^2 q}{b^2+\lambda}$$

$$\frac{\partial L}{\partial \lambda} = \frac{x^2}{a^2}+\frac{y^2}{b^2}-1 = 0 \quad \Rightarrow \quad \frac{x^2}{a^2}+\frac{y^2}{b^2} = 1$$

$x=\dfrac{a^2 p}{a^2+\lambda}$, $y=\dfrac{b^2 q}{b^2+\lambda}$ を $\dfrac{x^2}{a^2}+\dfrac{y^2}{b^2}=1$ に代入すれば

$$\frac{a^2p^2}{(a^2+\lambda)^2}+\frac{b^2q^2}{(b^2+\lambda)^2}=1$$

左辺を $g(\lambda)$ とおけば,
$$g(0)=\frac{p^2}{a^2}+\frac{q^2}{b^2}>1, \quad g'(\lambda)=-\frac{2a^2p^2}{(a^2+\lambda)^3}-\frac{2b^2q^2}{(b^2+\lambda)^3}<0$$
$$(\lambda>0)$$

さらに, $\lambda\to\infty$ のとき, $g(\lambda)\to 0$ だから, 上の方程式をみたす λ_0 はかならず一意的に決まり,
$$\lambda_0>0, \quad x_0=\frac{a^2p}{a^2+\lambda_0}, \quad y_0=\frac{b^2q}{b^2+\lambda_0}$$

練習問題 楕円 $\frac{x^2}{a^2}+\frac{y^2}{b^2}=1$ の外にある点 $A=(p,q)$ との距離が最短となるような楕円上の点を $P_0=(x_0,y_0)$ とすれば, AP_0 と P_0 における楕円の接線とは直交する.

定点と双曲線の最短距離を計算する

つぎに, 点 $A=(p,q)$ と双曲線との間の最短距離を計算する問題を解きます. 双曲線の方程式はつぎのような標準形であらわされるとします.
$$\frac{x^2}{a^2}-\frac{y^2}{b^2}=1 \quad (a,b>0)$$

$x>0$ の範囲を考えることにし, $\frac{p^2}{a^2}-\frac{q^2}{b^2}>1$ とします.

$A=(p,q)$ と双曲線上の任意の点 $P=(x,y)$ との間の距離
$$d=\sqrt{(x-p)^2+(y-q)^2}$$
を最小にせよという問題を解くわけです. すなわち, 制約条件
$$\frac{x^2}{a^2}-\frac{y^2}{b^2}=1$$
のもとで
$$f(x,y)=(x-p)^2+(y-q)^2$$
を最小にする (x,y) を求めよ, というのが問題です.

この問題のラグランジュ形式は

184 ページの練習問題の答え
(1) $\left(2-\frac{5\sqrt{2}}{2}, -3+\frac{5\sqrt{2}}{2}\right)$
(2) $\left(a+\frac{(p-a)r}{\sqrt{(p-a)^2+(q-b)^2}}, b+\frac{(q-b)r}{\sqrt{(p-a)^2+(q-b)^2}}\right)$

$$L = (x-p)^2 + (y-q)^2 + \lambda\left(\frac{x^2}{a^2} - \frac{y^2}{b^2} - 1\right)$$

となります．λ はラグランジュの未定係数です．

ラグランジュの条件は

$$\frac{\partial L}{\partial x} = 2(x-p) + \lambda\frac{2x}{a^2} = 0 \quad \Rightarrow \quad (a^2+\lambda)x - a^2p = 0$$

$$\Rightarrow \quad x = \frac{a^2p}{a^2+\lambda}$$

$$\frac{\partial L}{\partial y} = 2(y-q) - \lambda\frac{2y}{b^2} = 0 \quad \Rightarrow \quad (b^2-\lambda)y - b^2q = 0$$

$$\Rightarrow \quad y = \frac{b^2q}{b^2-\lambda}$$

$$\frac{dL}{d\lambda} = \frac{x^2}{a^2} - \frac{y^2}{b^2} - 1 = 0 \quad \Rightarrow \quad \frac{x^2}{a^2} - \frac{y^2}{b^2} = 1$$

$x = \dfrac{a^2p}{a^2+\lambda}$, $y = \dfrac{b^2q}{b^2-\lambda}$ を $\dfrac{x^2}{a^2} - \dfrac{y^2}{b^2} = 1$ に代入すれば

$$g(\lambda) = \frac{a^2p^2}{(a^2+\lambda)^2} - \frac{b^2q^2}{(b^2-\lambda)^2} = 1$$

$$g(0) = \frac{p^2}{a^2} - \frac{q^2}{b^2} > 1, \quad \lim_{\lambda \to b^2} g(\lambda) = -\infty$$

$$g'(\lambda) = -\frac{2a^2p^2}{(a^2+\lambda)^3} - \frac{2b^2q^2}{(b^2-\lambda)^3} < 0 \quad (0 < \lambda < b^2)$$

したがって，上の方程式をみたす λ_0 はかならず一意的に決まり，$\lambda_0 > 0$．

$$x_0 = \frac{a^2p}{a^2+\lambda_0}, \quad y_0 = \frac{b^2q}{b^2-\lambda_0}$$

練習問題 双曲線 $\dfrac{x^2}{a^2} - \dfrac{y^2}{b^2} = 1$ と点 $A = (p, q)$ $\left(\dfrac{p^2}{a^2} - \dfrac{q^2}{b^2} > 1\right)$ との距離が最短となるような双曲線上の点を $P_0 = (x_0, y_0)$ とすれば，AP_0 と P_0 における双曲線の接線とは直交する．

定点と放物線の最短距離を計算する

つぎに，点 $A = (p, q)$ と放物線との間の最短距離を計算する問題を解きます．放物線の方程式はつぎのような標準形で

あらわされるとします．
$$y^2 = 4kx \quad (k>0)$$
A$=(p,q)$ と放物線上の任意の点 P$=(x,y)$ との間の距離
$$d = \sqrt{(x-p)^2 + (y-q)^2}$$
を最小にせよという問題を解くわけです．この問題はつぎのようにいいかえることができます．

制約条件
$$y^2 = 4kx$$
のもとで
$$f(x,y) = (x-p)^2 + (y-q)^2$$
を最小にする (x,y) を求めよ．ただし，$q^2 > 4kp$ の場合を考える．

この問題のラグランジュ形式は
$$L = (x-p)^2 + (y-q)^2 + \lambda(y^2 - 4kx)$$
となります．λ はラグランジュの未定係数です．

ラグランジュの条件は
$$\frac{\partial L}{\partial x} = 2(x-p) - 4k\lambda = 0 \quad \Rightarrow \quad x = p + 2k\lambda$$

$$\frac{\partial L}{\partial y} = 2(y-q) + 2y\lambda = 0 \quad \Rightarrow \quad y = \frac{q}{1+\lambda}$$

$$\frac{\partial L}{\partial \lambda} = y^2 - 4kx = 0 \quad \Rightarrow \quad y^2 = 4kx$$

$x = p + 2k\lambda$, $y = \dfrac{q}{1+\lambda}$ を $y^2 - 4kx = 0$ に代入すれば
$$\frac{q^2}{(1+\lambda)^2} - 4k(p + 2k\lambda) = 0$$
左辺の関数を $g(\lambda)$ とおけば，
$$g(0) = q^2 - 4kp > 0, \quad \lim_{\lambda \to +\infty} g(\lambda) = -\infty$$
$$g'(\lambda) = -\frac{2q^2}{(1+\lambda)^3} - 8k^2 < 0 \quad (\lambda > 0)$$

したがって，上の方程式をみたす λ_0 はかならず一意的に決まり，$\lambda_0 > 0$.
$$x_0 = p + 2k\lambda_0, \quad y_0 = \frac{q}{1+\lambda_0}$$

練習問題 放物線 $y^2 = 4kx$ と点 A$=(p,q)$ $(q^2 > 4k)$ との距

---

186 ページの練習問題の答え
$\overrightarrow{\mathrm{AP_0}} = (x_0 - p, y_0 - q)$, $\dfrac{y_0 - q}{x_0 - p} = \dfrac{q}{p} \dfrac{a^2 + \lambda_0}{b^2 + \lambda_0}$.
一方，$\mathrm{P_0}$ における楕円の接線の勾配は，
$\dfrac{dy}{dx} = -\dfrac{b^2 x_0}{a^2 y_0} = -\dfrac{p}{q} \dfrac{b^2 + \lambda_0}{a^2 + \lambda_0} \Rightarrow \dfrac{y_0 - q}{x_0 - p} \times \dfrac{dy}{dx} = -1$.

187 ページの練習問題の答え
$\overrightarrow{\mathrm{AP_0}} = (x_0 - p, y_0 - q)$, $\dfrac{y_0 - q}{x_0 - p} = -\dfrac{q}{p} \dfrac{a^2 + \lambda_0}{b^2 - \lambda_0}$. 一方，$\mathrm{P_0}$ における双曲線の接線の勾配は，$\dfrac{dy}{dx} = \dfrac{b^2 x_0}{a^2 y_0} = \dfrac{p}{q} \dfrac{b^2 - \lambda_0}{a^2 + \lambda_0} \Rightarrow \dfrac{y_0 - q}{x_0 - p} \times \dfrac{dy}{dx} = -1$.

離が最短となるような放物線上の点を $P_0 = (x_0, y_0)$ とすれば，AP_0 と P_0 における放物線の接線とは直交する．

3

面積最大の問題

面積最大の問題

第2巻『図形を考える―幾何』で，図形の面積と周囲の長さとの間の関係について，いくつかの定理を証明しました．また，第3巻『代数で幾何を解く―解析幾何』では，アルキメデスやアポロニウスの考え方を中心にして，代数と幾何の相補性について，かなりくわしい議論を重ねてきました．この節では，微分の知識を使って，幾何の問題を考えてみたいと思います．

例題1 3つの辺の長さの和が一定の値 $2s$ の三角形のなかで，面積が最大の三角形を求めよ．

解答 この問題を微分を使って解くことにしましょう．そのために，第3巻『代数で幾何を解く―解析幾何』(177ページ) で証明したヘロンの公式を思い出して下さい．

<u>ヘロンの公式</u>　三角形 $\triangle ABC$ の面積 S はつぎの式によって与えられる．

$$S = \sqrt{s(s-x)(s-y)(s-z)}$$

$$\left(x, y, z \text{ は3辺の長さ}, \; s = \frac{x+y+z}{2}\right)$$

与えられた問題はつぎの条件付き最大問題になります．制約条件

$$x+y+z = 2s$$

のもとで

$$f(x, y, z) = S^2 = s(s-x)(s-y)(s-z)$$

を最大にするような x, y, z を求めよ．

この最大問題はラグランジュの未定係数法によって解くこ

とができます．ラグランジュの未定係数法では，まず，制約条件をつぎのようにあらわします．
$$2s-x-y-z = 0$$
この問題のラグランジュ形式は
$$L = f(x,y,z)+\lambda(2s-x-y-z)$$
$$= s(s-x)(s-y)(s-z)+\lambda(2s-x-y-z)$$
ここで，λ はラグランジュの未定係数です．

このラグランジュ形式 $L=L(x,y,z,\lambda)$ を4つの変数 x, y, z, λ の関数と考えて，それぞれの微係数が0に等しいという条件を書き上げます．偏微分の記号を使うと，ラグランジュの条件はつぎのようになります．

$$\frac{\partial L}{\partial x} = \frac{\partial f}{\partial x}-\lambda = -\frac{S^2}{s-x}-\lambda = 0$$

$$\frac{\partial L}{\partial y} = \frac{\partial f}{\partial y}-\lambda = -\frac{S^2}{s-y}-\lambda = 0$$

$$\frac{\partial L}{\partial z} = \frac{\partial f}{\partial z}-\lambda = -\frac{S^2}{s-z}-\lambda = 0$$

$$\frac{\partial L}{\partial \lambda} = 2s-x-y-z = 0$$

4番目の関係式は制約条件そのものです．これは，ラグランジュの未定係数法に共通する性質です．

$$\frac{S^2}{s-x} = \frac{S^2}{s-y} = \frac{S^2}{s-z} = -\lambda \Rightarrow s-x = s-y = s-z$$

$$\Rightarrow x = y = z = \frac{2s}{3}$$

$$S = \sqrt{s(s-x)(s-y)(s-z)} = \sqrt{\frac{s^4}{3^3}} = \frac{\sqrt{3}}{9}s^2$$

すなわち，3つの辺の長さの和が一定の三角形のなかで，面積が最大の三角形は正三角形であることが示されたわけです．

練習問題 3辺の長さの和が $2s$ の正三角形の面積が $S=\frac{\sqrt{3}}{9}s^2$ となることを直接証明しなさい．

例題2 4辺の長さの和が一定の長方形のなかで面積が最大になるものを求めよ．

188ページの練習問題の答え
$\overrightarrow{AP_0} = (x_0-p, y_0-q)$, $\frac{y_0-q}{x_0-p} = -\frac{\frac{q\lambda_0}{1+\lambda_0}}{2k\lambda_0}$
$= -\frac{q}{2k(1+\lambda_0)}$．一方，$P_0$ における放物線の接線の勾配は，$\frac{dy}{dx} = \frac{2k}{y_0} = \frac{2k(1+\lambda_0)}{q}$
$\Rightarrow \frac{y_0-q}{x_0-p} \times \frac{dy}{dx} = -1$.

解答 この答えは正方形です．まず，幾何を使って解きます．第2巻『図形を考える―幾何』で証明したつぎの定理を使えばかんたんです．

定理 角 P が直角となるような三角形 △PAB がある．頂点 P から対辺 AB に下ろした垂線の足を H とすれば
$$\overline{PH}^2 = \overline{AH} \times \overline{BH}$$

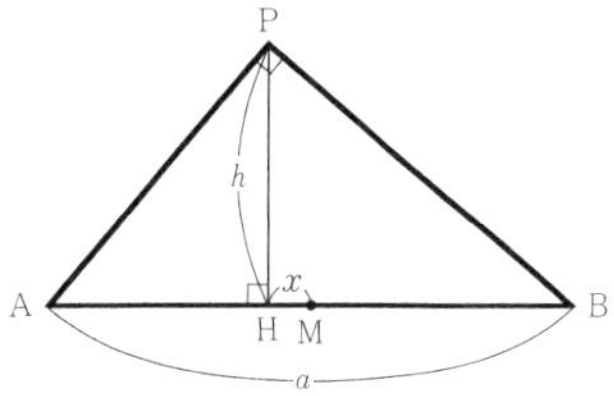

証明 これまで何度か証明してきました．ここではこれまでとはちがった証明を説明しましょう．AB の中点を M とし，$\overline{AB}=a$, $\overline{PH}=h$, $x=\overline{MH}$ とおく．△PMH は直角三角形だから，
$$\overline{AM} = \overline{BM} = \overline{PM} = \frac{a}{2}$$

ピタゴラスの定理によって
$$\overline{MH}^2 = \overline{PM}^2 - \overline{PH}^2 \Rightarrow x^2 = \left(\frac{a}{2}\right)^2 - h^2$$

$$\overline{AH} = \frac{a}{2} - x, \quad \overline{BH} = \frac{a}{2} + x$$

$$\overline{AH} \times \overline{BH} = \left(\frac{a}{2} - x\right)\left(\frac{a}{2} + x\right) = \left(\frac{a}{2}\right)^2 - x^2 = h^2 = \overline{PH}^2$$

Q. E. D.

図 9-3-1

さて，例題2にもどります．4 辺の長さの和を $2a$ とし，長さが a となるような線分 AB をとり，$\overline{AB}=a$, その中点を M とおきます．

4 辺の長さの和が $2a$ となるような任意の長方形の面積はつぎのようにあらわすことができます．線分 AB 上に点 H をとって，$\overline{AH}, \overline{BH}$ がそれぞれ，長方形の2辺の長さに等しくなるようにします．H において AB に立てた垂線が，AB の中点 M を中心として，半径 $\frac{a}{2}$ の円と交わる点を P とすれば，∠APB=90° なので，上の定理より
$$\overline{PH}^2 = \overline{AH} \times \overline{BH}$$
したがって，この長方形の面積は $\overline{PH}^2$ に等しくなります．

$\overline{PH}$ が最大となるのは，H が M と一致するときで，1辺の長さが $\frac{a}{2}$ の正方形になるわけです．

つぎに，解析的な方法を使って解きます．4辺の長さの和が $2a$ となるような任意の長方形の2辺の長さを x, y とし，その面積を S とすれば
$$x+y=a, \quad S=xy$$
問題はつぎの条件付き最大問題に帰着されます．

制約条件
$$x+y=a$$
のもとで
$$f(x,y) = S = xy$$
を最大にせよ．

この問題の解はかんたんです．まず，$x+y=a$ を y について解いて
$$y = a-x$$
この y を S の式に代入すれば
$$S = x(a-x) = ax - x^2$$
関数 S の最大値は，微分 $\dfrac{dS}{dx}$ が 0 となる x のときに得られます．
$$\frac{dS}{dx} = a-2x = 0 \Rightarrow x = \frac{a}{2}, \; y = \frac{a}{2} \Rightarrow S = \frac{a^2}{4}$$
つまり，正方形のときに面積が最大となることが示されました．

上の条件付き最大問題をラグランジュの未定係数法を使って解いてみましょう．問題がかんたんすぎて，わざわざラグランジュの未定係数法を使うほどのことはありませんが，ラグランジュの未定係数法の練習問題と思って下さい．

まず，制約条件をつぎのように書き換えます．
$$a-x-y = 0$$
このとき，ラグランジュ形式は
$$L = f(x,y) + \lambda(a-x-y) = xy + \lambda(a-x-y)$$
λ はラグランジュの未定係数です．
$$\frac{\partial L}{\partial x} = \frac{\partial f}{\partial x} - \lambda = y - \lambda = 0 \Rightarrow y = \lambda$$
$$\frac{\partial L}{\partial y} = \frac{\partial f}{\partial y} - \lambda = x - \lambda = 0 \Rightarrow x = \lambda$$

190ページの練習問題の答え
この正三角形の1辺の長さが $\dfrac{2}{3}s$ となることを使う．

$$\frac{\partial L}{\partial \lambda} = a - x - y = 0 \Rightarrow x + y = a$$

$$x = y = \frac{a}{2}, \quad S = \frac{a^2}{4}$$

練習問題 ラグランジュの未定係数法を使って，面積が一定の長方形のなかで，4つの辺の長さの和が最小となるものを求めなさい．

算術平均と幾何平均

上に証明した4つの辺の長さの和が一定の長方形のなかで，面積が最大となるのは正方形であるという命題は，つぎの不等式の形に言いかえることができます．

2つの正数 a, b にたいして

$$\left(\frac{a+b}{2}\right)^2 \geqq ab \quad \text{あるいは} \quad \frac{a+b}{2} \geqq \sqrt{ab}$$

ここで，等号が成立するのは，$a = b$ のとき，またそのときにかぎる．

証明 長方形の2辺の長さをそれぞれ a, b とし，その和を c，面積を S とおく．上の不等号が成り立っているとすれば，

$$a + b = c \Rightarrow S = ab \leq \frac{c^2}{4}$$

等号は，$a = b$ のとき，またそのときにかぎる．したがって，S は $a = b = \frac{c}{2}$ のとき，最大となる．

逆に，4つの辺の長さの和が一定の長方形のなかで，面積が最大となるのは正方形であるという命題が成り立っているとする．2辺の長さが a, b の長方形の面積が最大となるのは，1辺の長さが $\frac{a+b}{2}$ の正方形の場合となるから，

$$\left(\frac{a+b}{2}\right)^2 \geqq ab \qquad \text{Q. E. D.}$$

第1巻『方程式を解く―代数』でお話ししたように，$\frac{a+b}{2}$ を算術平均，$\sqrt{ab}$ を幾何平均といいます．上の不等式

は，2つの異なる正数の算術平均は幾何平均より大きいことを意味します．この関係はバビロンの人々の間ではよく知られていましたが，厳密な証明を与えたのはピタゴラス学派の数学者です．上の不等式の証明は単純，明快です．

$$\left(\frac{a+b}{2}\right)^2 - ab = \frac{1}{4}\{(a^2+2ab+b^2)-4ab\} = \frac{1}{4}(a-b)^2 \geq 0$$

上の不等式も，ラグランジュの未定係数法を使って証明することができます．不等式の証明としては多少，技巧的ですが，さきほどやったのと同じつぎの条件付き最大問題を考えることにします．

制約条件
$$x+y=s$$
のもとで
$$f(x,y) = xy$$
を最大にせよ．

この条件付き最大問題のラグランジュ形式は
$$L = xy + \lambda(s-x-y)$$
ここで，λ はラグランジュの未定係数です．

ラグランジュの条件は
$$\frac{\partial L}{\partial x} = y - \lambda = 0 \Rightarrow y = \lambda$$

$$\frac{\partial L}{\partial y} = x - \lambda = 0 \Rightarrow x = \lambda$$

$$\frac{\partial L}{\partial \lambda} = s - x - y = 0 \Rightarrow x + y = s$$

$$x = y = \frac{s}{2}$$

したがって，$x+y=s \Rightarrow xy \leq \left(\frac{s}{2}\right)^2 = \left(\frac{x+y}{2}\right)^2$. Q. E. D.

練習問題 ラグランジュの未定係数法を使って，つぎの不等式を証明しなさい．

(1) $\quad a^2+b^2+c^2 \geq bc+ca+ab \quad (a,b,c>0)$
  等号が成立するのは，$a=b=c$ の場合にかぎる．

(2) $\quad \dfrac{a+b+c}{3} \geq \sqrt[3]{abc} \quad (a,b,c>0)$

193ページの練習問題の答え

$L = x + y + \lambda(S-xy) \Rightarrow \frac{\partial L}{\partial x} = 1 - \lambda y = 0,$

$\frac{\partial L}{\partial y} = 1 - \lambda x = 0 \Rightarrow x = y.$ 正方形．

等号が成立するのは，$a=b=c$ の場合にかぎる．

194 ページの練習問題の答え
(1) 制約条件 $yz+zx+xy=k$ のもとで，$x^2+y^2+z^2$ を最小にする．$L=x^2+y^2+z^2+\lambda(k-yz-zx-xy) \Rightarrow \frac{\partial L}{\partial x}=2x-\lambda(y+z)=0$, $\frac{\partial L}{\partial y}=2y-\lambda(z+x)=0$, $\frac{\partial L}{\partial z}=2z-\lambda(x+y)=0$, $\frac{\partial L}{\partial \lambda}=k-yz-zx-xy=0 \Rightarrow x=y=z=\sqrt{\frac{k}{3}}$. $yz+zx+xy=k$ のとき，$x^2+y^2+z^2 \geqq \left(\sqrt{\frac{k}{3}}\right)^2+\left(\sqrt{\frac{k}{3}}\right)^2+\left(\sqrt{\frac{k}{3}}\right)^2=k=yz+zx+xy$.

(2) 制約条件 $\sqrt[3]{xyz}=k$ のもとで，$\frac{x+y+z}{3}$ を最小にする．$L=\frac{x+y+z}{3}+\lambda(k-\sqrt[3]{xyz}) \Rightarrow \frac{\partial L}{\partial x}=\frac{1}{3}-\frac{1}{3}\lambda yz(xyz)^{-\frac{2}{3}}=0$, $\frac{\partial L}{\partial y}=\frac{1}{3}-\frac{1}{3}\lambda zx(xyz)^{-\frac{2}{3}}=0$, $\frac{\partial L}{\partial z}=\frac{1}{3}-\frac{1}{3}\lambda xy(xyz)^{-\frac{2}{3}}=0 \Rightarrow x=y=z=k$. $\sqrt[3]{xyz}=k$ のとき，$\frac{x+y+z}{3} \geqq k=\sqrt[3]{xyz}$.

第 9 章 最短距離を求める 問題

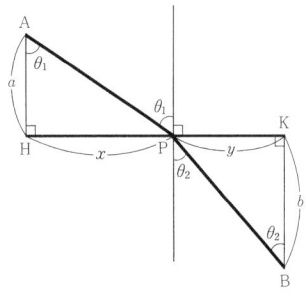

図 9-問題 1

問題 1（フェルマーの法則） 大気中の点 A から出て水中の点 B に到達する光が水面と交わる点を P とし，P における入射角，屈折角をそれぞれ θ_1, θ_2 とおけば

$$\frac{\sin \theta_1}{\sin \theta_2} = \frac{c_1}{c_2}$$

ここで，c_1, c_2 はそれぞれ大気中および水中の光の速度で，光は A から B まで最小の時間で到達するものとする．

問題 2 与えられた三角形 △ABC のなかにあって，辺 BC, CA, AB への距離の積が最大となるような点 P を求めよ．

問題 3 与えられた三角形 △ABC のなかの 1 点を通り 3 辺に平行な直線によってつくられる 3 つの平行四辺形の面積の和が最大になるようにせよ．

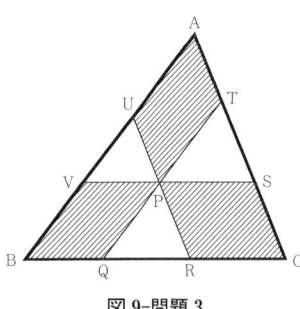

図 9-問題 3

問題 4 4 辺の長さの和が一定の四角形のなかで，面積が最大となるものを求めよ．

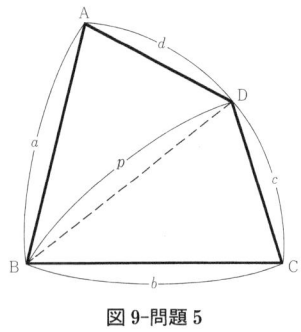

図 9-問題 5

問題 5 4 辺の長さ a, b, c, d が与えられている四角形 □ABCD のなかで，面積が最大となる四角形は円に内接する．

問題 6 周囲の長さが一定の扇形のなかで，面積が最大となるような扇形の弧の長さは半径の 2 倍である．

問題 7 与えられた円 O に内接する三角形のなかで，面積が最大となるような三角形を求めよ．

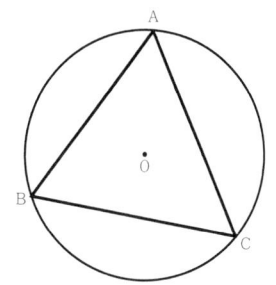

図 9-問題 7

問題 8 与えられた円 O に外接する三角形のなかで，面積が最小となるような三角形を求めよ．

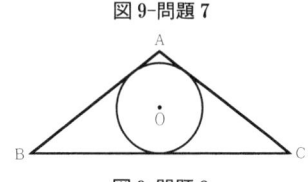

図 9-問題 8

問題 9 与えられた円 O に内接する n 角形 ($n>2$) のなかで，面積が最大となるのは正 n 角形の場合である．

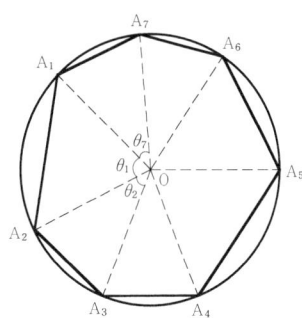

図 9-問題 9

問題 10 与えられた円 O に外接する n 角形 ($n>2$) のなかで，面積が最小となるのは正 n 角形の場合である．

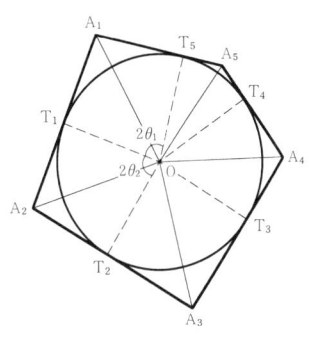

図 9-問題 10

問題 11 表面積が一定の直方体のなかで，体積が最大となるものを求めよ．

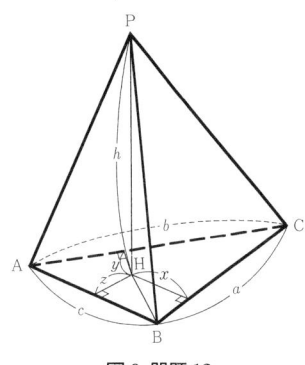

図 9-問題 12

問題 12 与えられた三角形 △ABC を底面として，体積が一定の四面体 P-ABC のなかで，表面積が最小となるのは，頂点 P から底面に下ろした垂線の足が，△ABC の内心と一致するときである．

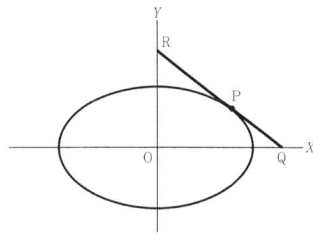

図 9-問題 13

問題 13 与えられた楕円上の点 P における接線が楕円の 2 つの主軸と交わってできる直角三角形 △QOR の面積を最小にせよ．

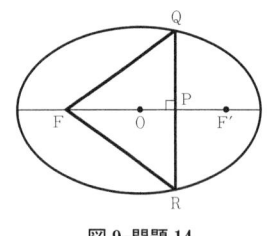

図 9-問題 14

問題 14 与えられた楕円の長軸上の点 P において長軸に立てた垂線と楕円との 2 つの交点 Q, R と焦点 F とからつくられる三角形 △PQR の周囲を最大にせよ．

問題 15 楕円 $\dfrac{x^2}{a^2}+\dfrac{y^2}{b^2}=1\,(a>\sqrt{2}\,b>0)$ の短軸の一端 $A=(0, -b)$ から引いた楕円の弦の長さが最大になるようなものを求めよ．

問題 16 与えられた球に外接する直円錐のなかで，側面積が最小となるものを求めよ．

問題解答

❖ **第1章 微分の考え方**

問題1

(1) $y=\dfrac{1}{1+x+x^2} \Rightarrow \dfrac{dy}{dx}=-\dfrac{2x+1}{(1+x+x^2)^2}$

(2) $y=\dfrac{1-x^2}{1-2ax+x^2} \Rightarrow \dfrac{dy}{dx}=\dfrac{2(a-2x+ax^2)}{(1-2ax+x^2)^2}$

(3) $y=(x^2+1)^6 \Rightarrow \dfrac{dy}{dx}=12x(x^2+1)^5$

(4) $y=\left(x+\dfrac{1}{x}\right)^5 \Rightarrow \dfrac{dy}{dx}=5\left(1-\dfrac{1}{x^2}\right)\left(x+\dfrac{1}{x}\right)^4$

(5) $y=\dfrac{3x+5}{2x+3} \Rightarrow \dfrac{dy}{dx}=-\dfrac{1}{(2x+3)^2}$

(6) $y=\dfrac{x^2+1}{x(x+1)} \Rightarrow \dfrac{dy}{dx}=-\dfrac{x^2-2x-1}{x^2(x+1)^2}$

(7) $y=\sqrt{x-3} \Rightarrow \dfrac{dy}{dx}=\dfrac{1}{2\sqrt{x-3}}$

(8) $y=\sqrt{x^2-6x+5} \Rightarrow \dfrac{dy}{dx}=\dfrac{x-3}{\sqrt{x^2-6x+5}}$

(9) $y=\sqrt{x+\dfrac{1}{x}} \Rightarrow \dfrac{dy}{dx}=\dfrac{x^2-1}{2x^{\frac{3}{2}}\sqrt{x^2+1}}$

(10) $y=\sqrt{x^2+\dfrac{1}{x^2}} \Rightarrow \dfrac{dy}{dx}=\dfrac{x-\dfrac{1}{x^3}}{\sqrt{x^2+\dfrac{1}{x^2}}}$

(11) $y=\dfrac{x}{\sqrt{1-x^2}} \Rightarrow \dfrac{dy}{dx}=\dfrac{1}{(\sqrt{1-x^2})^3}$

(12) $y=\sqrt{\dfrac{1+x}{1-x}} \Rightarrow \dfrac{dy}{dx}=\dfrac{1}{(1-x)^2}\sqrt{\dfrac{1-x}{1+x}}$

(13) $y=\sqrt[3]{x^2-x+1} \Rightarrow \dfrac{dy}{dx}=\dfrac{2x-1}{3(\sqrt[3]{x^2-x+1})^2}$

(14) $y=\dfrac{1}{\sqrt[3]{x^2-x+1}} \Rightarrow \dfrac{dy}{dx}=-\dfrac{2x-1}{3(\sqrt[3]{x^2-x+1})^4}$

(15) $y=\sin^n x \Rightarrow \dfrac{dy}{dx}=n\sin^{n-1} x \cos x$

(16) $y=\cos^n x \Rightarrow \dfrac{dy}{dx}=-n\cos^{n-1} x \sin x$

(17) $y=\tan^n x \Rightarrow \dfrac{dy}{dx}=\dfrac{n\sin^{n-1} x}{\cos^{n+1} x}$

(18) $y=\tan x-x \Rightarrow \dfrac{dy}{dx}=\dfrac{\sin^2 x}{\cos^2 x}=\tan^2 x$

(19) $y=\tan x+\dfrac{1}{3}\tan^3 x \Rightarrow \dfrac{dy}{dx}=\dfrac{1}{\cos^4 x}$

(20) $y=x^3\sin x \Rightarrow \dfrac{dy}{dx}=3x^2\sin x+x^3\cos x$

(21) $y=\sin 5x \sin^5 x \Rightarrow \dfrac{dy}{dx}=5\sin 6x \sin^4 x$

(22) $y=\dfrac{\sin x}{1+\cos x} \Rightarrow \dfrac{dy}{dx}=\dfrac{1}{1+\cos x}$

(23) $y=\sqrt{1+\sin x} \Rightarrow \dfrac{dy}{dx}=\dfrac{\cos x}{2\sqrt{1+\sin x}}$

(24) $y=\sqrt{1+\tan^2 x} \Rightarrow \dfrac{dy}{dx}=\dfrac{\tan x}{|\cos x|}$

❖ **第3章 二項定理と指数関数**

(1) $y=x^3 e^x$

$\Rightarrow \dfrac{dy}{dx}=\dfrac{d(x^3)}{dx}e^x+x^3\dfrac{de^x}{dx}$

$\qquad =3x^2 e^x+x^3 e^x=(3x^2+x^3)e^x$

(2) $y=\dfrac{1}{x}e^x \Rightarrow \dfrac{dy}{dx}=\left(\dfrac{d}{dx}\dfrac{1}{x}\right)e^x+\dfrac{1}{x}\dfrac{de^x}{dx}$

$\qquad =-\dfrac{1}{x^2}e^x+\dfrac{1}{x}e^x$

$\qquad =\left(-\dfrac{1}{x^2}+\dfrac{1}{x}\right)e^x$

(3) $y=\left(x+\dfrac{1}{x}\right)e^x$

$\Rightarrow \dfrac{dy}{dx}=\left\{\dfrac{d}{dx}\left(x+\dfrac{1}{x}\right)\right\}e^x+\left(x+\dfrac{1}{x}\right)e^x$

$\qquad =\dfrac{x^3+x^2+x-1}{x^2}e^x$

(4) $y=\dfrac{x}{\sqrt{1-x^2}}e^x$

$$\Rightarrow \quad \frac{dy}{dx} = \left(\frac{d}{dx}\frac{x}{\sqrt{1-x^2}}\right)e^x + \frac{x}{\sqrt{1-x^2}}e^x$$

$$= \frac{1+x-x^3}{\sqrt{(1-x^2)^3}}e^x$$

(5) $y = \sqrt{\dfrac{1+x}{1-x}}\,e^x$

$$\Rightarrow \quad \frac{dy}{dx} = \left(\frac{d}{dx}\sqrt{\frac{1+x}{1-x}}\right)e^x + \sqrt{\frac{1+x}{1-x}}\,e^x$$

$$= \frac{2-x^2}{(1-x)\sqrt{1-x^2}}\,e^x$$

(6) $y = e^{\frac{1}{\sqrt{x}}}$

$$\Rightarrow \quad \frac{dy}{dx} = \left(\frac{d}{dx}\frac{1}{\sqrt{x}}\right)e^{\frac{1}{\sqrt{x}}} = -\frac{1}{2\sqrt{x^3}}e^{\frac{1}{\sqrt{x}}}$$

(7) $y = e^{x+\frac{1}{x}}$

$$\Rightarrow \quad \frac{dy}{dx} = \left\{\frac{d}{dx}\left(x+\frac{1}{x}\right)\right\}e^{x+\frac{1}{x}}$$

$$= \left(1-\frac{1}{x^2}\right)e^{x+\frac{1}{x}}$$

(8) $y = e^x \sin x \quad \Rightarrow \quad \dfrac{dy}{dx} = e^x \dfrac{d(\sin x)}{dx} + \dfrac{de^x}{dx}\sin x$

$$= e^x \cos x + e^x \sin x$$
$$= e^x(\cos x + \sin x)$$

(9) $y = e^x \sin^2 x \quad \Rightarrow \quad \dfrac{dy}{dx} = e^x \dfrac{d(\sin^2 x)}{dx} + \dfrac{de^x}{dx}\sin^2 x$

$$= e^x(\sin 2x + \sin^2 x)$$

(10) $y = e^{\frac{1}{x}} \sin x$

$$\Rightarrow \quad \frac{dy}{dx} = \left(-\frac{1}{x^2}\sin x + \cos x\right)e^{\frac{1}{x}}$$

(11) $y = e^x \sin \dfrac{1}{x}$

$$\Rightarrow \quad \frac{dy}{dx} = e^x \sin \frac{1}{x} + e^x \frac{d}{dx}\left(\sin\frac{1}{x}\right)$$

$$= e^x\left(\sin\frac{1}{x} - \frac{1}{x^2}\cos\frac{1}{x}\right)$$

(12) $y = e^x \tan x$

$$\Rightarrow \quad \frac{dy}{dx} = e^x \tan x + e^x \frac{d}{dx}(\tan x)$$

$$= e^x \frac{1 + \sin x \cos x}{\cos^2 x}$$

(13) $y = e^x \dfrac{\sin x}{1+\cos x}$

$$\Rightarrow \quad \frac{dy}{dx} = \left(\frac{d}{dx}e^x\right)\frac{\sin x}{1+\cos x}$$

$$+ e^x\left\{\frac{d}{dx}\left(\frac{\sin x}{1+\cos x}\right)\right\}$$

$$= e^x \frac{1+\sin x}{1+\cos x}$$

(14) $y = e^{\frac{1}{x}} \dfrac{\sin x}{1+\cos x}$

$$\Rightarrow \quad \frac{dy}{dx} = \left(\frac{d}{dx}e^{\frac{1}{x}}\right)\frac{\sin x}{1+\cos x}$$

$$+ e^{\frac{1}{x}}\left\{\frac{d}{dx}\left(\frac{\sin x}{1+\cos x}\right)\right\}$$

$$= e^{\frac{1}{x}} \frac{-\frac{1}{x^2}\sin x + 1}{1+\cos x}$$

(15) $y = \log\left(x + \dfrac{1}{x}\right)$

$$\Rightarrow \quad y = \log(x^2+1) - \log x$$

$$\Rightarrow \quad \frac{dy}{dx} = \frac{2x}{x^2+1} - \frac{1}{x} = \frac{x^2-1}{x(x^2+1)}$$

(16) $y = \log \dfrac{1+\sqrt{x}}{1-\sqrt{x}}$

$$\Rightarrow \quad y = \log(1+\sqrt{x}) - \log(1-\sqrt{x})$$

$$\Rightarrow \quad \frac{dy}{dx} = \frac{\frac{1}{2\sqrt{x}}}{1+\sqrt{x}} + \frac{\frac{1}{2\sqrt{x}}}{1-\sqrt{x}}$$

$$= \frac{1}{(1+\sqrt{x})(1-\sqrt{x})\sqrt{x}}$$

$$= \frac{1}{(1-x)\sqrt{x}}$$

(17) $y = e^{\log(\cos x)}$

$$\Rightarrow \quad \log y = \log(\cos x)$$

$$\Rightarrow \quad \frac{1}{y}\frac{dy}{dx} = -\frac{\sin x}{\cos x} = -\tan x$$

$$\Rightarrow \quad \frac{dy}{dx} = -e^{\log(\cos x)} \tan x$$

(18) $x = y + \dfrac{1}{y} \quad \Rightarrow \quad \dfrac{dx}{dy} = 1 - \dfrac{1}{y^2} = \dfrac{y^2-1}{y^2}$

$$\Rightarrow \quad \frac{dy}{dx} = \frac{y^2}{y^2-1}$$

(19) $x = \sqrt{y+1} + \sqrt{y-1}$

$$\Rightarrow \quad \frac{dx}{dy} = \frac{1}{2\sqrt{y+1}} + \frac{1}{2\sqrt{y-1}}$$

$$= \frac{\sqrt{y-1}+\sqrt{y+1}}{2\sqrt{y^2-1}}$$

$$\Rightarrow \quad \frac{dy}{dx} = \frac{2\sqrt{y^2-1}}{\sqrt{y-1}+\sqrt{y+1}}$$
$$= \sqrt{y^2-1}(\sqrt{y+1}-\sqrt{y-1})$$

(20) $y = \tan^{-1}\dfrac{2x}{1-x^2}$

$\Rightarrow \quad \dfrac{2x}{1-x^2} = \tan y$

$\Rightarrow \quad \dfrac{2(1+x^2)}{(1-x^2)^2} = \dfrac{1}{\cos^2 y}\dfrac{dy}{dx} = \dfrac{(1+x^2)^2}{(1-x^2)^2}\dfrac{dy}{dx}$

$\Rightarrow \quad \dfrac{dy}{dx} = \dfrac{2}{1+x^2}$

(21) $y = \cos^{-1}\dfrac{1+2\cos x}{2+\cos x} \Rightarrow \dfrac{1+2\cos x}{2+\cos x} = \cos y$

このとき, $0 \leqq y \leqq \pi$ であるから, $\sin y \geqq 0$. 両辺を x で微分して

$$-\frac{3\sin x}{(2+\cos x)^2} = -\sin y\frac{dy}{dx}$$

$\sin y = \dfrac{\sqrt{3}\sin x}{2+\cos x}$ に注目すれば, $\dfrac{dy}{dx} = \dfrac{\sqrt{3}}{2+\cos x}$.

(22) $x\sqrt{1+y^2} + y\sqrt{1+x^2} = c$

$\Rightarrow \quad \sqrt{1+y^2} + \dfrac{xy}{\sqrt{1+x^2}}$

$\qquad + \left(\dfrac{xy}{\sqrt{1+y^2}} + \sqrt{1+x^2}\right)\dfrac{dy}{dx} = 0$

$\Rightarrow \quad \dfrac{dy}{dx} = -\dfrac{\sqrt{1+y^2}}{\sqrt{1+x^2}}$

(23) $\dfrac{x}{y} = \log(xy) \Rightarrow \dfrac{x}{y} = \log x + \log y$

$\Rightarrow \quad \dfrac{1}{y} - \dfrac{x}{y^2}\dfrac{dy}{dx} = \dfrac{1}{x} + \dfrac{1}{y}\dfrac{dy}{dx}$

$\Rightarrow \quad \dfrac{dy}{dx} = \dfrac{y(x-y)}{x(x+y)}$

(24) $x = e^{\frac{x-y}{y}} \Rightarrow \log x = \dfrac{x-y}{y} = \dfrac{x}{y} - 1$

$\Rightarrow \quad \dfrac{1}{x} = \dfrac{1}{y} - \dfrac{x}{y^2}\dfrac{dy}{dx}$

$\Rightarrow \quad \dfrac{dy}{dx} = \dfrac{y}{x} - \dfrac{y^2}{x^2}$

$\qquad = \dfrac{1}{1+\log x} - \dfrac{1}{(1+\log x)^2}$

$\qquad = \dfrac{\log x}{(1+\log x)^2}$

❖ 第5章 関数をしらべる

問題 1

(1) $f(x) = \dfrac{1}{1+x+x^2} \Rightarrow f'(x) = -\dfrac{2x+1}{(1+x+x^2)^2} \Rightarrow$
$f''(x) = \dfrac{6x(x+1)}{(1+x+x^2)^3} \geqq 0$. $f(x)$ は凸関数.

(2) $f(x) = \left(x+\dfrac{1}{x}\right)^5 \Rightarrow f'(x) = 5\left(1-\dfrac{1}{x^2}\right)\left(x+\dfrac{1}{x}\right)^4$
$\Rightarrow f''(x) = 10\left(x+\dfrac{1}{x}\right)^3 \dfrac{2x^4-3x^2+3}{x^4} > 0$. $f(x)$ は厳密な意味で凸関数.

(3) $f(x) = \dfrac{3x+5}{2x+3} \Rightarrow f'(x) = -\dfrac{1}{(2x+3)^2} \Rightarrow f''(x) = \dfrac{4}{(2x+3)^3} > 0$. $f(x)$ は厳密な意味で凸関数.

(4) $f(x) = \sqrt{x-3} \Rightarrow f'(x) = \dfrac{1}{2\sqrt{x-3}} \Rightarrow f''(x) = -\dfrac{1}{4}(x-3)^{-\frac{3}{2}} < 0$. $f(x)$ は厳密な意味で凹関数.

(5) $f(x) = \sqrt{\dfrac{1+x}{1-x}} \Rightarrow f'(x) = (1-x)^{-\frac{3}{2}}(1+x)^{-\frac{1}{2}} \Rightarrow$
$f''(x) = -(1-x)^{-\frac{5}{2}}(1+x)^{-\frac{3}{2}}(2+x) < 0$. $f(x)$ は厳密な意味で凹関数.

(6) $f(x) = \tan x - x \Rightarrow f'(x) = \tan^2 x \Rightarrow f''(x) = \dfrac{2\tan x}{\cos^2 x} > 0$. $f(x)$ は厳密な意味で凸関数.

(7) $f(x) = \tan x + \dfrac{1}{3}\tan^3 x \Rightarrow f'(x) = \dfrac{1}{\cos^4 x} \Rightarrow$
$f''(x) = \dfrac{4\sin x}{\cos^5 x} > 0$. $f(x)$ は厳密な意味で凸関数.

(8) $f(x) = \dfrac{\sin x}{1+\cos x} \Rightarrow f'(x) = \dfrac{1}{1+\cos x} \Rightarrow f''(x) = \dfrac{\sin x}{(1+\cos x)^2} > 0$. $f(x)$ は厳密な意味で凸関数.

問題 2

(1) ［デカルトの正葉線のグラフは 173 ページ参照.］

$x^3 + y^3 - 3axy = 0 \Rightarrow 3(x^2-ay) + 3(y^2-ax)\dfrac{dy}{dx} = 0 \Rightarrow$

$\dfrac{dy}{dx} = -\dfrac{x^2-ay}{y^2-ax}$. $(\sqrt[3]{2}\,a, \sqrt[3]{4}\,a)$ は極大点.

(2) ［ベルヌーイのレムニスケートのグラフは 167 ページ参照．］
$(x^2+y^2)^2-a^2(x^2-y^2)=0 \Rightarrow 2x\{2(x^2+y^2)-a^2\}+2y\{2(x^2+y^2)+a^2\}\dfrac{dy}{dx}=0 \Rightarrow \dfrac{dy}{dx}=-\dfrac{x\{2(x^2+y^2)-a^2\}}{y\{2(x^2+y^2)+a^2\}}$.
$\left(\dfrac{\sqrt{6}}{4}a,\dfrac{\sqrt{2}}{4}a\right)$, $\left(-\dfrac{\sqrt{6}}{4}a,\dfrac{\sqrt{2}}{4}a\right)$ のとき，y は極大．
$\left(-\dfrac{\sqrt{6}}{4}a,\dfrac{\sqrt{2}}{4}a\right)$, $\left(-\dfrac{\sqrt{6}}{4}a,-\dfrac{\sqrt{2}}{4}a\right)$ のとき，y は極小．

(3) $a^2y^2-x^2(a^2-x^2)=0 \Rightarrow 2x(2x^2-a^2)+2a^2y\dfrac{dy}{dx}=0 \Rightarrow \dfrac{dy}{dx}=-\dfrac{x(2x^2-a^2)}{a^2y}$. $\left(\dfrac{\sqrt{2}}{2}a,\dfrac{1}{2}a\right)$, $\left(-\dfrac{\sqrt{2}}{2}a,\dfrac{1}{2}a\right)$ は極大点，$\left(\dfrac{\sqrt{2}}{2}a,-\dfrac{1}{2}a\right)$, $\left(-\dfrac{\sqrt{2}}{2}a,-\dfrac{1}{2}a\right)$ は極小点．

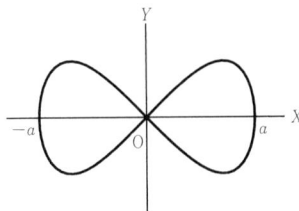

図-解答 5-2(3)

(4) ［コンコイドのグラフは 174 ページ参照．］
$(x^2+y^2)(x-a)^2-b^2x^2=0$
$\Rightarrow 2\{(x^2+y^2)(x-a)+x(x-a)^2-b^2x\}+2y(x-a)^2\dfrac{dy}{dx}=0$
$\Rightarrow \dfrac{dy}{dx}=-\dfrac{(x^2+y^2)(x-a)+x(x-a)^2-b^2x}{y(x-a)^2}$
$=-\dfrac{b^2x^2+x(x-a)^3-b^2x(x-a)}{y(x-a)^3}$
$=-\dfrac{x\{(x-a)^3+ab^2\}}{y(x-a)^3}$

$x=a-\sqrt[3]{ab^2}=\sqrt[3]{a}\,(\sqrt[3]{a^2}-\sqrt[3]{b^2})$ のとき，y は極大，極小の値をとる．

(5) ［カテナリーのグラフは 119 ページ参照．］
$y=\dfrac{a}{2}(e^{\frac{x}{a}}+e^{-\frac{x}{a}}) \Rightarrow \dfrac{dy}{dx}=\dfrac{1}{2}(e^{\frac{x}{a}}-e^{-\frac{x}{a}})$. $x=0$ のとき，y は極小．

(6) ［トラクトリックスのグラフは 119 ページ参照．］

$x=a\log\dfrac{a+\sqrt{a^2-y^2}}{y}-\sqrt{a^2-y^2}$
$\Rightarrow \dfrac{dx}{dy}=-\dfrac{\dfrac{ay}{\sqrt{a^2-y^2}}}{a+\sqrt{a^2-y^2}}-\dfrac{a}{y}+\dfrac{y}{\sqrt{a^2-y^2}}$
$=-\dfrac{\sqrt{a^2-y^2}}{y}$
$\Rightarrow \dfrac{dy}{dx}=-\dfrac{y}{\sqrt{a^2-y^2}}<0$

極大，極小は存在しない．

❖ 第 6 章　極限を計算する

問題 1　ロピタルの法則を（必要に応じて何回か）適用する．

(1) $\displaystyle\lim_{x\to 3}\dfrac{\sqrt{x}-\sqrt{3}+\sqrt{x-3}}{\sqrt{x^2-9}} = \lim_{x\to 3}\dfrac{\dfrac{1}{2\sqrt{x}}+\dfrac{1}{2\sqrt{x-3}}}{\dfrac{x}{\sqrt{x^2-9}}}$
$= \displaystyle\lim_{x\to 3}\dfrac{\dfrac{\sqrt{x^2-9}}{2\sqrt{x}}+\dfrac{\sqrt{x+3}}{2}}{x}$
$= \dfrac{\sqrt{6}}{6}$

(2) $\displaystyle\lim_{x\to 0}\dfrac{\sqrt{1+x}-\sqrt{1-x}}{\sqrt{4+x}-\sqrt{4-x}} = \lim_{x\to 0}\dfrac{\dfrac{1}{2\sqrt{1+x}}+\dfrac{1}{2\sqrt{1-x}}}{\dfrac{1}{2\sqrt{4+x}}+\dfrac{1}{2\sqrt{4-x}}}$
$= 2$

(3) $\displaystyle\lim_{x\to 0}\dfrac{(1+x)^4-1-4x-6x^2}{x^3}$
$= \displaystyle\lim_{x\to 0}\dfrac{4(1+x)^3-4-12x}{3x^2}$
$= \displaystyle\lim_{x\to 0}\dfrac{12(1+x)^2-12}{6x}$
$= \displaystyle\lim_{x\to 0}\dfrac{24(1+x)}{6}=4$

(4) $\displaystyle\lim_{x\to 0}\dfrac{\sqrt{1+x}-1-\dfrac{x}{2}+\dfrac{x^2}{8}}{x^3}$
$= \displaystyle\lim_{x\to 0}\dfrac{\dfrac{1}{2}(1+x)^{-\frac{1}{2}}-\dfrac{1}{2}+\dfrac{1}{4}x}{3x^2}$

$$= \lim_{x \to 0} \frac{-\frac{1}{4}(1+x)^{-\frac{3}{2}}+\frac{1}{4}}{6x}$$

$$= \lim_{x \to 0} \frac{\frac{3}{8}(1+x)^{-\frac{5}{2}}}{6}$$

$$= \frac{1}{16}$$

(5) $t=x^2$ とおけば,

$$\lim_{x \to 0} \frac{(1+x^2)^n-1-nx^2}{x^4} = \lim_{t \to 0} \frac{(1+t)^n-1-nt}{t^2}$$

$$= \lim_{t \to 0} \frac{n(1+t)^{n-1}-n}{2t}$$

$$= \lim_{t \to 0} \frac{n(n-1)(1+t)^{n-2}}{2}$$

$$= \frac{n(n-1)}{2}$$

(6) $t=\sqrt{x}$ とおけば,

$$\lim_{x \to 0} \frac{(1+\sqrt{x})^n-1-n\sqrt{x}}{x} = \lim_{t \to 0} \frac{(1+t)^n-1-nt}{t^2}$$

$$= \lim_{t \to 0} \frac{n(1+t)^{n-1}-n}{2t}$$

$$= \lim_{t \to 0} \frac{n(n-1)(1+t)^{n-2}}{2}$$

$$= \frac{n(n-1)}{2}$$

(7) $\displaystyle\lim_{x \to 0} \frac{\tan 2x}{x} = \lim_{x \to 0} \frac{\frac{2}{\cos^2 2x}}{1} = 2$

(8) $\displaystyle\lim_{x \to 0} \frac{\tan x - x}{x^3} = \lim_{x \to 0} \frac{\frac{1}{\cos^2 x}-1}{3x^2} = \lim_{x \to 0} \frac{\frac{2\sin x}{\cos^3 x}}{6x}$

$$= \lim_{x \to 0} \frac{1}{3} \frac{\sin x}{x \cos^3 x}$$

$$= \frac{1}{3} \lim_{x \to 0} \frac{\cos x}{\cos^3 x - 3x \cos^2 x \sin x}$$

$$= \frac{1}{3}$$

(9) $\displaystyle\lim_{x \to 0} \frac{x-\sin x}{x-x\cos x} = \lim_{x \to 0} \frac{1-\cos x}{1-\cos x + x \sin x}$

$$= \lim_{x \to 0} \frac{\sin x}{2\sin x + x \cos x}$$

$$= \lim_{x \to 0} \frac{\cos x}{3\cos x - x \sin x} = \frac{1}{3}$$

(10) $\displaystyle\lim_{x \to 0} \frac{\tan x - x}{\sin x - x} = \lim_{x \to 0} \frac{\frac{1}{\cos^2 x}-1}{\cos x - 1} = \lim_{x \to 0} \frac{\frac{2\sin x}{\cos^3 x}}{-\sin x}$

$$= \lim_{x \to 0} \frac{2}{-\cos^3 x} = -2$$

(11) $\displaystyle\lim_{x \to 0} \frac{e^{-x^2}-1+x^2}{x^3} = \lim_{x \to 0} \frac{-2xe^{-x^2}+2x}{3x^2}$

$$= \lim_{x \to 0} \frac{-2e^{-x^2}+2}{3x}$$

$$= \lim_{x \to 0} \frac{4xe^{-x^2}}{3} = 0$$

(12) $\displaystyle\lim_{x \to 0} \frac{1+x-e^x}{\sin x} = \lim_{x \to 0} \frac{1-e^x}{\cos x} = 0$

(13) $\displaystyle\lim_{x \to 0} \frac{e^x+e^{-x}-2x^2-2\cos x}{x^6}$

$$= \lim_{x \to 0} \frac{e^x - e^{-x} - 4x + 2\sin x}{6x^5}$$

$$= \lim_{x \to 0} \frac{e^x + e^{-x} - 4 + 2\cos x}{30x^4}$$

$$= \lim_{x \to 0} \frac{e^x - e^{-x} - 2\sin x}{120x^3}$$

$$= \lim_{x \to 0} \frac{e^x + e^{-x} - 2\cos x}{360x^2}$$

$$= \lim_{x \to 0} \frac{e^x - e^{-x} + 2\sin x}{720x}$$

$$= \lim_{x \to 0} \frac{e^x + e^{-x} + 2\cos x}{720} = \frac{4}{720} = \frac{1}{180}$$

(14) $t=\sqrt{x}$ とおけば,

$$\lim_{x \to 0} \frac{x}{\log(1+\sqrt{x})-\sqrt{x}} = \lim_{t \to 0} \frac{t^2}{\log(1+t)-t}$$

$$= \lim_{t \to 0} \frac{2t}{\frac{1}{1+t}-1}$$

$$= \lim_{t \to 0} \frac{2(1+t)}{-1} = -2$$

(15) $\dfrac{a}{x}=t$ とおけば,

$$y = \left(1+\frac{a}{x}\right)^x = (1+t)^{\frac{a}{t}}, \quad \log y = \frac{a}{t}\log(1+t)$$

$$\lim_{t\to 0}\log y=\lim_{t\to 0}\frac{a\log(1+t)}{t}=\lim_{t\to 0}\frac{\dfrac{a}{1+t}}{1}=a$$

対数の定義から，$y=e^{\log y}$.

$$\lim_{x\to\infty}\left(1+\frac{a}{x}\right)^x=\lim_{x\to\infty}e^{\log y}=\exp[\lim_{t\to 0}\log y]=e^a$$

[ここで，$\exp[K]=e^K$ を意味します．]

(16) $y=x^x$ とおけば，$\log y=x\log x$.

$$\lim_{x\to 0}\log y=\lim_{x\to 0}x\log x=\lim_{x\to 0}\frac{\log x}{\dfrac{1}{x}}=\lim_{x\to 0}\frac{\dfrac{1}{x}}{-\dfrac{1}{x^2}}$$

$$=\lim_{x\to 0}(-x)=0$$

$$\lim_{x\to 0}x^x=\lim_{x\to 0}e^{\log y}=\exp[\lim_{x\to 0}\log y]=1$$

(17) $$\lim_{x\to 1}\frac{\cos\dfrac{\pi}{2x}}{\log x}=\lim_{x\to 1}\frac{\dfrac{\pi}{2x^2}\sin\dfrac{\pi}{2x}}{\dfrac{1}{x}}=\frac{\pi}{2}$$

(18) $$\lim_{x\to 0}\frac{\log\tan ax}{\log\tan bx}=\lim_{x\to 0}\frac{\dfrac{a}{\tan ax\cos^2 ax}}{\dfrac{b}{\tan bx\cos^2 bx}}$$

$$=\lim_{x\to 0}\frac{a}{b}\frac{\sin bx\cos bx}{\sin ax\cos ax}$$

$$=\lim_{x\to 0}\frac{a}{b}\frac{\sin 2bx}{\sin 2ax}$$

$$=\lim_{x\to 0}\frac{a}{b}\frac{2b\cos 2bx}{2a\cos 2ax}=1$$

(19) $\sqrt{5-4x+9x^2}-3x=\dfrac{5-4x}{\sqrt{5-4x+9x^2}+3x}$ に注目して，

$$\lim_{x\to\infty}(\sqrt{5-4x+9x^2}-3x)$$

$$=\lim_{x\to\infty}\frac{5-4x}{\sqrt{5-4x+9x^2}+3x}$$

$$=\lim_{x\to\infty}\frac{-4}{\dfrac{-4+18x}{2\sqrt{5-4x+9x^2}}+3}$$

$$=\lim_{x\to\infty}\frac{-4}{\dfrac{-\dfrac{4}{x}+18}{2\sqrt{\dfrac{5}{x^2}-\dfrac{4}{x}+9}}+3}$$

$$=\frac{-4}{3+3}=-\frac{2}{3}$$

(20) $$\lim_{x\to 0}\frac{\log(x+\cos x)}{x}=\lim_{x\to 0}\frac{\dfrac{1-\sin x}{x+\cos x}}{1}$$

$$=\lim_{x\to 0}\frac{1-\sin x}{x+\cos x}=1$$

(21) $$\lim_{x\to 0}\frac{1+\cos^2 x-\dfrac{2x}{\sin x}}{\log\cos x}$$

$$=\lim_{x\to 0}\frac{-2\cos x\sin x-\dfrac{2\sin x-2x\cos x}{\sin^2 x}}{-\dfrac{\sin x}{\cos x}}$$

$$=\lim_{x\to 0}2\cos x\left(\cos x+\frac{\sin x-x\cos x}{\sin^3 x}\right)$$

$$=2\left(1+\lim_{x\to 0}\frac{\sin x-x\cos x}{\sin^3 x}\right)$$

$$\lim_{x\to 0}\frac{\sin x-x\cos x}{\sin^3 x}=\lim_{x\to 0}\frac{x\sin x}{3\sin^2 x\cos x}$$

$$=\lim_{x\to 0}\frac{x}{3\sin x\cos x}$$

$$=\lim_{x\to 0}\frac{x}{\dfrac{3}{2}\sin 2x}$$

$$=\lim_{x\to 0}\frac{1}{3\cos 2x}$$

$$=\frac{1}{3}$$

したがって，求める極限の値は，$2\left(1+\dfrac{1}{3}\right)=\dfrac{8}{3}$.

(22) $$\lim_{x\to 0}\frac{\log(1-x+\tan x)}{x^3}=\lim_{x\to 0}\frac{\dfrac{-1+\dfrac{1}{\cos^2 x}}{1-x+\tan x}}{3x^2}$$

$$=\lim_{x\to 0}\frac{1-\cos^2 x}{3x^2(1-x+\tan x)\cos^2 x}$$

$$=\frac{1}{3}\lim_{x\to 0}\frac{\sin^2 x}{x^2}\times\lim_{x\to 0}\frac{1}{(1-x+\tan x)\cos^2 x}$$

$$=\frac{1}{3}$$

❖ 第7章 第2節 接線，法線

問題1 $P(x,y)$ における $y^n = a^{n-1}x$ の接線の方程式は，

$$y' = \frac{dy}{dx} = \frac{a^{n-1}}{ny^{n-1}}$$

$$\Rightarrow Y - y = \frac{a^{n-1}}{ny^{n-1}}(X - x)$$

$$\Rightarrow ny^{n-1}Y - a^{n-1}X = (n-1)y^n$$

$A = (-(n-1)x, 0)$, $B = \left(0, \frac{(n-1)y}{n}\right)$

$$\overline{PA}^2 = n^2x^2 + y^2, \quad \overline{PB}^2 = x^2 + \frac{y^2}{n^2}$$

$$\Rightarrow \overline{PA} = n\overline{PB}$$

問題2 $P(x,y)$ における $x^{\frac{2}{3}} + y^{\frac{2}{3}} = a^{\frac{2}{3}}$ の接線の方程式は，

$$\frac{X}{x^{\frac{1}{3}}} + \frac{Y}{y^{\frac{1}{3}}} = a^{\frac{2}{3}}$$

$\overline{OA} = a^{\frac{2}{3}}x^{\frac{1}{3}}$, $\overline{OB} = a^{\frac{2}{3}}y^{\frac{1}{3}}$

$$\Rightarrow \overline{AB}^2 = \overline{OA}^2 + \overline{OB}^2 = a^{\frac{4}{3}}x^{\frac{2}{3}} + a^{\frac{4}{3}}y^{\frac{2}{3}}$$

$$= a^2 \text{（一定）}$$

問題3 $P(x,y)$ における法線影は $-y'y$ によって与えられる．$y^2 = 2ax + b$ について，

$$y^2 = 2ax + b \Rightarrow 2yy' = 2a$$

$$\Rightarrow -yy' = -a \text{（一定）}$$

逆に，$-y'y = -a$ (a は定数) とする．$z = y^2$ とおけば，$z' = 2yy' = 2a$．微分して，定数 $2a$ となるような関数 z は，つぎのような形をしている．

$$z = 2ax + b \quad \text{（b は定数）}$$

したがって，$y^2 = 2ax + b$.

問題4 $P(x,y)$ における接線影は，$\frac{y}{y'}$ によって与えられる．$y = ae^{bx}$ について，

$$y = ae^{bx} \Rightarrow \log y = \log a + bx$$

$$\Rightarrow \frac{y'}{y} = b \Rightarrow \frac{y}{y'} = \frac{1}{b} \text{（一定）}$$

逆に，$\frac{y}{y'} = \frac{1}{b}$ (b は定数) とする．$z = \log y$ とおけば，$z' = \frac{y'}{y} = b$．

微分して，定数 b となるような関数 z は，つぎのような形をしている．

$$z = bx + c \quad \text{（c は定数）}$$

したがって，$y = e^z = ae^{bx}$ ($a = e^c$).

問題5 $P(x,y)$ における法線の方程式は，$Y - y = -\frac{1}{y'}(X - x)$ によって与えられる．円 $x^2 + y^2 = a^2$ について，

$$x^2 + y^2 = a^2 \Rightarrow 2x + 2yy' = 0 \Rightarrow -\frac{1}{y'} = \frac{y}{x}$$

$$Y - y = -\frac{1}{y'}(X - x) = \frac{y}{x}(X - x) \Rightarrow Y = \frac{y}{x}X$$

したがって，各点における法線はつねに円の中心 $O(0,0)$ を通る．

逆に，各点における法線がつねに定点 O を通るとする．法線影は $-y'y$ によって与えられるから，定点 O を原点にとれば，

$$x + yy' = 0$$

$z = x^2 + y^2$ とおけば，

$$z' = 2x + 2yy' = 0 \Rightarrow z = c \text{（定数）}$$

$$\Rightarrow x^2 + y^2 = c$$

問題6 定点を原点 $O(0,0)$ にとれば，接線 $Y - y = y'(X - x)$ が $(0, 0)$ を通るから，

$$y = y'x$$

$w = \log x$, $z = \log y$ とおけば，

$$\frac{dz}{dw} = \frac{\frac{dz}{dx}}{\frac{dw}{dx}} = \frac{\frac{y'}{y}}{\frac{1}{x}} = \frac{y'x}{y} = 1$$

$$\Rightarrow z = w + c \text{（c は定数）}$$

$\log y = \log x + c \Rightarrow y = ax$ ($a = e^c$)

すなわち，定点 O を通る直線となる．

問題7 $P(x,y)$ における接線影は，$\frac{y}{y'}$ によって与えられる．任意の点 $P(x,y)$ における接線影と Y 座標の値 y との和 $\frac{y}{y'} + y$ が一定の値 a をとるとすれば，

$$\frac{y}{y'} + y = a \Rightarrow \frac{1}{y'} = \frac{a}{y} - 1$$

x を y の関数と考えれば，

$$\frac{dx}{dy} = \frac{1}{y'} = \frac{a}{y} - 1$$

$z = x - (a \log y - y)$ とおけば，

$$\frac{dz}{dy} = \frac{dx}{dy} - \left(\frac{a}{y} - 1\right) = 0$$
$$\Rightarrow \ z = b \ (\text{定数})$$
$$\Rightarrow \ x - (a \log y - y) = b$$
$$\Rightarrow \ x + y = a \log y + b$$

問題 8 $P(x, y)$ における法線影は $-y'y$ によって与えられるから，

$$-y'y + y = 1 \ \Rightarrow \ y' = \frac{y-1}{y}$$

x を y の関数と考えて，$z = x - y - \log(y-1)$ とおけば，

$$\frac{dz}{dy} = \frac{dx}{dy} - 1 - \frac{1}{y-1} = \frac{1}{y'} - \frac{y}{y-1} = 0$$
$$\Rightarrow \ z = c \ (\text{定数}) \ \Rightarrow \ x - y - \log(y-1) = c$$

❖ **第 7 章 第 3 節　曲率円と縮閉線**

問題 1　$x^{\frac{2}{3}} + y^{\frac{2}{3}} = a^{\frac{2}{3}}$ 上の点 $P(x, y)$ における曲率中心の座標を (X, Y) とおけば，
$$X = x^{\frac{1}{3}}(x^{\frac{2}{3}} + 3y^{\frac{2}{3}}), \quad Y = y^{\frac{1}{3}}(3x^{\frac{2}{3}} + y^{\frac{2}{3}})$$
グラフを $45°$ 回転して，$(X, Y) \to (\xi, \eta)$ とすれば，
$$\xi = \frac{1}{\sqrt{2}}(X - Y), \quad \eta = \frac{1}{\sqrt{2}}(X + Y)$$

$$\xi = \frac{1}{\sqrt{2}}(X - Y)$$
$$= \frac{1}{\sqrt{2}}\{x^{\frac{1}{3}}(x^{\frac{2}{3}} + 3y^{\frac{2}{3}}) - y^{\frac{1}{3}}(3x^{\frac{2}{3}} + y^{\frac{2}{3}})\}$$
$$= \frac{1}{\sqrt{2}}(x^{\frac{1}{3}} - y^{\frac{1}{3}})^3$$

$$\eta = \frac{1}{\sqrt{2}}(X + Y)$$
$$= \frac{1}{\sqrt{2}}\{x^{\frac{1}{3}}(x^{\frac{2}{3}} + 3y^{\frac{2}{3}}) + y^{\frac{1}{3}}(3x^{\frac{2}{3}} + y^{\frac{2}{3}})\}$$
$$= \frac{1}{\sqrt{2}}(x^{\frac{1}{3}} + y^{\frac{1}{3}})^3$$

$$\xi^{\frac{2}{3}} + \eta^{\frac{2}{3}} = 2^{-\frac{1}{3}}\{(x^{\frac{1}{3}} - y^{\frac{1}{3}})^2 + (x^{\frac{1}{3}} + y^{\frac{1}{3}})^2\}$$
$$= 2^{\frac{2}{3}}(x^{\frac{2}{3}} + y^{\frac{2}{3}}) = (2a)^{\frac{2}{3}}$$

$x^{\frac{2}{3}} + y^{\frac{2}{3}} = a^{\frac{2}{3}}$ の縮閉線はアステロイド $\xi^{\frac{2}{3}} + \eta^{\frac{2}{3}} = (2a)^{\frac{2}{3}}$ となる．

問題 2　$x'(\theta) = \frac{dx}{d\theta} = a(1 - \cos\theta)$,

$$y'(\theta) = \frac{dy}{d\theta} = a\sin\theta$$

$$y' = \frac{dy}{dx} = \frac{y'(\theta)}{x'(\theta)} = \frac{\sin\theta}{1-\cos\theta}, \quad 1 + y'^2 = \frac{2}{1-\cos\theta}$$

$$y'' = \frac{dy'}{dx} = \frac{dy'/d\theta}{x'} = -\frac{1}{a(1-\cos\theta)^2}$$

$$\frac{1+y'^2}{y''} = -2a(1-\cos\theta),$$

$$\frac{y'(1+y'^2)}{y''} = -2a\sin\theta$$

$$X = x - \frac{y'(1+y'^2)}{y''} = a(\theta - \sin\theta) + 2a\sin\theta$$
$$= a(\theta + \sin\theta)$$

$$Y = y + \frac{1+y'^2}{y''} = a(1-\cos\theta) - 2a(1-\cos\theta)$$
$$= -a(1-\cos\theta)$$

$$X = (-a)\{(-\theta) + \sin(-\theta)\},$$
$$Y = (-a)\{1 - \cos(-\theta)\}$$

すなわち，(X, Y) はサイクロイド（もとのサイクロイドと合同）である．

問題 3　曲率半径 ρ および法線の長さ n はそれぞれ，

$$\rho = \frac{(1+y'^2)^{\frac{3}{2}}}{y''}, \quad n = y\sqrt{1+y'^2}$$

によって与えられる[符号については留意しない]．

カテナリー $y = \frac{a}{2}(e^{\frac{x}{a}} + e^{-\frac{x}{a}})$ 上の点 $P(x, y)$ について，

$$y' = \frac{1}{2}(e^{\frac{x}{a}} - e^{-\frac{x}{a}}),$$

$$1 + y'^2 = 1 + \frac{1}{4}(e^{\frac{x}{a}} - e^{-\frac{x}{a}})^2 = \frac{1}{4}(e^{\frac{x}{a}} + e^{-\frac{x}{a}})^2$$
$$= \left(\frac{y}{a}\right)^2$$

$$y'' = \frac{1}{2a}(e^{\frac{x}{a}} + e^{-\frac{x}{a}}) = \frac{y}{a^2}$$

$$\rho = \frac{(1+y'^2)^{\frac{3}{2}}}{y''} = \frac{\left(\frac{y}{a}\right)^3}{\frac{y}{a^2}} = \frac{y^2}{a}, \quad n = y\sqrt{1+y'^2} = \frac{y^2}{a}$$

$\Rightarrow \ \rho = n$

問題 4　二次曲線 $ax^2 + by^2 = 1$ 上の点 $P(x, y)$ について，

$$y' = \frac{dy}{dx} = -\frac{ax}{by},$$
$$1+y'^2 = 1+\left(-\frac{ax}{by}\right)^2 = \frac{b^2y^2+a^2x^2}{b^2y^2}$$
$$y'' = \frac{dy'}{dx} = -\frac{a}{b}\frac{y-x\frac{dy}{dx}}{y^2} = -\frac{a}{b}\frac{y+x\frac{ax}{by}}{y^2}$$
$$= -\frac{a(by^2+ax^2)}{b^2y^3} = -\frac{a}{b^2y^3}$$
$$\rho = \frac{(1+y'^2)^{\frac{3}{2}}}{y''} = \frac{\frac{(b^2y^2+a^2x^2)^{\frac{3}{2}}}{b^3y^3}}{\frac{a}{b^2y^3}} = \frac{(b^2y^2+a^2x^2)^{\frac{3}{2}}}{ab}$$
$$n = y\sqrt{1+y'^2} = y\sqrt{\frac{b^2y^2+a^2x^2}{b^2y^2}} = \frac{(b^2y^2+a^2x^2)^{\frac{1}{2}}}{b}$$
$$\Rightarrow\quad \rho = \frac{b^2}{a}n^3$$

問題 5 放物線 $y^2=4ax$ 上の点 $P(x,y)$ について，
$$y^2=4ax \;\Rightarrow\; yy'=2a \;\Rightarrow\; y'^2+yy''=0$$
$$-\frac{y'(1+y'^2)}{y''} = \frac{y}{y'}\left(1+\frac{4a^2}{y^2}\right) = \frac{4ax}{2a}\left(1+\frac{a}{x}\right)$$
$$= 2(x+a)$$
他方，放物線 $y^2=4ax$ の準線は $x=-a$ であるから，$P(x,y)$ と準線との間の距離は $x+a$ となる．

問題 6 $xy=a^2$ を x について 2 回微分すれば，
$$xy=a^2 \;\Rightarrow\; y+xy'=0,\; 2y'+xy''=0$$
$$y'=-\frac{y}{x},\quad y''=-\frac{2y'}{x}=\frac{2y}{x^2},\quad 1+y'^2=\frac{x^2+y^2}{x^2}$$
$$\frac{1+y'^2}{y''}=\frac{x^2+y^2}{2y},\quad \frac{y'(1+y'^2)}{y''}=-\frac{x^2+y^2}{2x}$$
$C'=(p,q)$ とおけば，
$$p = x+\frac{y'(1+y'^2)}{y''} = x-\frac{x^2+y^2}{2x} = \frac{x^2-y^2}{2x}$$
$$q = y-\frac{1+y'^2}{y''} = y-\frac{x^2+y^2}{2y} = -\frac{x^2-y^2}{2y}$$
$$(\overrightarrow{OC'},\overrightarrow{OP})=px+qy=0 \;\Rightarrow\; \angle C'OP=\frac{\pi}{2}$$

❖ **第 7 章 第 4 節 包 絡 線**

問題 1 (1) 包絡線はつぎの 2 つの方程式からパラメータ α を消去して得られる．
$$f(x,y,\alpha) = y-(x-\alpha)^2 = 0$$
$$f_\alpha(x,y,\alpha) = 2(x-\alpha) = 0$$
$$x=\alpha,\quad y=0$$
したがって，包絡線は，直線 $y=0$ となる．

(2) $f(x,y,\alpha) = (y-\alpha)^2(x+a)-x^3+a^3 = 0$
$$f_\alpha(x,y,\alpha) = -2(y-\alpha)(x+a) = 0$$
$$\Rightarrow\; y=\alpha,\; x=a$$
したがって，包絡線は，直線 $x=a$ となる．

(3) $\qquad f(x,y,\alpha) = \alpha^2 x+\frac{y}{\alpha}-a = 0$
$$f_\alpha(x,y,\alpha) = 2\alpha x-\frac{y}{\alpha^2} = 0$$
$$\Rightarrow\; x=\frac{a}{3\alpha^2},\; y=\frac{2\alpha a}{3}$$
$$\Rightarrow\; xy^2 = \frac{4a^3}{27}$$
包絡線は，曲線 $xy^2=\dfrac{4a^3}{27}$ となる．

(4) $\qquad f(x,y,\alpha) = (\alpha-1)x+\dfrac{y}{\alpha+1}-2a = 0$
$$f_\alpha(x,y,\alpha) = x-\frac{y}{(\alpha+1)^2} = 0$$
$$\Rightarrow\; x=\frac{a}{\alpha},\; y=\frac{(\alpha+1)^2a}{\alpha}$$
$$\Rightarrow\; xy = (x+a)^2$$
包絡線は，$xy=(x+a)^2$ であらわされる曲線となる．

(5) $\qquad f(x,y,\theta) = x\cos\theta+y\sin\theta-a = 0$
$$f_\theta(x,y,\theta) = -x\sin\theta+y\cos\theta = 0$$
$$\Rightarrow\; x=a\cos\theta,\; y=a\sin\theta$$
$$\Rightarrow\; x^2+y^2 = a^2$$
包絡線は，円 $x^2+y^2=a^2$ となる．

(6) $\qquad f(x,y,\theta) = x\cos\theta-y\sin\theta-a = 0$
$$f_\theta(x,y,\theta) = -x\sin\theta-y\cos\theta = 0$$
$$\Rightarrow\; x=a\cos\theta,\; y=-a\sin\theta$$
$$\Rightarrow\; x^2+y^2 = a^2$$
包絡線は，円 $x^2+y^2=a^2$ となる．

(7) $\qquad f(x,y,\theta) = x\cos^2\theta+y\sin^2\theta-a = 0$
$$f_\theta(x,y,\theta) = -2x\cos\theta\sin\theta$$
$$\qquad\qquad +2y\sin\theta\cos\theta = 0$$
$$\Rightarrow\; x=y=a$$
包絡線ではなく，1 点 (a,a) となる．

(8) $\qquad f(x,y,\theta) = x\cos^2\theta-y\sin^2\theta-a = 0$
$$f_\theta(x,y,\theta) = -2x\cos\theta\sin\theta$$
$$\qquad\qquad -2y\sin\theta\cos\theta = 0$$

$\Rightarrow \quad x=a, \ y=-a$

包絡線ではなく，1 点 $(a, -a)$ となる．

(9) $\quad f(x, y, \theta) = x\cos^3\theta + y\sin^3\theta - a = 0$
$\quad f_\theta(x, y, \theta) = -3x\cos^2\theta \sin\theta$
$\qquad\qquad\qquad +3y\sin^2\theta \cos\theta = 0$
$\quad \Rightarrow \quad x\cos\theta = y\sin\theta$
$\quad \Rightarrow \quad x = \dfrac{a}{\cos\theta}, \ y = \dfrac{a}{\sin\theta}$
$\quad \Rightarrow \quad \dfrac{1}{x^2} + \dfrac{1}{y^2} = \dfrac{1}{a^2}$

包絡線は，$\dfrac{1}{x^2} + \dfrac{1}{y^2} = \dfrac{1}{a^2}$ であらわされる曲線となる．

(10) $\quad f(x, y, \theta) = x\cos^3\theta - y\sin^3\theta - a = 0$
$\quad f_\theta(x, y, \theta) = -3x\cos^2\theta \sin\theta$
$\qquad\qquad\qquad -3y\sin^2\theta \cos\theta = 0$
$\quad \Rightarrow \quad x\cos\theta = -y\sin\theta$
$\quad \Rightarrow \quad x = \dfrac{a}{\cos\theta}, \ y = -\dfrac{a}{\sin\theta}$
$\quad \Rightarrow \quad \dfrac{1}{x^2} + \dfrac{1}{y^2} = \dfrac{1}{a^2}$

包絡線は，$\dfrac{1}{x^2} + \dfrac{1}{y^2} = \dfrac{1}{a^2}$ であらわされる曲線となる．

(11) $\quad f(x, y, \alpha) = (y+\alpha)^2 - \log(x+\alpha) = 0$
$\quad f_\alpha(x, y, \alpha) = 2(y+\alpha) - \dfrac{1}{x+\alpha} = 0$
$\quad \Rightarrow \quad (x+\alpha)^2 \log(x+\alpha) = \dfrac{1}{4}$

$\varphi(z) = z^2 \log z$ とおけば，$\varphi'(z) = 2z\log z + z > 0$ ($\log z > 0$ のとき)．したがって，$\varphi(z^*) = z^* \log z^*$ $= \dfrac{1}{4}$ となるような z^* が一意的に決まってくる．

$\quad x+\alpha = z^*, \ y+\alpha = \dfrac{1}{2z^*} \Rightarrow \ x-y = z^* - \dfrac{1}{2z^*}$

包絡線は，直線 $x-y = z^* - \dfrac{1}{2z^*}$ となる．

問題 2 $\pi ab = S$ のとき，楕円の方程式は
$$\dfrac{x^2}{a^2} + \dfrac{\pi^2 a^2 y^2}{S^2} = 1$$

求める包絡線はつぎの 2 つの方程式からパラメータ a を消去して得られる．
$$f(x, y, a) = \dfrac{x^2}{a^2} + \dfrac{\pi^2 a^2 y^2}{S^2} - 1 = 0$$

$$f_a(x, y, a) = -\dfrac{2x^2}{a^3} + \dfrac{2\pi^2 a y^2}{S^2} = 0$$
$\Rightarrow \quad \dfrac{x^2}{a^2} = \dfrac{\pi^2 a^2 y^2}{S^2} = \dfrac{1}{2} \ \Rightarrow \ \dfrac{\pi^2 a^2 x^2 y^2}{a^2 S^2} = \dfrac{1}{2^2}$
$\Rightarrow \quad x^2 y^2 = \dfrac{S^2}{4\pi^2}$

求める包絡線は，2 つの直角双曲線 $xy = \dfrac{S}{2\pi}$，$xy = -\dfrac{S}{2\pi}$ である．

問題 3 定点 A を原点 $(0,0)$ とし，定円の中心の座標を (a, b)，その半径が 1 となるように座標軸をとる．円上の点 P の座標を (p, q) とおけば，
$$(p-a)^2 + (q-b)^2 = 1 \ \Rightarrow \ \dfrac{dq}{dp} = -\dfrac{p-a}{q-b}$$

問題の条件をみたす円の方程式は，
$$\left(x - \dfrac{p}{2}\right)^2 + \left(y - \dfrac{q}{2}\right)^2 = \left(\dfrac{p}{2}\right)^2 + \left(\dfrac{q}{2}\right)^2$$
$\Rightarrow \quad x^2 + y^2 - px - qy = 0$

求める包絡線はつぎの 2 つの方程式からパラメータ p を消去して得られる．
$$f(x, y, p) = x^2 + y^2 - px - qy = 0$$
$$f_p(x, y, p) = -x - \dfrac{dq}{dp} y = -x + \dfrac{p-a}{q-b} y = 0$$

ここで，$\dfrac{x}{p-a} = \dfrac{y}{q-b} = \dfrac{1}{\lambda}$ とおけば，
$$(p-a)^2 + (q-b)^2 = 1 \ \Rightarrow \ \lambda^2 = \dfrac{1}{x^2 + y^2}$$

また，$p = a + \lambda x$，$q = b + \lambda y$．
$\quad x^2 + y^2 - (a+\lambda x)x - (b+\lambda y)y = 0$
$\quad \Rightarrow \quad \lambda = \dfrac{x^2+y^2-ax-by}{x^2+y^2}$
$\quad \dfrac{1}{x^2+y^2} = \dfrac{(x^2+y^2-ax-by)^2}{(x^2+y^2)^2}$
$\quad \Rightarrow \quad x^2+y^2 = (x^2+y^2-ax-by)^2$

求める包絡線は，$x^2+y^2 = (x^2+y^2-ax-by)^2$ によってあらわされる曲線である．

問題 4 楕円の方程式が $\dfrac{x^2}{a^2} + \dfrac{y^2}{b^2} = 1$ $(a > b > 0)$ となるように座標軸をとる．楕円上の点 P の座標を (p, q) とおけば，
$$\dfrac{p^2}{a^2} + \dfrac{q^2}{b^2} = 1 \ \Rightarrow \ \dfrac{dq}{dp} = -\dfrac{b^2 p}{a^2 q}$$

問題の条件をみたす円の方程式は,
$$\left(x-\frac{p}{2}\right)^2+\left(y-\frac{q}{2}\right)^2=\frac{p^2}{4}+\frac{q^2}{4}$$
$$\Rightarrow\quad x^2+y^2-px-qy=0$$

求める包絡線はつぎの 2 つの方程式からパラメータ p を消去して得られる.
$$f(x,y,p)=x^2+y^2-px-qy=0$$
$$f_p(x,y,p)=-x-\frac{dq}{dp}y=\frac{1}{a^2q}(-a^2qx+b^2py)=0$$
$$\begin{cases} xp+yq=x^2+y^2 \\ b^2yp-a^2xq=0 \end{cases}$$

この連立方程式を (p,q) について解けば,
$$p=\frac{a^2x(x^2+y^2)}{a^2x^2+b^2y^2},\quad q=\frac{b^2y(x^2+y^2)}{a^2x^2+b^2y^2}$$
$$\frac{p^2}{a^2}+\frac{q^2}{b^2}=1$$
$$\Rightarrow\quad \frac{a^2x^2(x^2+y^2)^2}{(a^2x^2+b^2y^2)^2}+\frac{b^2y^2(x^2+y^2)^2}{(a^2x^2+b^2y^2)^2}=1$$
$$\Rightarrow\quad (x^2+y^2)^2=a^2x^2+b^2y^2$$

求める包絡線は, $(x^2+y^2)^2=a^2x^2+b^2y^2$ によってあらわされる曲線である.

問題 5 放物線の方程式が $y^2=4ax$ となるように座標軸をとり, 放物線上の点 P の座標を (p,q) とおけば,
$$q^2=4ap\quad\Rightarrow\quad \frac{dq}{dp}=\frac{2a}{q}$$

問題の条件をみたす円の方程式は,
$$\left(x-\frac{p}{2}\right)^2+\left(y-\frac{q}{2}\right)^2=\left(\frac{p}{2}\right)^2+\left(\frac{q}{2}\right)^2$$
$$\Rightarrow\quad x^2+y^2-px-qy=0$$

求める包絡線はつぎの 2 つの方程式からパラメータ p を消去して得られる.
$$f(x,y,p)=x^2+y^2-px-qy=0$$
$$f_p(x,y,p)=-x-\frac{dq}{dp}y=-x-\frac{2a}{q}y=0$$
$$q=-\frac{2ay}{x}\quad\Rightarrow\quad p=\frac{q^2}{4a}=\frac{ay^2}{x^2}$$

$x^2+y^2-px-qy=0$ に代入して,
$$x^2+y^2+\frac{ay^2}{x}=0\quad\Rightarrow\quad x^3+(x+a)y^2=0$$

求める包絡線は, $x^3+(x+a)y^2=0$ によってあらわされる曲線である.

問題 6 定直線 l を X 軸にとり, 最初に半円 C の直径 AB の一端 A が原点にある状態から転がりはじめることにする. 半円 C の半径を a, その弧が X 軸と接する点を P とし, $\angle ACP=\theta$ とすれば, 直径 AB の方程式は,
$$(y-a)\tan\theta=x-a\theta$$

パラメータ θ で微分して,
$$\frac{y-a}{\cos^2\theta}=-a$$
$$a\sin\theta\cos\theta+x-a\theta=0$$
$$\Rightarrow\quad x=a(\theta-\sin\theta\cos\theta)=a\left(\theta-\frac{1}{2}\sin 2\theta\right)$$
$$y=a(1-\cos^2\theta)=a\sin^2\theta=\frac{a}{2}(1-\cos 2\theta)$$

求める包絡線は,
$$(x,y)=\left(a\left\{\theta-\frac{1}{2}\sin 2\theta\right\},\frac{a}{2}\left\{1-\cos 2\theta\right\}\right)$$

によってあらわされる曲線である. [これは, サイクロイドとよばれる曲線です.]

❖ 第 8 章 曲線を極座標であらわす

問題 1 つぎの曲率半径の公式をつかう. $\rho=\dfrac{r(1+z^2)^{\frac{3}{2}}}{1+z^2-z'}\left(z=\dfrac{r'}{r}\right)$.

(1) $$z=\frac{r'}{r}=-\frac{2\sin 2\theta}{\cos 2\theta}=-2\tan 2\theta$$
$$\Rightarrow\quad z'=-\frac{4}{\cos^2 2\theta}$$
$$\rho=\frac{r(1+4\tan^2 2\theta)^{\frac{3}{2}}}{1+4\tan^2 2\theta+\dfrac{4}{\cos^2 2\theta}}=\frac{a(4-3\cos^2 2\theta)^{\frac{3}{2}}}{8-3\cos^2 2\theta}$$

(2) $$z=\frac{r'}{r}=-\frac{n\sin n\theta}{\cos n\theta}=-n\tan n\theta$$
$$\Rightarrow\quad z'=-\frac{n^2}{\cos^2 n\theta}$$
$$\rho=\frac{r(1+n^2\tan^2 n\theta)^{\frac{3}{2}}}{1+n^2\tan^2 n\theta+\dfrac{n^2}{\cos^2 n\theta}}$$
$$=\frac{a\{n^2-(n^2-1)\cos^2 n\theta\}^{\frac{3}{2}}}{2n^2-(n^2-1)\cos^2 n\theta}$$

(3) $$z=\frac{r'}{r}=-\frac{\sin n\theta}{\cos n\theta}=-\tan n\theta$$

$$\Rightarrow \quad z' = -\frac{n}{\cos^2 n\theta}$$

$$\rho = \frac{r(1+\tan^2 n\theta)^{\frac{3}{2}}}{1+\tan^2 n\theta + \dfrac{n}{\cos^2 n\theta}} = \frac{r}{(n+1)\cos n\theta}$$

$$= \frac{a^n}{(n+1)r^{n-1}}$$

問題 2 曲率半径にかんするニュートンの公式の証明(134 ページ)から,原点 O で $y=y'=0$ のとき,

$$\rho = \lim_{x \to 0} \frac{x^2}{2y}$$

$$\frac{x^2}{2y} = \frac{r^2\cos^2\theta}{2r\sin\theta} = \frac{r\cos^2\theta}{2\sin\theta} = \frac{r}{2\theta} \cdot \frac{\theta}{\sin\theta}\cos^2\theta$$

$$\lim_{x\to 0}\frac{x^2}{2y} = \lim_{\theta\to 0}\frac{r}{2\theta} \times \lim_{\theta\to 0}\frac{\theta}{\sin\theta} \times \lim_{\theta\to 0}\cos^2\theta = \lim_{\theta\to 0}\frac{r}{2\theta}$$

問題 3 Q の極座標を (r,θ) とすれば,

$$\overline{OQ} = \overline{OP} + \overline{PQ} = \frac{a}{\cos\theta} + b \quad\Rightarrow\quad r = \frac{a}{\cos\theta} + b$$

$Q = (x,y)$ であらわすと,

$$r = \frac{a}{\cos\theta} + b \quad\Rightarrow\quad r = \frac{ar}{x} + b$$
$$\Rightarrow\quad r(a-x) = -bx$$
$$\Rightarrow\quad (x^2+y^2)(a-x)^2 = b^2x^2$$

[これは,コンコイドとよばれる曲線です.]

問題 4 座標軸を適当にとって,円 O の方程式を $x^2+y^2=a^2$,円 C の半径の大きさを b として,最初 P が $A=(a,0)$ にある状態から転がりはじめることにします.定点の位置を $P=(x,y)$ とし,円 C と円 O とが接する点を T とする.$\angle TOA = \theta$ とおけば,$\angle TCP = \dfrac{a}{b}\theta$.P,C から X 軸に下ろした垂線の足を H, K とし,P から CK に下ろした垂線の足を Q とおけば,□PHKQ は長方形となり,

$$\angle CPQ = \angle TOA + \angle TCP = \theta + \frac{a}{b}\theta = \frac{a+b}{b}\theta$$

$$\Rightarrow\quad \overline{HK} = \overline{PQ} = \overline{CP}\cos\angle CPQ = b\cos\frac{a+b}{b}\theta$$

$$\Rightarrow\quad x = \overline{OH} = \overline{OK} - \overline{HK}$$
$$= (a+b)\cos\theta - b\cos\frac{a+b}{b}\theta$$

同じように,

$$y = \overline{PH} = \overline{CK} - \overline{CQ} = (a+b)\sin\theta - b\sin\frac{a+b}{b}\theta$$

すなわち,

$$\begin{cases} x = (a+b)\cos\theta - b\cos\dfrac{a+b}{b}\theta \\ y = (a+b)\sin\theta - b\sin\dfrac{a+b}{b}\theta \end{cases}$$

[この曲線は,円サイクロイドとよばれる曲線です.もっとも,正確には外接円サイクロイドです.円 C が円 O に外接して転がるからです.円 C が円 O に内接してころがるときは,内接円サイクロイドとよばれ次の方程式であらわされます.

$$\begin{cases} x = (a-b)\cos\theta + b\cos\dfrac{a-b}{b}\theta \\ y = (a-b)\sin\theta - b\sin\dfrac{a-b}{b}\theta \end{cases}$$

カージオイドは $b=a$ のときの外接円サイクロイドで,アステロイドは $b=\dfrac{a}{4}$ のときの内接円サイクロイドです.また,直線は,$a=2b$ のときの内接円サイクロイドです.]

問題 5 問題 4 とまったく同じようにして計算できる.問題となっている定点が円 C の中心から c の距離にあるとすれば,求める方程式は,つぎのようになる.余外接円サイクロイド(円 C が円 O に外接しているとき)

$$\begin{cases} x = (a+b)\cos\theta - c\cos\dfrac{a+b}{b}\theta \\ y = (a+b)\sin\theta - c\sin\dfrac{a+b}{b}\theta \end{cases}$$

余内接円サイクロイド(円 C が円 O に内接しているとき)

$$\begin{cases} x = (a-b)\cos\theta + c\cos\dfrac{a-b}{b}\theta \\ y = (a-b)\sin\theta - c\sin\dfrac{a-b}{b}\theta \end{cases}$$

問題 6 直線 AB を X 軸にとり,線分 AB の中点 O を原点にとれば,

$$A = (-c, 0), \quad B = (c, 0) \quad (\overline{AB} = 2c)$$
$$\overline{PA} \times \overline{PB} = k^2$$
$$\Rightarrow\quad \{(x+c)^2 + y^2\}\{(x-c)^2 + y^2\} = k^4$$
$$\Rightarrow\quad (x^2+y^2+c^2)^2 - 4c^2x^2 = k^4$$

極座標になおすと,

$$r^4 - 2c^2 r^2 \cos 2\theta + (c^4 - k^4) = 0$$

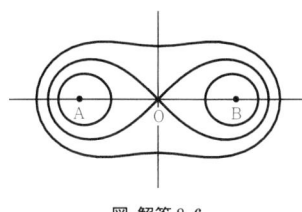

図-解答 8-6

この曲線の形は，図に示したようになる．$k<c$ の場合：2つの卵形，$k>c$ の場合：繭（まゆ）の形，$k=c$ の場合：くびれた瓢箪（ひょうたん）形（レムニスケート）．［この曲線は，卵形曲線，あるいは繭形曲線とよばれます．］

❖ 第 9 章　最短距離を求める

問題 1　A, B から水面に下ろした垂線の足を H, K とし，$\overline{HK}=1$, $\overline{AH}=a$, $\overline{BK}=b$ とする．$\overline{HP}=x$, $\overline{KP}=y$ とおき，光が A から B まで到達する時間を t とすれば

$$x+y=1, \quad t=\frac{\sqrt{a^2+x^2}}{c_1}+\frac{\sqrt{b^2+y^2}}{c_2}$$

制約条件 $x+y=1$ のもとで，$t=\frac{\sqrt{a^2+x^2}}{c_1}+\frac{\sqrt{b^2+y^2}}{c_2}$ を最小にするという問題を考える．ラグランジュ形式は

$$L=\frac{\sqrt{a^2+x^2}}{c_1}+\frac{\sqrt{b^2+y^2}}{c_2}+\lambda(1-x-y)$$

$$\frac{\partial L}{\partial x}=\frac{x}{c_1\sqrt{a^2+x^2}}-\lambda=0 \Rightarrow \frac{x}{\sqrt{a^2+x^2}}=c_1\lambda$$

$$\frac{\partial L}{\partial y}=\frac{y}{c_2\sqrt{b^2+y^2}}-\lambda=0 \Rightarrow \frac{y}{\sqrt{b^2+y^2}}=c_2\lambda$$

$$\sin\theta_1=\frac{x}{\sqrt{a^2+x^2}}=c_1\lambda, \quad \sin\theta_2=\frac{y}{\sqrt{b^2+y^2}}=c_2\lambda$$

$$\Rightarrow \frac{\sin\theta_1}{\sin\theta_2}=\frac{c_1}{c_2}$$

問題 2　$\overline{BC}=a$, $\overline{CA}=b$, $\overline{AB}=c$ とおき，△ABC のなかの任意の点 P から辺 BC, CA, AB への距離を x, y, z とすれば，問題は，制約条件 $ax+by+cz=S$ （S は △ABC の面積の 2 倍）のもとで，xyz が最大となるような点 P を求めることである．

xyz を最大にするのは $(ax)(by)(cz)$ を最大にするのと同じことになるから，上の最大問題の解は，$ax=by=cz$ のときとなる．したがって，△PBC=△PCA=△PAB=$\frac{1}{3}$△ABC．ゆえに，P は △ABC の重心となる．

問題 3　△ABC から 3 つの平行四辺形を切り取ったのこりの 3 つの三角形の面積の和 S' を最小にすればよい．$\overline{BC}=a$, $\overline{CA}=b$, $\overline{AB}=c$ とおき，△ABC のなかの点 P から辺 BC, CA, AB への距離を x, y, z とすれば，△ABC の面積 S は

$$S=\frac{1}{2}(ax+by+cz)$$

また，各頂点 A, B, C から対辺に下ろした垂線の長さを p, q, r とすれば，

$$△ABC \propto △PQR \Rightarrow \frac{[△PQR]}{[△ABC]}=\frac{x^2}{p^2}$$

$$\Rightarrow [△PQR]=\frac{x^2}{p^2}S$$

同様にして，

$$[△PST]=\frac{y^2}{q^2}S, \quad [△PUV]=\frac{z^2}{r^2}S$$

$$\Rightarrow S'=S\left(\frac{x^2}{p^2}+\frac{y^2}{q^2}+\frac{z^2}{r^2}\right)$$

問題は，制約条件

$$ax+by+cz=2S$$

のもとで，$\frac{x^2}{p^2}+\frac{y^2}{q^2}+\frac{z^2}{r^2}$ が最小となるような点 P を求めることである．この問題のラグランジュ形式は

$$L=\frac{x^2}{p^2}+\frac{y^2}{q^2}+\frac{z^2}{r^2}+\lambda(2S-ax-by-cz)$$

$$\frac{\partial L}{\partial x}=\frac{2x}{p^2}-\lambda a=0 \Rightarrow ax=\frac{1}{2}\lambda(ap)^2=2\lambda S^2$$

$$\frac{\partial L}{\partial y}=\frac{2y}{q^2}-\lambda b=0 \Rightarrow by=\frac{1}{2}\lambda(bq)^2=2\lambda S^2$$

$$\frac{\partial L}{\partial z}=\frac{2z}{r^2}-\lambda c=0 \Rightarrow cz=\frac{1}{2}\lambda(cr)^2=2\lambda S^2$$

$$\frac{\partial L}{\partial \lambda}=2S-ax-by-cz=0 \Rightarrow ax+by+cz=2S$$

ゆえに，$ax=by=cz$．このとき，P は △ABC の重心となる．

問題 4　4 辺の長さの和が一定の値 $4s$ をとる四角形 □ABCD の対角線 AC の長さを $2z$ とおく．2 辺の和 $\overline{AB}+\overline{BC}$ が一定の値 $2x$ をとる △ABC のなかで，面積が最大になるのは，$\overline{AB}=\overline{BC}=x$ の場合で，そのときの面積は $z\sqrt{x^2-z^2}$ となる．同じように，

2辺の和 $\overline{AD}+\overline{DC}$ が一定の値 $2y$ をとるような $\triangle ADC$ のなかで，面積が最大になるのは，$\overline{AD}=\overline{DC}=y$ の場合で，そのときの面積は $z\sqrt{y^2-z^2}$ となる．したがって，つぎの条件付き最大問題を解けばよい．

制約条件 $x+y=2s$ のもとで，$S=z\sqrt{x^2-z^2}+z\sqrt{y^2-z^2}$ を最大にせよ．

この問題のラグランジュ形式は
$$L = z\sqrt{x^2-z^2}+z\sqrt{y^2-z^2}+\lambda(2s-x-y)$$
$$\frac{\partial L}{\partial x} = \frac{zx}{\sqrt{x^2-z^2}}-\lambda = 0 \Rightarrow \frac{x}{\sqrt{x^2-z^2}} = \frac{\lambda}{z}$$
$$\frac{\partial L}{\partial y} = \frac{zy}{\sqrt{y^2-z^2}}-\lambda = 0 \Rightarrow \frac{y}{\sqrt{y^2-z^2}} = \frac{\lambda}{z}$$
$$\frac{\partial L}{\partial z} = \frac{x^2-2z^2}{\sqrt{x^2-z^2}}+\frac{y^2-2z^2}{\sqrt{y^2-z^2}} = 0$$
$$\frac{\partial L}{\partial \lambda} = 2s-x-y = 0 \Rightarrow x+y = 2s$$

$g(x)=\dfrac{x}{\sqrt{x^2-z^2}}$ とおけば，$g'(x)=-\dfrac{z^2}{\sqrt{(x^2-z^2)^3}}<0$．

したがって，$g(x)=\dfrac{\lambda}{z}$ をみたす x は1つしかない．
$$\frac{x}{\sqrt{x^2-z^2}} = \frac{\lambda}{z},\ \frac{y}{\sqrt{y^2-z^2}} = \frac{\lambda}{z},\ x+y = 2s$$
$$\Rightarrow x = y = s$$
$$\frac{\partial L}{\partial z} = 0,\ x = y = s \Rightarrow s^2+s^2 = (2z)^2$$

ゆえに，1辺の長さが s である正方形のとき，面積最大となる．

問題5 $p=\overline{BD},\ x=\angle BAD,\ y=\angle BCD$ とおけば
(1) $p^2 = a^2+d^2-2ad\cos x$
$\qquad\quad = b^2+c^2-2bc\cos y$

四角形 □ABCD の面積 S は
(2) $S = [\triangle ABD]+[\triangle BCD]$
$\qquad\quad = \dfrac{1}{2}(ad\sin x+bc\sin y)$

問題は，制約条件(1)のもとで，(2)を最大にせよという条件付き最大問題を解くことになる．この最大問題のラグランジュ形式 L は
$$L = ad\sin x+bc\sin y$$
$$\qquad +\lambda(a^2+d^2-2ad\cos x-b^2-c^2+2bc\cos y)$$
$$\frac{\partial L}{\partial x} = ad\cos x+2\lambda ad\sin x = 0 \Rightarrow \tan x = -\frac{1}{2\lambda}$$

$$\frac{\partial L}{\partial y} = bc\cos y-2\lambda bc\sin y = 0 \Rightarrow \tan y = \frac{1}{2\lambda}$$
$$\tan x+\tan y = 0 \Rightarrow \tan y = -\tan x$$
$$\qquad\qquad\qquad\qquad\qquad = \tan(\pi-x)$$
$$\qquad\qquad\qquad\qquad \Rightarrow y = \pi-x$$

□ABCD は円に内接する．

問題6 扇形の半径，弧の長さをそれぞれ x,y とすれば，周囲の長さ l，面積 S はそれぞれ，$l=2x+y$，$S=\dfrac{1}{2}xy$．

問題は，制約条件 $l=2x+y$ のもとで，$S=\dfrac{1}{2}xy$ を最大にせよという条件付き最大問題を解くことになる．この最大問題のラグランジュ形式 L は
$$L = \frac{1}{2}xy+\lambda(l-2x-y)$$
$$\frac{\partial L}{\partial x} = \frac{1}{2}y-2\lambda = 0 \Rightarrow y = 4\lambda$$
$$\frac{\partial L}{\partial y} = \frac{1}{2}x-\lambda = 0 \Rightarrow x = 2\lambda$$

したがって，$y=2x$．

問題7 半径1としてよい．円の方程式を $x^2+y^2=1$ とする．

円に内接する $\triangle ABC$ について，$\theta_1=\angle AOB$，$\theta_2=\angle BOC$，$\theta_3=\angle COA$ とおけば
(1) $\qquad\qquad \theta_1+\theta_2+\theta_3 = 2\pi$

三角形 $\triangle ABC$ の面積を S とおけば
(2) $\qquad 2S = \sin\theta_1+\sin\theta_2+\sin\theta_3$

問題は，制約条件(1)のもとで，(2)が最大となるような $\theta_1,\theta_2,\theta_3$ を求めることになる．この問題のラグランジュ形式は
$$L = \sin\theta_1+\sin\theta_2+\sin\theta_3+\lambda(2\pi-\theta_1-\theta_2-\theta_3)$$
$$\frac{\partial L}{\partial \theta_1} = \cos\theta_1-\lambda = 0 \Rightarrow \cos\theta_1 = \lambda$$
$$\frac{\partial L}{\partial \theta_2} = \cos\theta_2-\lambda = 0 \Rightarrow \cos\theta_2 = \lambda$$
$$\frac{\partial L}{\partial \theta_3} = \cos\theta_3-\lambda = 0 \Rightarrow \cos\theta_3 = \lambda$$
$$\theta_1 = \theta_2 = \theta_3 = \frac{2\pi}{3} \Rightarrow S = \frac{3\sqrt{3}}{4}$$

問題8 問題7と同じように，単位円の場合を考えればよい．円 $x^2+y^2=1$ に外接する任意の三角形 $\triangle ABC$ の辺 AB, BC, CA が円と接する点をそれぞ

れ P, Q, R とし，$\theta_1 = \frac{1}{2}\angle\text{ROP}$, $\theta_2 = \frac{1}{2}\angle\text{POQ}$, $\theta_3 = \frac{1}{2}\angle\text{QOR}$ とおけば

(1) $\qquad \theta_1 + \theta_2 + \theta_3 = \pi$

三角形 $\triangle\text{ABC}$ の面積を S とおけば

(2) $\qquad S = \tan\theta_1 + \tan\theta_2 + \tan\theta_3$

問題は，制約条件(1)のもとで，(2)が最小となる $\theta_1, \theta_2, \theta_3$ を求めることになる．この問題のラグランジュ形式は

$$L = \tan\theta_1 + \tan\theta_2 + \tan\theta_3 + \lambda(\pi - \theta_1 - \theta_2 - \theta_3)$$

$$\frac{\partial L}{\partial \theta_1} = \frac{1}{\cos^2\theta_1} - \lambda = 0 \;\Rightarrow\; \frac{1}{\cos^2\theta_1} = \lambda$$

$$\frac{\partial L}{\partial \theta_2} = \frac{1}{\cos^2\theta_2} - \lambda = 0 \;\Rightarrow\; \frac{1}{\cos^2\theta_2} = \lambda$$

$$\frac{\partial L}{\partial \theta_3} = \frac{1}{\cos^2\theta_3} - \lambda = 0 \;\Rightarrow\; \frac{1}{\cos^2\theta_3} = \lambda$$

$$\theta_1 = \theta_2 = \theta_3 = \frac{\pi}{3} \;\Rightarrow\; S = 3\sqrt{3}$$

問題 9 与えられた円の半径を 1 とする．円に内接する n 角形 $A_1A_2\cdots A_{n-1}A_n$ について，$\theta_1 = \angle A_1OA_2$, $\theta_2 = \angle A_2OA_3$, $\cdots$, $\theta_n = \angle A_nOA_1$ とおけば

(1) $\qquad \theta_1 + \theta_2 + \cdots + \theta_n = 2\pi$

n 角形 $A_1A_2\cdots A_{n-1}A_n$ の面積を S とおけば

(2) $\qquad 2S = \sin\theta_1 + \cdots + \sin\theta_n$

問題は，制約条件(1)のもとで，(2)が最大となるような $\theta_1, \cdots, \theta_n$ を求めることになる．この問題のラグランジュ形式は

$$L = \sin\theta_1 + \cdots + \sin\theta_n + \lambda(2\pi - \theta_1 - \cdots - \theta_n)$$

$$\frac{\partial L}{\partial \theta_1} = \cos\theta_1 - \lambda = 0 \;\Rightarrow\; \cos\theta_1 = \lambda$$

$$\cdots\cdots\cdots\cdots$$

$$\frac{\partial L}{\partial \theta_n} = \cos\theta_n - \lambda = 0 \;\Rightarrow\; \cos\theta_n = \lambda$$

$$\theta_1 = \cdots = \theta_n = \frac{2\pi}{n} \;\Rightarrow\; S = \frac{n}{2}\sin\frac{2\pi}{n}$$

問題 10 与えられた円の半径を 1 とする．円に外接する n 角形を $A_1A_2\cdots A_{n-1}A_n$，円 O と辺 A_1A_2, A_2A_3, $\cdots$, A_nA_1 との接点を $T_1, T_2, \cdots, T_n$ とする．$\theta_1 = \frac{1}{2}\angle T_nOT_1$, $\theta_2 = \frac{1}{2}\angle T_1OT_2$, $\cdots$, $\theta_n = \frac{1}{2}\angle T_{n-1}OT_n$ とおけば

(1) $\qquad \theta_1 + \theta_2 + \cdots + \theta_n = \pi$

$\triangle A_1OA_2, \triangle A_2OA_3, \cdots, \triangle A_nOA_1$ は高さが 1，底辺の長さが $2\tan\theta_1, 2\tan\theta_2, \cdots, 2\tan\theta_n$ となるから，$\triangle A_1OA_2 = \tan\theta_1$, $\triangle A_2OA_3 = \tan\theta_2$, $\cdots$, $\triangle A_nOA_1 = \tan\theta_n$.

n 角形 $A_1A_2\cdots A_{n-1}A_n$ の面積を S とおけば

(2) $\qquad S = \tan\theta_1 + \cdots + \tan\theta_n$

問題は，制約条件(1)のもとで，(2)が最大となるような $\theta_1, \cdots, \theta_n$ を求めることにある．この問題のラグランジュ形式は

$$L = \tan\theta_1 + \cdots + \tan\theta_n + \lambda(\pi - \theta_1 - \cdots - \theta_n)$$

$$\frac{\partial L}{\partial \theta_1} = \frac{1}{\cos^2\theta_1} - \lambda = 0 \;\Rightarrow\; \frac{1}{\cos^2\theta_1} = \lambda$$

$$\cdots\cdots\cdots\cdots$$

$$\frac{\partial L}{\partial \theta_n} = \frac{1}{\cos^2\theta_n} - \lambda = 0 \;\Rightarrow\; \frac{1}{\cos^2\theta_n} = \lambda$$

$$\theta_1 = \cdots = \theta_n = \frac{\pi}{n} \;\Rightarrow\; S = n\tan\frac{\pi}{n}$$

問題 11 表面積が一定の値 $2a^2$ をとる直方体の 3 つの稜の長さを x, y, z とし，体積を V とすれば，$yz + zx + xy = a^2$, $V = xyz$. したがって，つぎの最大問題を解けばよい．

制約条件 $yz + zx + xy = a^2$ のもとで，$V = xyz$ を最大にせよ．

この最大問題のラグランジュ形式 L は

$$L = xyz + \lambda(a^2 - yz - zx - xy)$$

$$\frac{\partial L}{\partial x} = yz - \lambda(y + z) = 0 \;\Rightarrow\; \frac{1}{y} + \frac{1}{z} = \frac{1}{\lambda}$$

$$\frac{\partial L}{\partial y} = zx - \lambda(z + x) = 0 \;\Rightarrow\; \frac{1}{z} + \frac{1}{x} = \frac{1}{\lambda}$$

$$\frac{\partial L}{\partial z} = xy - \lambda(x + y) = 0 \;\Rightarrow\; \frac{1}{x} + \frac{1}{y} = \frac{1}{\lambda}$$

$$\frac{\partial L}{\partial \lambda} = a^2 - yz - zx - xy \;\Rightarrow\; \frac{1}{x} + \frac{1}{y} + \frac{1}{z} = \frac{a^2}{xyz}$$

$$\frac{1}{x} = \frac{1}{y} = \frac{1}{z} \;\Rightarrow\; x = y = z = \frac{a}{\sqrt{3}}$$

各稜の長さが $\frac{a}{\sqrt{3}}$ の立方体のとき，体積最大となる．

問題 12 $\overline{\text{BC}} = a$, $\overline{\text{CA}} = b$, $\overline{\text{AB}} = c$ とおき，頂点 P から底面に下ろした垂線の足 H と辺 BC, CA, AB との距離を x, y, z とし，$\triangle\text{ABC}$ の面積を S とすれば

(1) $S = \dfrac{1}{2}(ax+by+cz)$

体積が一定の四面体 P-ABC の高さも一定の値 h をとるから，その表面積から三角形 △ABC の面積を引いたものを K とおけば

(2) $2K = a\sqrt{x^2+h^2}+b\sqrt{y^2+h^2}+c\sqrt{z^2+h^2}$

問題は，制約条件(1)のもとで，(2)が最小となるような点 P を求めることになる．

この問題のラグランジュ形式は
$$L = a\sqrt{x^2+h^2}+b\sqrt{y^2+h^2}+c\sqrt{z^2+h^2}\\+\lambda(2S-ax-by-cz)$$

$\dfrac{\partial L}{\partial x} = \dfrac{ax}{\sqrt{x^2+h^2}}-a\lambda = 0 \Rightarrow \dfrac{x}{\sqrt{x^2+h^2}} = \lambda$

$\dfrac{\partial L}{\partial y} = \dfrac{by}{\sqrt{y^2+h^2}}-b\lambda = 0 \Rightarrow \dfrac{y}{\sqrt{y^2+h^2}} = \lambda$

$\dfrac{\partial L}{\partial z} = \dfrac{cz}{\sqrt{z^2+h^2}}-c\lambda = 0 \Rightarrow \dfrac{z}{\sqrt{z^2+h^2}} = \lambda$

関数 $g(x)=\dfrac{x}{\sqrt{x^2+h^2}}$ を考えれば，$g'(x)=\dfrac{h^2}{\sqrt{(x^2+h^2)^3}}>0 \Rightarrow x=y=z$．したがって，H は △ABC の内心と一致する．

問題 13 楕円の方程式を $\dfrac{x^2}{a^2}+\dfrac{y^2}{b^2}=1\ (a,b>0)$ とし，$x,y>0$ の範囲だけを考える．楕円上の点 P$=(x,y)$ における接線の方程式は $\dfrac{xX}{a^2}+\dfrac{yY}{b^2}=1$ によって与えられるから，Q$=\left(\dfrac{a^2}{x},0\right)$, R$=\left(0,\dfrac{b^2}{y}\right)$．

△QOR の面積を S とおけば，$2S=\dfrac{a^2b^2}{xy}$．

問題は，制約条件 $\dfrac{x^2}{a^2}+\dfrac{y^2}{b^2}=1$ のもとで，$\dfrac{a^2b^2}{2S}=xy$ が最大となる (x,y) を求めることになる．この問題のラグランジュ形式は，$L=xy+\lambda\left(1-\dfrac{x^2}{a^2}-\dfrac{y^2}{b^2}\right)$．

$\dfrac{\partial L}{\partial x}=y-\lambda\dfrac{2x}{a^2}=0,\ \dfrac{\partial L}{\partial y}=x-\lambda\dfrac{2y}{b^2}=0 \Rightarrow \lambda=\dfrac{ab}{2}$

$\dfrac{x}{a}=\dfrac{y}{b},\ \dfrac{x^2}{a^2}+\dfrac{y^2}{b^2}=1$

$\Rightarrow\ x=\dfrac{a}{\sqrt{2}},\ y=\dfrac{b}{\sqrt{2}},\ S=ab$

問題 14 楕円の方程式を $\dfrac{x^2}{a^2}+\dfrac{y^2}{b^2}=1\ (a>b>0)$, F$=(-c,0)\ (c=\sqrt{a^2-b^2})$ とする．P$=(x,0)$, Q$=(x,y)$, R$=(x,-y)\ (y>0)$ とし，$r=\overline{\mathrm{QF}}$ とおけば
$$r = a+ex \quad \left(e=\dfrac{\sqrt{a^2-b^2}}{a}\right)$$

△PQR の周囲 l は，$l=2(r+y)=2(a+ex+y)$．

したがって，制約条件 $\dfrac{x^2}{a^2}+\dfrac{y^2}{b^2}=1$ のもとで $2(a+ex+y)$ を最大にする問題に帰着する．この問題のラグランジュ形式は
$$L = 2(a+ex+y)+\lambda\left(1-\dfrac{x^2}{a^2}-\dfrac{y^2}{b^2}\right)$$

$\dfrac{\partial L}{\partial x}=2e-\lambda\dfrac{2x}{a^2}=0 \Rightarrow \lambda\dfrac{x}{a}=ea$

$\dfrac{\partial L}{\partial y}=2-\lambda\dfrac{2y}{b^2}=0 \Rightarrow \lambda\dfrac{y}{b}=b$

$\lambda^2\left(\dfrac{x^2}{a^2}+\dfrac{y^2}{b^2}\right)=e^2a^2+b^2=a^2 \Rightarrow \lambda=a$

$\qquad\qquad\qquad\qquad \Rightarrow\ x=ea$

△PQR の周囲が最大になるのは，P がもう 1 つの焦点 F' と一致するときである．

問題 15 P$=(x,y)$ とおけば，$\overline{\mathrm{PA}}^2=x^2+(y+b)^2$．

したがって，制約条件 $\dfrac{x^2}{a^2}+\dfrac{y^2}{b^2}=1$ のもとで $x^2+(y+b)^2$ を最大にする問題に帰着する．この問題のラグランジュ形式は
$$L = x^2+(y+b)^2+\lambda\left(1-\dfrac{x^2}{a^2}-\dfrac{y^2}{b^2}\right)$$

$\dfrac{\partial L}{\partial x}=2x-\lambda\dfrac{2x}{a^2}=0 \Rightarrow \lambda=a^2$

$\dfrac{\partial L}{\partial y}=2(y+b)-\lambda\dfrac{2y}{b^2}=0 \Rightarrow (a^2-b^2)y=b^3$

$\qquad\qquad\qquad\qquad \Rightarrow\ \dfrac{y}{b}=\dfrac{b^2}{a^2-b^2}$

$\dfrac{x^2}{a^2}=1-\dfrac{y^2}{b^2}=1-\left(\dfrac{b^2}{a^2-b^2}\right)^2=\dfrac{a^2(a^2-2b^2)}{(a^2-b^2)^2}$

$\qquad \Rightarrow\ \dfrac{x}{a}=\dfrac{a\sqrt{a^2-2b^2}}{a^2-b^2}$

求める弦は，A$=(0,-b)$ と $\left(\dfrac{a^2\sqrt{a^2-2b^2}}{a^2-b^2},\dfrac{b^3}{a^2-b^2}\right)$ とをむすぶ弦である．

問題 16 球の半径を 1 とする．この球に外接する

直円錐の底面の半径を x とすれば，直円錐の母線の長さは $x+\tan 2\theta$ となる．ただし，$\tan\theta = \dfrac{1}{x}$ によって θ を定義する．したがって，直円錐の側面積は，$f(x) = \pi x(x+\tan 2\theta)$．$\dfrac{1}{\tan 2\theta} = \dfrac{\cos 2\theta}{\sin 2\theta} = \dfrac{\cos^2\theta - \sin^2\theta}{2\sin\theta\cos\theta} = \dfrac{1}{2}\left(\dfrac{\cos\theta}{\sin\theta} - \dfrac{\sin\theta}{\cos\theta}\right) = \dfrac{1}{2}\left(\dfrac{1}{\tan\theta} - \tan\theta\right) = \dfrac{1-\tan^2\theta}{2\tan\theta}$ より，$\tan 2\theta = \dfrac{2\tan\theta}{1-\tan^2\theta} = \dfrac{\dfrac{2}{x}}{1-\dfrac{1}{x^2}} = \dfrac{2x}{x^2-1}$ であるから，$f(x) = \dfrac{x^2(x^2+1)}{x^2-1}\pi$．

$\log f(x) = \log\pi + 2\log x + \log(x^2+1) - \log(x^2-1)$

$\dfrac{f'(x)}{f(x)} = \dfrac{2}{x} + \dfrac{2x}{x^2+1} - \dfrac{2x}{x^2-1} = \dfrac{2(x^4-2x^2-1)}{x(x^4-1)}$

$f'(x) = 0 \;\Rightarrow\; x^4-2x^2-1 = 0$
$ \;\Rightarrow\; x^2 = 1+\sqrt{2}$
$ \;\Rightarrow\; x = \sqrt{1+\sqrt{2}}$

宇沢弘文(1928〜2014)
東京大学理学部数学科卒業，スタンフォード大学助教授，シカゴ大学教授，東京大学教授，新潟大学教授，中央大学教授など歴任．
専攻―経済学
主著―『自動車の社会的費用』
　　　『経済学の考え方』
　　　『社会的共通資本』(以上，岩波新書)
　　　『二十世紀を超えて』
　　　『始まっている未来　新しい経済学は可能か』
　　　『宇沢弘文著作集――新しい経済学を求めて』(全12巻)
　　　『経済解析　基礎篇』
　　　『経済解析　展開篇』(以上，岩波書店)

関数をしらべる――微分法　新装版　好きになる数学入門5
2015年9月18日　第1刷発行

著　者　宇沢弘文（うざわひろふみ）
発行者　岡本　厚
発行所　株式会社　岩波書店
　　　　〒101-8002　東京都千代田区一ツ橋2-5-5
　　　　電話案内 03-5210-4000
　　　　http://www.iwanami.co.jp/
印刷製本・法令印刷　カバー・精興社

Ⓒ㈲宇沢国際学館 2015
ISBN 978-4-00-029845-2　Printed in Japan

Ⓡ〈日本複製権センター委託出版物〉　本書を無断で複写複製（コピー）することは，著作権法上の例外を除き，禁じられています．本書をコピーされる場合は，事前に日本複製権センター（JRRC）の許諾を受けてください．
JRRC　Tel 03-3401-2382　http://www.jrrc.or.jp/　E-mail jrrc_info@jrrc.or.jp

新装版

好きになる数学入門 全6巻

数学はつまらない，わからない．それは考える力を育てずに，ただ覚えこもうとするからかも．数学は，はるか昔から人間の活動と深く結びつき，ほんとうは誰でもわかるものなのです．経済学者として大きな業績をのこした著者が，誰もが数学好きになってくれるよう願って書いた，ひと味違う数学の本．好評にこたえて新装再刊．

B5変型・並製カバー・平均228頁・定価(本体2600円+税)

1　方程式を解く ── 代　数
方程式がわかれば数学好きになれます．数学の歴史を楽しく読みすすめながら，むずかしい算数の問題も実感をもって理解できます．

2　図形を考える ── 幾　何
幾何は，わかればとびきり楽しい分野です．アポロニウスの十大問題に挑戦してみましょう．数学史の話もたくさん入っています．

3　代数で幾何を解く ── 解析幾何
座標と代数を使うと，むずかしい幾何の問題も，かんたんに解けてしまいます．2次曲線の性質もどんどんわかって楽しくなります．

4　図形を変換する ── 線形代数
線形代数を使うと，連立方程式は計算がかんたんになり，その意味がよくわかります．あなたの数学の世界はさらに広がっていきます．

5　関数をしらべる ── 微 分 法
単純な関数のグラフの傾きを計算することから，微分の考え方を理解します．いろいろな関数のグラフが描け，曲線の性質もわかります．

6　微分法を応用する ── 解　析
積分の考え方と計算法を身につけ，さまざまな図形の面積や回転体の体積を求めます．そしてニュートンの万有引力の法則を導きます．

(2015年9月現在)